"十四五"职业教育国家规划教材

风力发电机组运行维护与调试

第三版

邵联合　主编
张梅有　吴俊华　副主编

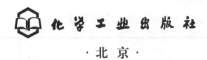

·北京·

内容简介

本书为"十二五"职业教育国家规划教材的修订版，被评为"十四五"职业教育国家规划教材。

本书采用图文并茂的方式，从实用角度出发，重点介绍了风力发电机组的传动系统、液压系统、偏航系统、电控系统和支撑系统的基本结构、工作原理、运行方式、控制过程以及监控技术等，反映了近年来风力发电新技术和新方法。本书以 MW 级风力发电机组为例，详细介绍了大型风力发电机组的运行与维护、机组主要部件与系统的调试、维护与检修等方面的知识。书中配有二维码，即扫即学。

本书可作为职业技术院校风能与动力等相关专业的教材，也适合工作在风力发电生产一线从事风电机组调试、运行与维护人员作为培训教材使用。

图书在版编目（CIP）数据

风力发电机组运行维护与调试/邵联合主编．—3版．—北京：化学工业出版社，2021.4（2025.2重印）
ISBN 978-7-122-38426-3

Ⅰ.①风… Ⅱ.①邵… Ⅲ.①风力发电机-发电机组-运行-高等职业教育-教材②风力发电机-发电机组-维修-高等职业教育-教材③风力发电机-发电机组-调试方法-高等职业教育-教材 Ⅳ.①TM315

中国版本图书馆 CIP 数据核字（2021）第 019004 号

责任编辑：刘　哲　　　　　　　　装帧设计：韩　飞
责任校对：刘　颖

出版发行：化学工业出版社（北京市东城区青年湖南街 13 号　邮政编码 100011）
印　　装：北京科印技术咨询服务有限公司数码印刷分部
787mm×1092mm　1/16　印张 16¾　字数 440 千字　2025 年 2 月北京第 3 版第 5 次印刷

购书咨询：010-64518888　　　　　　售后服务：010-64518899
网　　址：http://www.cip.com.cn

凡购买本书，如有缺损质量问题，本社销售中心负责调换。

定　价：48.00 元　　　　　　　　　　　　　　　　　　　版权所有　违者必究

第三版前言

本书为"十二五"职业教育国家规划教材的修订版,被评为"十四五"职业教育国家规划教材。本书紧扣高等职业教育培养目标,坚持以"应用为主,够用为度,学中做,做中学"的编写原则,注重实践技能的培养,突出高职教学特色。

本书两位副主编都来自生产一线,长期从事风电设备运行维护和职工培训鉴定工作,有着丰富的现场实践经验。此外承德红松风力发电有限公司安喜伟和中广核(张北)风力发电有限公司逯登龙也参与了教材的编审工作。

编者通过深入风力发电企业一线,与企业专家充分研讨,确定了本书服务的岗位群是风力发电运行值班员和检修员,同时也可满足风电设备制造、安装、调试等岗位所需知识和技能的需要。通过对岗位群的分析,确定了6个学习情境,即风力发电机组传动系统的调试与运行维护、风力发电机组液压系统的调试与运行维护、偏航系统调试与运行维护、风力发电机组电控系统调试与运行维护、风力发电机组支撑系统的检查与维护和风力发电机组维护与检修等,每个学习情境又包含多个典型工作任务。通过完成每一个工作任务,理解相关知识,掌握操作技能,尽快适应岗位要求。书中配套有二维码,即扫即可看到设备结构。感谢沈阳华纳科技有限公司赵连合总经理为本教材提供配套教学资源。

本书以兆瓦级风力发电机组为研究对象,理论联系实际,引入了行业标准和技术规范,内容体现了先进性和实用性,适合作为职业院校风电专业学生及风力发电生产一线人员的教学、培训和自学教材,也可作为风电技术人员及风电爱好者的学习参考书。本书在编写过程中,避开了烦琐的数学推导和设计理论,力求深入浅出,通俗易懂,重点介绍了风力发电机组调试、运行与维护中需要解决和处理的实际问题，力求使读者熟悉技术规范要求，掌握操作方法，学以致用。

本教材配套有教学课件，可在 www.cipedu.com.cn 免费下载。

宁夏电力公司教育培训中心张梅有编写了学习情境一和学习情境二，承德红松风力发电有限公司吴俊华编写了学习情境三和学习情境六，保定电力职业技术学院邵联合编写了学习情境四，承德红松风力发电有限公司安喜伟编写了学习情境五。全书由邵联合负责统稿。

本书在编写过程中得到了化学工业出版社和保定电力职业技术学院领导的支持与帮助。由于风力发电技术涉及面广，知识发展更新快，书中难免有疏漏和不当之处，恳请广大读者朋友批评指正。

编者

目　录

学习情境一　风力发电机组传动系统的调试与运行维护 …… 1
　　任务一　风力发电机组传动系统认知 …………………………… 1
　　任务二　风力发电机组传动系统的调试与维护 ………………… 26
　　任务三　某1500型风力发电机组传动系统调试与运行维护 …… 34
　　复习思考题 ………………………………………………………… 62

学习情境二　风力发电机组液压系统的调试与运行维护 ……… 64
　　任务一　液压系统主要元件认知 ………………………………… 65
　　任务二　液压系统原理图分析 …………………………………… 94
　　任务三　风力发电机组的液压系统认知 ………………………… 96
　　任务四　液压系统的调试、维护与检修 ………………………… 104
　　复习思考题 ………………………………………………………… 112

学习情境三　偏航系统调试与运行维护 …………………………… 114
　　任务一　偏航系统的认知 ………………………………………… 115
　　任务二　偏航系统维护与检修 …………………………………… 124
　　任务三　风力发电机组偏航系统的调试与故障处理 …………… 135
　　复习思考题 ………………………………………………………… 138

学习情境四　风力发电机组电控系统调试与运行维护 ………… 140
　　任务一　风力发电机组运行控制原理与安全保护系统的认知 … 141
　　任务二　风力发电机组电控系统的认知 ………………………… 157
　　任务三　风力发电机组电控系统调试 …………………………… 193
　　任务四　风力发电机组电控系统的维护与检修 ………………… 202
　　复习思考题 ………………………………………………………… 207

学习情境五　风力发电机组支撑系统的检查与维护……………209
　　任务一　风力发电机组支撑系统的认知………………………209
　　任务二　风力发电机组支撑系统的检查与维护………………217
　　复习思考题………………………………………………………220

学习情境六　风力发电机组维护与检修………………………221
　　任务一　风力发电机组定期巡检和故障处理…………………221
　　任务二　风力发电机组的故障分析及处理……………………229
　　复习思考题………………………………………………………242

附录……………………………………………………………………243
　　附录一　现场安全规程…………………………………………243
　　附录二　兆瓦级风力发电机组维护清单………………………246
　　附录三　维护工具一览表………………………………………249
　　附录四　调试工具一览表………………………………………251
　　附录五　常用液压传动图形符号………………………………252
　　附录六　风电专业术语…………………………………………255

参考文献………………………………………………………………262

学习情境一

风力发电机组传动系统的调试与运行维护

【学习情境描述】

传动系统是风力发电机组重要组成系统之一，传动系统各组成部件工作情况的好坏直接关系到风力发电机组能否安全、经济运行。本情境主要介绍传动系统的组成、作用、调试与运行维护。

【学习目标】

1. 了解传动系统的基本组成。
2. 掌握传动系统的工作过程。
3. 熟悉传动系统各部件的作用。
4. 掌握风力发电机组传动系统的调试与运行维护方法。

【本情境学习重点】

1. 风力发电机组传动系统的组成和各组成部分的基本作用。
2. 叶片的几何参数及含义。
3. 风力发电机组传动系统的调试内容、维护项目及故障处理方法。

【本情境学习难点】

1. 叶片防雷击原理及基本措施。
2. 刚性联轴器与弹性联轴器的区别。
3. 风力发电机组的并网原理。

任务一 风力发电机组传动系统认知

一、任务引领

风力发电机组的传动系统一般包括风轮、主轴、增速齿轮箱、联轴器、机械刹车、安全离合器及发电机等,如图1-1所示。但不是每一种风机都必须具备所有这些环节。有些风机的轮毂直接连接到齿轮箱上,不需要低速传动轴。也有一些风机设计成无齿轮箱的,叶轮直接连接到发电机上。叶轮叶片产生的机械能由机舱里的传动系统传递给发电机,它包括一个齿轮箱、离合器和一个能使风力机在停止运行时的紧急情况下复位的刹车系统。齿轮箱用于增加叶轮转速,从20~50r/min增加到1000~1500r/min,后者是驱动大多数发电机所需的转速。齿轮箱可以是一个简单的平行轴齿轮箱,其中输出轴是不同轴的,或者它也可以是较昂贵的一种,允许输入、输出轴共线,使结构更紧凑。传动系统要按输出功率和最大动态转矩载荷来设计。由于叶轮功率输出有波动,一些设计者试图通过增加机械适应性和缓冲驱动来控制动态载荷,这对大型的风力发电机来说是非常重要的,因其动态载荷很大,而且感应发电机的缓冲余地比小型风力机的小。

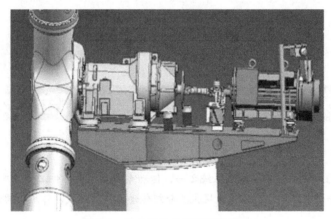

图1-1 风力发电机组的传动系统

风力发电机组
基本认知

【学习目标】

1. 掌握风力发电机组传动系统的基本组成及基本概念。
2. 了解风力发电机组传动系统各部件的受力分析。
3. 清楚风力发电机组传动系统主要部件的结构、类型。
4. 了解风力发电机组传动系统主要部件的设计要求。

【思考题】

1. 风力发电相对于其他发电形式有哪些特点?
2. 风轮如何才能最大程度地获得风能?
3. 叶片如何做到更好地防雷?
4. 增速箱如何做到增速?
5. 目前风力发电机有哪几种类型?并网需满足哪些条件?

二、相关知识学习

(一) 风轮 (叶轮)

风力机区别于其他机械的最主要特征就是风轮,其作用是将风的动能转换为机械能,如图1-2所示。

风轮一般由一个、两个或两个以上的几何形状一样的叶片和一个轮毂组成。风力发电机

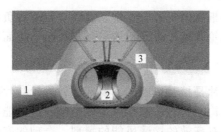

图 1-2 风轮

1—叶片；2—轮毂；3—导流罩

风轮

组的空气动力特性取决于风轮的几何形式，风轮的几何形式取决于叶片数、叶片的弦长、扭角、相对厚度分布以及叶片所用翼型空气动力特性等。

风轮的功率大小取决于风轮直径。对于风力发电机组来说，追求的目标是最经济的发电成本。风轮是风力发电机组最关键的部件，风轮的费用约占风力发电机组总造价的 20%～30%，而且它至少应该具有 20 年的设计寿命。

风轮的几何参数如下。

(1) 叶片数　风轮叶片的数目由很多因素决定，其中包括空气动力效率、复杂度、成本、噪声、美学要求等。一般来说，叶片数越多，风能利用系数越大，风力机输出转矩越大，风力机的启动风速越低，但其风轮轮毂也就越复杂，制造成本也越大。从经济和安全角度，现代风力发电机组多采用三叶片的风轮。另外，从美学角度上看，三叶片的风轮看上去较为平衡和美观，如图 1-3 所示。

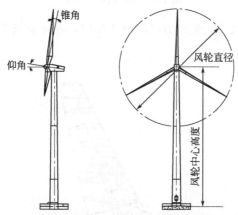

图 1-3　现代风力发电机组的风轮示意图

(2) 风轮直径　是指风轮在旋转平面上投影圆的直径。风轮直径的大小与风轮的功率直接相关，一般而言风轮直径越大，风轮的功率就越大。

(3) 风轮扫掠面积　是指风轮在旋转平面上的投影面积。

(4) 风轮高度　是指风轮旋转中心到基础平面的垂直距离。从理论上讲，风轮高度越高，风速就越大，但风轮高度越高，则塔架高度越高，这就使得塔架成本及安装难度和费用大幅度提高。

(5) 风轮锥角　是指叶片相对于和旋转轴垂直的平面的倾斜度。其作用是在风轮运行状态下减小离心力引起的叶片弯曲应力，减少叶尖和塔架碰撞的机会。

(6) 风轮仰角　是指风轮的旋转轴线和水平面的夹角。仰角的作用是避免叶尖和塔架的碰撞。

(7) 风轮额定转速　是指输出额定功率时风轮的转速。

（8）风轮最高转速　是指风力机处于正常状态下（空载和负载）风轮允许的最大转速。

（9）风轮实度　是指风轮叶片投影面积的总和与风轮扫掠面积的比值。

1. 叶片

风力发电机组的风轮叶片是接受风能的主要部件。风轮叶片技术是风力发电机组的核心技术，叶片的翼型设计、结构形式直接影响风力发电装置的性能和功率，是风力发电机组中最核心的部分之一，要求具有高效的接受风能的翼型、合理的安装角、科学的升阻比、尖速比和叶片扭角。由于叶片直接迎风获得风能，所以还要求叶片具有合理的结构、优质的材料和先进的工艺，以使叶片可靠地承担风力、叶片自重、离心力等给予叶片的各种弯矩、拉力，而且还要求叶片重量轻、结构强度高、疲劳强度高、运行安全可靠、易于安装、维修方便、制造容易、制造成本和使用成本低。另外，叶片表面要光滑以减少叶片转动时与空气的摩擦阻力。叶片的构造如图1-4所示。

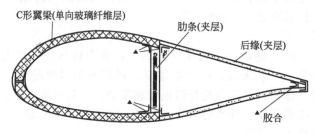

图1-4　叶片的结构形式

（1）风力机叶片的概念　无论风力机的形式如何，叶片是至关重要的部件。图1-5所示为叶片外形。

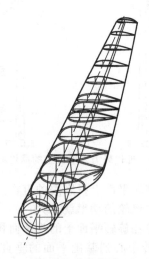

图1-5　叶片外形

叶片的几何参数如下。

① 叶片长度　叶片在风轮径向方向上的最大长度，即从叶片根部到叶尖的长度，称为叶片长度，如图1-6所示。叶片长度决定叶片扫掠面积，即收集风能的能力，也决定了配套发电机组的功率。随着风机叶片设计技术的提高，风力发电机组不断向大功率、长叶片的方向发展。

图 1-6 叶片形状

② 叶片弦长 连接叶片前缘与后缘的直线长度称为叶片弦长。弦长最大处为叶片宽度，最小处在叶尖，弦长为零。叶片宽度沿叶片长度方向的变化，是为了使叶片所接受的风能能平均地分配到整个叶片上。叶片靠近根部宽、尖部窄，既可满足力学设计要求，又可减小离心力，同时还可以满足空气动力学要求。

③ 叶片厚度 叶片弦长垂直方向的最大厚度称为叶片厚度。它是一个变量，沿长度方向每一个截面都有各自的厚度。一般叶片的最大厚度在弦长的 30% 处。

④ 叶尖 水平轴和斜轴风力发电机的叶片距离风轮回转轴线的最远点称为叶尖。

⑤ 叶片投影面积 叶片在风轮扫掠面积上的投影的面积称为叶片投影面积。

⑥ 叶片翼型 也叫叶片剖面，是指用垂直于叶片长度方向的平面去截叶片而得到的截面形状，如图 1-7 所示。典型翼型是有弯度的扭曲型翼型，它的表面是一条弯曲的曲线，其空气动力特性较好，但加工工艺较难。

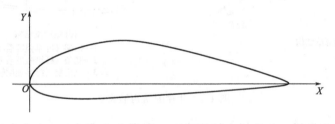

图 1-7 叶片翼型

⑦ 叶片安装角 风轮旋转平面与翼弦的夹角 θ 称为叶片的安装角或节距角。叶片的安装角与风力机的启动转矩有关。

⑧ 叶片扭角 叶片尖部几何弦与根部几何弦夹角的绝对值称为叶片扭角，如图 1-8 所示。叶片扭角是叶片为改变空气动力特性设计的，同时具有预变形作用。

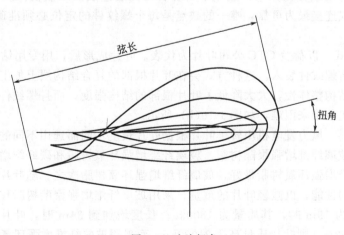

图 1-8 叶片扭角

⑨ 基准平面　叶片根部未开始扭转处几何弦与叶片根部接口处中心点所构成的平面称为基准平面。

(2) 叶片结构　风力发电机组风轮叶片要承受较大的载荷，通常要考虑 50~70m/s 的极端风载。为提高叶片的强度和刚度，防止局部失稳，叶片大都采用主梁加气动外壳的结构形式。主梁承担大部分弯曲载荷，而外壳除满足气动性能外，也承担部分载荷。主梁常用 O 形、C 形、D 形和矩形等形式，如图 1-9 所示。

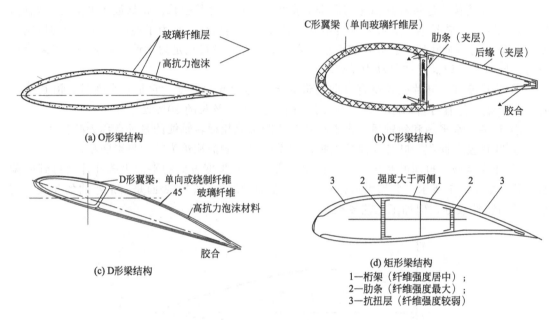

图 1-9　叶片的结构形式

O 形、D 形和矩形梁在缠绕机上缠绕成形，在模具中成形上、下两个半壳，再用结构胶将梁和两个半壳黏结起来。而 C 形梁是在模具中成 C 形梁，然后在模具中成上、下两个半壳，再用结构胶将 C 形梁和两个半壳黏结起来。

(3) 叶根结构

① 螺纹件预埋式　以丹麦 LM 公司叶片为代表。在叶片成形过程中，直接将经过特殊表面处理的螺纹件预埋在壳体中，避免了对复合结构层造成加工损伤。经试验机构试验证明，这种结构形式连接最为可靠，唯一的缺点是每个螺纹件的定位必须准确，如图 1-10(a) 所示。

② 钻孔组装式　以荷兰 CTC 公司叶片为代表。叶片成形后，用专用钻床和工具装备在叶根部位钻孔，将螺纹件装入。这种方式会在叶片根部的复合结构层上加工出几十个孔，破坏了复合材料的结构整体性，大大降低了叶片根部的结构强度，而且螺纹件的垂直度不易保证，容易给现场组装带来困难，如图 1-10(b) 所示。

(4) 叶片材料　风力发电机组转子叶片根据叶片长度不同而选用不同的复合材料，目前最普遍采用的有玻璃纤维增强聚酯树脂、玻璃纤维增强环氧树脂和碳纤维增强环氧树脂。从性能来讲，碳纤维增强环氧树脂最好，玻璃纤维增强环氧树脂次之。随叶片长度的增加，要求提高使用材料的性能，以减轻叶片的重量。采用玻璃纤维增强聚酯树脂作为叶片用复合材料，当叶片长度为 19m 时，其质量为 1800kg；长度增加到 34m 时，叶片质量为 5800kg；如叶片长度达到 52m，则叶片质量高达 21000kg。而采用玻璃纤维增强环氧树脂作为叶片材

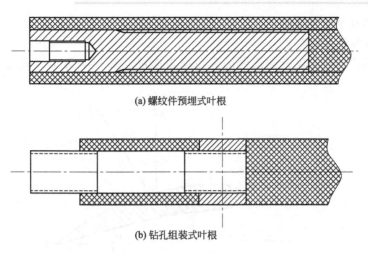

(a) 螺纹件预埋式叶根

(b) 钻孔组装式叶根

图 1-10　叶根结构示意图

料，19m 长时叶片的质量为 1000kg，与玻璃纤维增强聚酯树脂相比，可减轻质量 800kg。同样是 34m 长的叶片，采用玻璃纤维增强聚酯树脂时质量为 5800kg，采用玻璃纤维增强环氧树脂时质量为 5200kg，而采用碳纤维增强环氧树脂时质量只有 3800kg。总之，叶片材料发展的趋势是采用碳纤维增强环氧树脂复合材料，特别是随功率的增大，要求叶片长度增加，更是必须采用碳纤维增强环氧树脂复合材料，玻璃纤维增强聚酯树脂只是在叶片长度较小时采用。

(5) 叶片的受力情况

① 翼的升力和阻力　物体在空气中运动或者空气流过物体时，物体将受到空气的作用力，称为空气动力。通常空气动力由两部分组成：一部分是由于气流绕物体流动时，在物体表面处的流动速度发生变化，引起气流压力的变化，即物体表面各处气流的速度与压力不同，从而对物体产生合成的压力；另一部分是由于气流绕物体流动时，在物体附面层内由于气流黏性作用产生的摩擦力。将整个物体表面这些力合成起来便得到一个合力 F，这个合力即为空气动力。

风轮叶片是风力机最重要的部件之一。它的平面形状与剖面几何形状和风力机空气动力特性密切相关，特别是剖面几何形状即翼型气动特性的好坏，将直接影响风力机的风能利用。

风力机也是一种叶片机。风力机的风轮一般由三个叶片组成。为了理解叶片的功能，必须了解有关翼型空气动力学的知识。

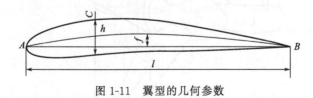

图 1-11　翼型的几何参数

图 1-11 表示出了翼的有关几何参数：

a. 翼的前部圆头 A，称为翼的前缘；

b. 翼的尾部 B 为尖形，称为翼的后缘；

c. 翼的前缘 A 与后缘 B 的连线 AB，称为翼的弦，AB 的长度称为翼的弦长；

d. 翼的上表面与翼的下表面相对应的最大距离 h，称为翼的最大厚度；

e. 叶片旋转直径称为翼展；

f. 翼型中线的最大弯度 f；

g. 翼弦与前方来流速度方向之间的夹角即为攻角。图 1-12 为空气流过某翼型的情形，其攻角为 α。

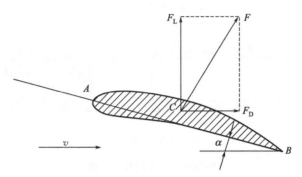

图 1-12　空气流过某翼型的情形

根据伯努利理论，翼型上方的气流速度较高，而下方的气流速度则比来流低。由于翼型上方和下方的气流速度不同（上方速度大于下方速度），因此翼型上、下方所受的压力也不同（下方压力大于上方压力），总的合力 F 即为平板在流动空气中所受到的空气动力。此力可分解为两个分力：一个分力 F_L 与气流方向垂直，它使翼上升，称为升力；另一个分力 F_D 与气流方向相同，称为阻力。升力和阻力与叶片在气流方向的投影面积 S、空气密度 ρ 及气流速度 v 的平方成比例。

影响翼的升力和阻力的因素一般有以下几个方面：

a. 翼型的影响；

b. 攻角的影响；

c. 雷诺数的影响；

d. 翼型表面粗糙度的影响。

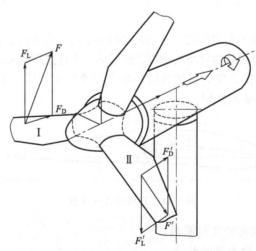

图 1-13　风力机在启动时的受力情况示意图

② 风轮在静止情况下叶片的受力情况　风力机的风轮由轮毂及均匀分布安装在轮毂上的若干叶片所组成。图 1-13 所示的是三叶片风轮的启动原理。设风轮的中心轴位置与风向一致，当气流以速度 v 流经风轮时，在叶片Ⅰ和叶片Ⅱ上将产生气动力 F 和 F'。将 F 及 F'

分解成沿气流方向的分力 F_D 和 F_D'（阻力）及垂直于气流方向的分力 F_L 和 F_L'（升力），阻力 F_D 和 F_D' 形成对风轮的正面压力，而升力 F_L 和 F_L' 则对风轮中心轴产生转动力矩，从而使风轮转动起来。

③ 风轮在转动情况下叶片的受力情况　若风轮旋转角速度为 ω，则相对于叶片上距转轴中心 r 处的一小段叶片元（叶素）的气流速度 W_r（相对速度）将是垂直于风轮旋转面的来流速度 v 与该叶片元的旋转线速度 ωr 的矢量和，如图 1-14 所示。可见这时以角速度 ω 旋转的桨叶，在与转轴中心相距 r 处的叶片元的攻角，已经不是 v 与翼弦的夹角，而是 W_r 与翼弦的夹角了。

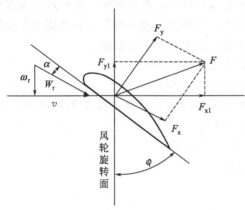

图 1-14　旋转叶片的气流速度及受力情况示意图

以相对速度 W_r 吹向叶片元的气流产生气动力 F，F 可分解为垂直于 W_r 方向的升力 F_y 及与 W_r 方向一致的阻力 F_x，也可以分解为在风轮旋转面内使桨叶旋转的力 F_{y1} 及对风轮正面的压力 F_{x1}。

由于风轮旋转时叶片不同半径处的线速度是不同的，而相对于叶片各处的气流速度 v 在大小和方向上也都不同，如果叶片各处的安装角都一样，则叶片各处的实际攻角都将不同。这样除了攻角接近最佳值的一小段叶片升力较大外，其他部分所得到的升力则由于攻角偏离最佳值而不理想，所以这样的叶片不具备良好的气动力特性。为了在沿整个叶片长度方向均能获得有利的攻角数值，就必须使叶片每一个截面的安装角随着半径的增大而逐渐减小。在此情况下，有可能使气流在整个叶片长度均以最有利的攻角吹向每一叶片元，从而具有比较好的气动力性能，而且各处受力比较均匀，也增加了叶片的强度。这种具有变化的安装角的叶片称为螺旋桨形叶片，而各处安装角均相同的叶片称为平板形叶片。显然，螺旋桨形叶片比起平板形叶片要好得多。

尽管如此，由于风速是经常变化的，风速的变化也将导致攻角的改变。如果叶片装好后安装角不再变化，那么虽在某一风速下可能得到最好的气动力性能，但在其他风速下则未必如此。为了适应不同的风速，可以随着风速的变化调节整个叶片的安装角，从而有可能在很大的风速范围内均可以得到优良的气动力性能。这种桨叶称为变桨距式叶片，而把安装角一经装好就不能再变动的叶片称为定桨距式叶片。显然，从气动性能来看，变桨距式螺旋桨型叶片是一种性能优良的叶片。还有一种可以获得良好性能的方法，即风力机采取变速运行方式。通过控制输出功率的办法，使风力机的转速随风速的变化而变化，两者之间保持一个恒定的最佳比值，从而在很大的风速范围内均可使叶片各处以最佳的攻角运行。

(6) 叶片设计要求　对风力发电机叶片的技术和经济要求直接决定了叶片的结构、几何尺寸、材料选用、加工方法和生产成本，因此熟悉叶片的技术和经济要求具有十分重要的意义。根据叶片的技术和经济要求，国际标准制定了叶片的相关设计要求。

① 空气动力学设计要求

a.叶片的额定设计风速应按风力发电机的等级确定。

b.叶片在弦长和扭角分布上应采用曲线变化，以使风力发电机获得最大气动效率。

c.提供叶片的弦长、扭角和厚度，沿叶片径向的分布以及所用翼型的外形尺寸数据。

d.明确规定叶片的适用功率范围，对于变桨距叶片，要求其运行风速范围尽可能宽，并给出叶片的变桨距范围。

② 结构设计要求

a.叶片结构设计应根据极端载荷并考虑机组实际运行环境因素的影响，使叶片具有足够的强度和刚度，保证叶片在规定的使用环境条件下，在其使用寿命周期内不发生损坏，要求叶片的重量尽可能轻，并考虑叶片间相互平衡措施。

b.叶片的设计安全系数应大于或等于1.15。

c.叶片的设计使用寿命应大于或等于20年。

d.对于叶片中的机械结构，如变桨距叶片的变桨距系统和定桨距叶片的叶尖气动刹车机构，其可靠性应满足用户的要求。

叶片的结构设计还应给出下列内容：

a.叶片的重量及重量分布；

b.叶片重心位置；

c.叶片转动惯量；

d.叶片刚度及刚度分布；

e.叶片的固有频率（挥舞、摆振和扭转方向）；

f.结构设计应给出同轮毂连接的详细接口尺寸。

③ 相关技术要求

a.叶片应符合由制造商制定的技术文件要求。叶片图样是叶片的主要技术文件。

b.制造叶片所用的材料应有供应商的合格证明，并符合零件图样规定的牌号，化学成分、力学性能、热处理和表面处理应符合相应标准。

c.叶片的零件、组件及外购件应符合生产的技术文件。

d.为了满足叶片的气动性能，并考虑叶片机构的工艺性及相应的制造成本，叶片的长度公差、叶片型面弦长公差、叶片型面厚度公差、叶片型面扭角公差、叶片成套重量公差、叶片轴向重心公差应满足叶片批量生产时应达到的最低值。

④ 环境适应性要求

a.叶片使用温度范围为－30～50℃。

b.叶片使用湿度应小于或等于95%。

c.对于在沿海地区运行的风力发电机组，叶片设计时应考虑盐雾对其各部件的腐蚀影响，并采取相应有效的防腐措施。

d.叶片设计时应充分考虑遭受雷击的可能性，并采取相应的雷击保护措施。

e.叶片设计应考虑沙尘的影响，如沙尘对叶片表面的长期冲蚀，对机械转动部位润滑的影响以及对叶片平衡造成的影响等。

f.对于复合材料叶片，应考虑太阳辐射强度以及紫外线对材料的老化影响。

⑤ 安全和环保要求

a.环保要求：叶片设计时必须考虑叶片产生的噪声对当地居民生活环境的不利影响。

b.安全要求：复合材料叶片在制造过程中可能会产生一些有害的物质，应尽量选择适当的材料,使其在制造和使用的过程中不会产生大量的、有害的粉尘和挥发物,防止对当地居民的生命安全和生活环境产生不利的影响。

(7) 叶片的防雷击系统 近年来,随着桨叶制造工艺的提高和大量新型复合材料的运用,雷击成为造成叶片损坏的主要原因。因此叶片的防雷保护至关重要。

雷击造成叶片损坏的机理是:一方面雷电击中叶片叶尖后,释放大量能量,使叶尖结构内部的温度急剧升高,引起气体高温膨胀,压力上升,造成叶尖结构爆裂破坏,严重时使整个叶片开裂;另一方面雷击造成的巨大声波,对叶片结构造成冲击破坏。实际使用情况表明,绝大多数的雷击点位于叶片叶尖的上翼面上。雷击对叶片造成的损坏取决于叶片的形式,与制造叶片的材料及叶片内部结构有关。如果将叶片与轮毂完全绝缘,不但不能降低叶片遭雷击的概率,反而会增加叶片的损坏程度,多数情况下被雷击的区域在叶尖背面(或称吸力面)。

据统计,遭受雷击的风力发电机组中,叶片损坏的占20%左右。对于沿海高山或海岛上的风电场来说,地形复杂,雷暴日较多,应充分重视由雷击引起的叶片损坏现象。

作为风力发电机组中位置最高的部件,叶片是风力发电机组中最易受直接雷击的部件。同时叶片又是风力发电机组中最昂贵的部件之一。全世界每年大约有1%~2%的风力发电机组叶片遭受雷击,大部分雷击事故只损坏叶片的叶尖部分,少量的雷击事故会损坏整个叶片。目前采取的主要防雷击措施之一是在叶片的前缘从叶尖到叶根贴一长条金属窄条,将雷击电流经轮毂、机舱和塔架引入大地。另外,丹麦LM公司与丹麦研究机构、风力发电机组制造商和风电场共同研究设计出了新的防雷装置,如图1-15所示,它是用一装在叶片内部大梁上的电缆,将接闪器与叶片法兰盘连接。这套装置简单、可靠,与叶片具有相同的寿命。

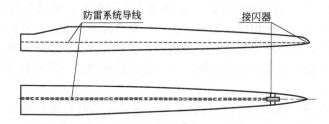

图1-15 叶片防雷击系统示意图

玻璃钢防雷叶片如图1-16所示,叶片顶端铆装一个不锈钢叶尖,用铜丝网贴在叶片两面,将叶尖与叶根连为一个导电体。钢丝网一方面可将叶尖的雷电引至大地,另一方面可以防止雷击叶片主体。

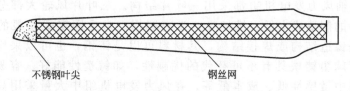

图1-16 玻璃钢防雷叶片结构示意图

多数情况下被雷击的区域在叶尖背面,装有接闪器捕捉雷电的叶片的叶尖结构如图1-17所示,接闪器通过叶片内腔导线将雷电引入大地,这种设计既简单又耐用。如果接闪器或传导系统附件需要更换,只需机械性地改换。

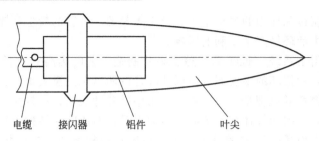

图 1-17　装有接闪器捕捉雷电叶片的叶尖结构示意图

2. 轮毂

轮毂是连接叶片与主轴的重要部件，叶片安装在它的上面，构成收集风能的风轮，它承受了风力作用在叶片上的推力、转矩、弯矩及陀螺力矩。通常轮毂的形状为星形结构和球形结构。风轮轮毂的作用是传递风轮的力和力矩到后面的机械结构或塔架上去。它可以是铸造结构，也可以采用焊接结构。

(1) 风轮轮毂的结构　是由以下三个因素决定的：一是叶片的数量；二是风机的调速方式，是采用固定桨距的失速调速方式，还是采用变桨距调速方式；三是叶片展长轴线与风轮轴垂直平面的夹角。

① 叶片的数量　决定了轮毂上叶片安装接口法兰的数量。对有不同叶片数量的风机进行比较时需要考虑下面几个因素：性能、载荷、风轮成本、噪声和视觉效果。叶片多的风机启动转速低、启动力矩大，但成本高，适用于提水机、磨面机等直接用风力驱动的机械。经过人们多年的研究和试验，两个或三个叶片是风力发电机组风轮的最佳选择。两个或三个叶片的风力发电机组性能好、载荷小、风轮成本低、噪声较小且视觉效果好。

② 风机的调速方式　采用固定桨距失速调速方式的轮毂，轮毂与叶片是按设计的安装角用螺栓进行刚性连接的，结构比较简单，就是一个有几个安装法兰面的壳体。采用变桨距失速调速方式的轮毂，其内部安装有变桨距系统，叶片与变桨距系统上的变桨距轴承内圈法兰用螺栓进行刚性连接，变桨距轴承外圈法兰与轮毂用螺栓也进行刚性连接，而叶片相对于轮毂是可以转动的。

③ 叶片展长轴线和风轮轴垂直平面的夹角　一些风机叶片展长轴线与风轮轴法兰平面的夹角为0°，即叶片扫掠面为一平面，这种风轮轮毂的叶片安装平面与风轮轴法兰平面是垂直的。还有一些风机，叶片展长轴线与风轮轴法兰平面的夹角为5°～6°，称为锥形安装叶片。这样设计的目的是为了减少风轮相对塔架的外伸，减少塔架的弯曲载荷，同时又不出现叶片碰撞塔架的问题。但是这种风轮的叶片扫掠面为一锥面，其迎风面减小，使风能利用系数稍低。

主流的水平轴风力发电机组都采用三叶片结构。三叶片风轮大部分采用固定式轮毂，固定式轮毂的制造成本低、维护少，没有磨损。常见固定式轮毂的结构如图 1-18 所示，它可以是铸造结构或焊接结构，其材料可以是铸钢，也可以采用高强度球墨铸铁。由于高强度球墨铸铁具有不可替代的优越性，如铸造性能好、容易铸成，且减振性能好、应力集中敏感性低、成本低等，在风力发电机组中大量采用高强度球墨铸铁作为轮毂的材料。

(2) 轮毂的技术要求　轮毂担负着将叶片收集的风能转换成机械能的任务，变桨距系统的风轮轮毂还担负着改变叶片吸收风能的大小，从而使风轮保持稳定转速，进而达到使风力发电机组输出功率稳定的目的。

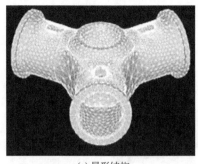 

(a) 星形结构　　　　　　　　　　　　(b) 球形结构

图 1-18　固定式轮毂

风轮轮毂不仅承受风力作用在叶片上的推力、转矩、弯矩及陀螺力矩，还要承受风轮轴对上述应力所产生的反作用力，而且所有应力都是循环交变应力。风轮轮毂在交变应力作用下易产生疲劳损伤，故对风轮轮毂的设计制造有着严格的要求。轮毂的主要技术要求有以下几点。

① 能在环境温度-40~50℃下正常工作。
② 风轮轮毂的使用寿命不得低于 20 年。
③ 风轮轮毂要有足够的强度和刚度。
④ 风轮轮毂的加工必须满足相关图样要求。
⑤ 风轮轮毂应具有良好的密封性，不应有渗、漏油现象，并能避免水分、尘埃及其他杂质进入轮毂内部。风轮轮毂的清洁度应符合《齿轮传动装置清洁度》的规定。
⑥ 机械加工以外的全部外露表面应涂防护漆，涂层应薄厚均匀，表面平整、光滑、颜色均匀一致。对油漆的防腐要求和颜色由供需双方在技术协议中规定。
⑦ 风轮轮毂应允许承受发电机短时间 1.5 倍额定功率的负荷。
⑧ 有变桨距系统的风轮轮毂还应满足以下要求：
a. 变桨距系统应能承受叶片的动、静载荷；
b. 变桨距系统的运动部件应运转灵活，满足使用寿命、安全性和可靠性要求；
c. 变桨距系统的控制系统应能按设计要求可靠地工作。

（二）主轴

在风力发电机组中，主轴承担了支撑轮毂处传递过来的各种负载的作用并将转矩传递给增速齿轮箱，将轴向推力、气动弯矩传递给机舱、塔架。

主轴安装在风轮和齿轮箱之间，前端通过螺栓与轮毂刚性连接，后端与齿轮箱低速轴连接，承载力大且复杂。受力形式主要有轴向力、径向力、弯矩、转矩和剪切力，风机每经历一次启动和停机，主轴所受的各种力都将经历一次循环，因此会产生循环疲劳。所以，主轴具有较高的综合力学性能。

根据受力情况，主轴做成变截面结构。在主轴中心有一个轴心通孔，作为控制机构或电缆传输的通道，如图 1-19 所示。

主轴的安装结构一般有两种，如图 1-20 所示。图 1-20(a) 所示为挑臂梁结构，主轴由两个轴承架所支撑。图 1-20(b) 所示为悬臂梁结构，主轴的一个支撑为轴承架，另一支撑为齿轮箱，也就是三点式支撑。这种结构的优点是前支点为刚性支撑，后支点（齿轮箱）为弹性支撑，因此能够吸收来自叶片的突变负载。

通常，主轴承选用调心滚子轴承。这种轴承装有双列球面滚子，滚子轴线倾斜于轴承的旋转轴线。其外圈滚道呈球面形，因此滚子可在外圈滚道内进行调心，以补偿轴的

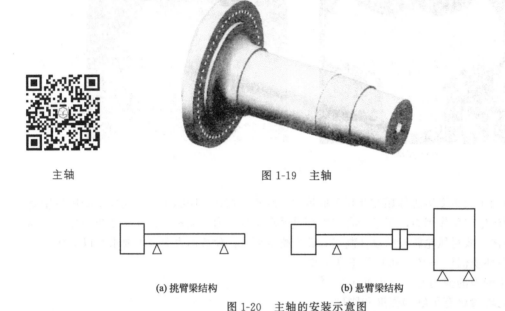

主轴　　　　　　　　　　　　　　　图 1-19　主轴

(a) 挑臂梁结构　　　　　　(b) 悬臂梁结构

图 1-20　主轴的安装示意图

挠曲误差和同心误差。轴承的滚道型面与球面滚子型面非常匹配。双排球面滚子在具有三个固定挡边的内圈滚动。每排滚子均有一个黄铜实体保持架或钢制冲压保持架。通常在外圈上设有环形槽,其上有三个径向孔,用作润滑油通道,使轴承得到极为有效的润滑。轴承的套圈和滚子主要用铬钢制造并经淬火处理,具备足够的强度、高的硬度和良好的韧性和耐磨性。

（三）齿轮箱

风力发电机组中的齿轮箱是一个重要的机械部件,其主要作用是将风轮的转速增加到发电机要求的转速。风轮的转速较低,在多数风力发电机组中达不到发电机发电的要求,必须通过齿轮箱齿轮副的作用来实现增速,故也将齿轮箱称之为增速箱。由于风轮转速与发电机转速之间的巨大差距,使得齿轮箱成为风力发电机组中一个必不可少的部件。风力发电机组齿轮箱的种类很多,按照传统类型可分为圆柱齿轮增速箱、行星增速箱以及它们互相组合起来的齿轮箱;按照传动的级数可分为单级和多级齿轮箱;按照转动的布置形式又可分为展开式、分流式和同轴式以及混合式等。图 1-21 为典型齿轮箱结构示意图。

图 1-21　典型齿轮箱结构示意图　　　　　　齿轮箱结构

1. 常用齿轮副

（1）直齿和斜齿圆柱齿轮副　由一对转轴相互平行的齿轮构成。直齿圆柱齿轮的齿与齿轮轴平行，而斜齿圆柱齿轮的齿与轴线成一定角度。人字齿轮在每个齿轮上都有两排倾斜方向的斜齿。各种圆柱齿轮如图1-22所示。

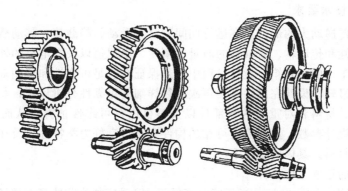

图1-22　直齿和斜齿圆柱齿轮

（2）行星齿轮系　是一个或多个行星轮绕着一个太阳轮公转、本身又自转的齿轮传动轮系。图1-23为行星齿轮原理图。

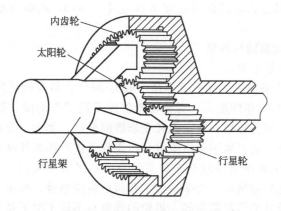

图1-23　行星齿轮原理示意图

行星齿轮原理

实际应用的风力发电机主齿轮系中，最常见的形式是由行星齿轮系和平行轴轮系混合构成的。

在直齿轮、斜齿轮、人字齿轮中最常用的齿形是渐开线齿形。这种齿形意味着当基圆匀速转动时，齿面产生匀速位移，接触线是一条直线。

2. 齿轮箱的工作特点

风力发电机组齿轮箱要承受无规律的变向变载荷的风力作用以及强阵风的冲击，常年经受酷暑严寒和极端温差的影响。其工作状态十分恶劣，而且机组多数安装在高山、荒野、海滩、海岛等风口处，所处环境交通不便。齿轮箱安装在塔顶的狭小空间内，一旦出现故障，修复非常困难，故对其可靠性和使用寿命都提出了比一般机械高得多的要求。为了增加机组的制动能力，还要在齿轮箱的输入端或输出端上设置刹车装置，配合空气动力制动对机组传动系统进行联合制动。大量的实践表明在风力发电机组的传动链中齿轮箱是最薄弱的环节。

由于并网型风力发电机组启停较为频繁，风轮转速较低，为满足发电机的转速工作条件，在风轮和发电机之间就需要配置齿轮箱增速。由于受到机舱尺寸的限制，风力发电机组的机械传动系统一般都沿机舱轴线布置齿轮箱。随着大型风力发电机组采用的齿轮箱传递转矩增大，结构更加紧凑、复杂，对风力发电机组设计和制造的要求不断提高。

3. 齿轮箱的技术要求

齿轮箱作为传递动力的部件，在运行期间同时承受动、静载荷。其动载荷部分取决于风轮、发电机的特性和传动轴、联轴器的质量、刚度、阻尼值以及发电机的外部工作条件。在如此复杂工况下工作的齿轮箱，设计过程中必须保证在满足可靠性和预期寿命的前提下，使结构简化且重量最轻。设计完成后还要再次进行详细的可靠性分析计算，其中包括精心选取可靠性好的结构、材料和对重要的零部件以及整机进行可靠性估算，从而确定最佳传动方案，选用合理的设计参数，选择稳定可靠的构件和具有良好力学特性以及在环境极端温差下仍然保持稳定的材料。具体要求如下。

(1) 齿轮箱的正常工作条件

① 环境温度为-40～50℃，当环境温度低于0℃时应加注防冻型润滑油。

② 适应风力机负荷范围。

③ 适用于单向或可逆向运转。

④ 高速轴最高转速不得超过 2000r/min。

⑤ 外啮合渐开线圆柱齿轮的圆周速度不得超过 20m/s，内啮合渐开线圆柱齿轮的圆周速度不得超过 15m/s。

⑥ 工作环境应为无腐蚀性环境。

(2) 齿轮箱的设计技术要求

① 使用寿命　风力发电机组的设计寿命一般为 20 年，故齿轮箱的使用寿命不得低于 20 年。按照假定寿命最少 20 年的要求，对齿轮箱部件及其零件的设计极限状态和使用极限状态进行极限强度分析、疲劳分析、稳定性和变形极限分析、动力学分析等。分析方法除一般推荐的设计计算方法外，还可采用模拟主机运行条件下进行零部件试验的方法。

② 效率　齿轮箱的效率可通过功率损失计算或在试验中实测得到，一般应大于 97%，是指在标准条件下应达到的指标。功率损失主要包括齿轮啮合、轴承摩擦、润滑油飞溅和搅拌损失、风阻损失以及其他机件阻尼等。齿轮的效率在不同工况下是不一致的，设计工况下的效率最大。

③ 噪声　齿轮箱的噪声应不大于 85dB(A)。噪声主要来自各传动件，故应采取相应降低噪声的措施：

a. 适当提高齿轮精度，进行齿形修整，增加啮合重合度；

b. 提高轴和轴承的刚度；

c. 合理布置轴系和轮系传动，避免发生共振；

d. 安装时采取必要的减振措施，将齿轮箱的机械振动控制在 GB/T 8543 规定的 C 级之内。

④ 工作温度　齿轮箱最高工作温度不得高于 80℃，最低工作温度不得低于 10℃，其不同轴承间的温度差不应高于 15℃，必要时增设加热装置或冷却装置。

⑤ 振动要求　齿轮箱在工作转速范围内，传动轮系、轴系应不发生共振。齿轮箱的机械振动应符合 GB/T 8543 规定的 C 级。

⑥ 密封性能　齿轮箱应具有良好的密封性，不应有渗、漏油现象，并能避免水分、尘埃及其他杂质进入箱体内部。齿轮箱的清洁度应符合 JB/T 7929 的规定。

⑦ 低速轴旋转方向　除非有特殊要求，一般情况下齿轮箱低速轴旋向为：面对低速轴输入端看，低速轴的旋向为右旋，即顺时针方向。

⑧ 对防护漆的要求　机械加工以后的全部外露表面应涂防护漆，涂层应薄厚均匀，表面平整、光滑、颜色均匀一致。对油漆的防腐要求和颜色由供需双方在技术协议中规定。

⑨ 相关附属设备　齿轮箱上应设有相应的观察窗口盖、油标（必要的应设油位报警装置）、油压表（必要时应设油压报警装置）、空气滤清器、透气塞、带磁性垫的放油螺塞（放油阀）以及起重用吊钩等。

⑩ 过载能力　齿轮箱应允许承受发电机短时间 1.5 倍额定功率的负荷。

（四）联轴器与安全离合器

将两轴的轴端直接连接起来以传递运动和动力的连接形式称为轴间连接，通常采用联轴器和离合器。

联轴器和离合器都能把不同部件的两根轴连接起来，不同的是，联轴器是一种固定的连接装置，在机器运转过程中被连接的两根轴一起转动而不能脱开。离合器则是一种能随时将两轴接合或者分离的连接装置。

风力发电机上使用的安全离合器在正常运行时是将两轴固定在一起的，只有发生过载时离合器才发生打滑。

根据联轴器中是否含有弹性元件，可以将其分为刚性联轴器和弹性联轴器。刚性联轴器又根据是否具有补偿两轴位移和偏斜的能力，分为刚性固定式和刚性可移动式两类。弹性联轴器利用联轴器中弹性零件的变形，补偿两轴之间的位移和偏斜。

联轴器是一种通用元件，在风力发电机组中种类很多，常采用刚性联轴器、弹性联轴器（或万向联轴器）两种形式。刚性联轴器常用在对中性好的两轴的连接，而弹性联轴器则可用在两轴对中性较差时提供两轴的连接。

风力发电机组中通常在低速轴端（主轴与齿轮箱低速轴连接处）选用刚性联轴器，一般多选用胀套式联轴器、柱销式联轴器等；在高速轴端（发电机与齿轮箱高速轴连接处）选用弹性联轴器（或万向联轴器），一般选用轮胎联轴器或十字节联轴器。

1. 刚性胀套联轴器

胀套联轴器结构如图 1-24 所示。它是靠拧紧高强度螺栓使包容面产生压力和摩擦力来传递负载的一种无键连接方式，可传递转矩、轴向力或两者的复合载荷，承载能力高，定心性好，装、拆或调整轴与毂的相对位置方便，可避免零件因键连接而削弱强度，提高了零件的疲劳强度和可靠性。

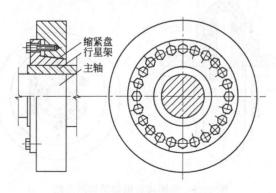

图 1-24　胀套联轴器结构示意图

胀套连接与一般过盈连接、无键连接相比，具有制造和安装简单、安装胀套的轴和孔的加工精度的制造公差要求低等优点。安装胀套也无需加热、冷却或加压设备，只需将螺栓按规定的转矩拧紧即可，且调整方便，可以将轮毂在轴上很方便地调整到所需位置。有良好的互换性，拆卸方便，这是因为胀套能把较大配合间隙的轮毂连接起来。拆卸时将螺栓拧松，即可使被连接件拆开。胀套连接可以承受重负荷。胀套结构可制成多种式样，一个胀套不够，还可多个串联使用。胀套的使用寿命长，强度高，因为它是靠摩擦传动的，被连接件没有相对运动，工作中不会磨损。胀套在胀紧后，接触面紧密贴合，不易锈蚀。胀套在超载时，可以保护设备不受损坏。

2. 万向联轴器

万向联轴器是一类允许两轴间具有较大角位移的联轴器，适用于有大角位移的两轴之间的连接，一般两轴的轴间角最大可达35°～45°，而且在运转过程中可以随时改变两轴的轴间角。

在风力发电机组中，万向联轴器也得到广泛的应用。图1-25为十字轴式万向联轴器结构简图。主、从动轴的叉形件（轴叉）1、3与中间的十字轴2分别以铰链连接，当两轴有角位移时轴叉1、3绕各自固定轴线回转，而十字轴则做空间运动。

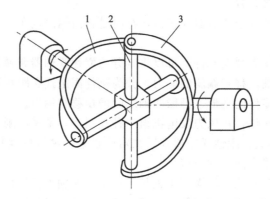

图1-25 十字轴式万向联轴器结构简图
1,3—轴叉；2—十字轴

3. 轮胎式联轴器

图1-26所示为轮胎式联轴器的一种结构，外形呈轮胎状的橡胶元件2与金属板硫化黏结在一起，装配时用螺栓直接与两个半联轴器1、3连接。采用压板、螺栓固定连接时，橡

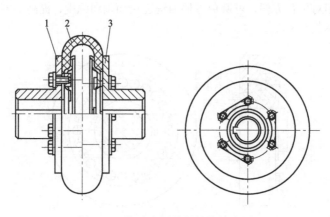

图1-26 轮胎式联轴器结构示意图
1,3—半联轴器；2—橡胶元件

胶元件与压板接触压紧部分的厚度稍大一些，以补偿压紧时压缩变形，同时应保持有较大的过渡圆角半径，以提高疲劳强度。轮胎式联轴器的优点是：具有很高的柔度，阻尼大，结构简单，装配容易。轮胎式联轴器的缺点是：随扭转角增加，在两轴上会产生相当大的附加轴向力，同时也会引起轴向收缩而产生较大的轴向拉力。为了消除或减轻这种附加轴向力对轴承寿命的影响，安装时宜保持一定量的轴向预压缩变形。

4. 膜片联轴器

膜片联轴器采用一种厚度很薄的弹簧片制成各种形状，用螺栓分别与主、从动轴上的两半联轴器连接。图 1-27 所示为一种膜片联轴器的结构，其弹性元件为若干多边环形的膜片，在膜片的圆周上有若干螺栓孔。为了获得相对位移，常采用中间轴，其两端各有一组膜片组成两个膜片联轴器，分别与主、从动轴连接。

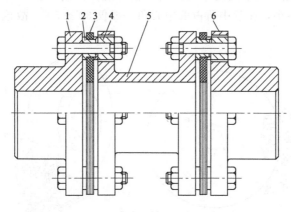

图 1-27 膜片联轴器结构示意图
1,6—半联轴器；2—衬套；3—膜片；4—垫圈；5—中间轴

5. 连杆联轴器

图 1-28 所示的连杆联轴器，也是一种挠性联轴器。每个连接面由 5 个连杆组成，连杆一端连接被连接轴，另一端连接中间体。可以对被连接轴轴向、径向、角向误差进行补偿。连杆联轴器设有滑动保护套（图 1-29），用于过载保护。滑动保护套由特殊合金材料制成，

图 1-28 连杆联轴器

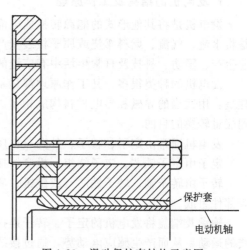

图 1-29 滑动保护套结构示意图

它能在风机过载时发生打滑,从而保护电动机轴不被破坏。在保护套的表面涂有不同的涂层,保护套与轴之间的摩擦力始终是保护套与轴套之间摩擦力的 2 倍,从而保证滑动永远只会发生在保护套与轴套之间。当转矩从峰值回到额定转矩以下时,滑动保护套与轴套之间继续传递转矩,无须专人维护。

(五)机械刹车

机械刹车是一种制动式减慢旋转负载的装置。一般分为外包块式制动器、内涨蹄式制动器、带式制动器、盘式制动器、载荷自制盘式制动器、磁粉制动器、磁涡制动器等。

在风力发电机组中,为了减小制动转矩,缩小制动器尺寸,通常机械刹车装在高速轴上。在结构许可的情况下,也常将机械刹车设计在低速轴上,这可以保护齿轮箱不受刹车力矩的瞬时突加载荷的影响。

图 1-30 为风力发电机组常用的钳盘式制动器外观图。制动块压紧制动盘而制动。制动衬块与制动盘接触面很小,在盘中所占的中心角一般仅 30°~50°,故这种盘式制动器又称为点盘式制动器。

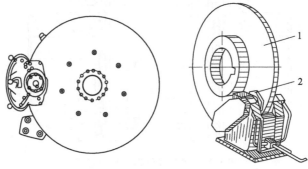

图 1-30 钳盘式制动器外观图
1—制动盘;2—制动块

为了不使制动轴受到径向力和弯矩,钳盘式制动缸应成对布置。制动转矩较大时,可采用多对制动缸。为防止液压油高温变质,可在制动盘中间开通风沟以及采用隔热措施。

(六)发电机

1. 发电机的结构及工作原理

发电机是将其他形式的能源转换成电能的机械设备,它由动力机械驱动。发电机的功能是将水流、气流、燃料燃烧或原子核裂变产生的能量,由机械能转换为电能。发电机在工农业生产、国防、科技及日常生活中有广泛的用途。

发电机的种类很多,其工作原理都是基于电磁感应定律和电磁学及力学定律。其构造原理是:用适当的导磁和导电材料构成相互进行电磁感应的磁路和电路,以产生电磁功率,达到能量转换的目的。

发电机通常由定子、转子、外壳(机座)、端盖及轴承等部件构成。

定子由定子铁芯、定子绕组、机座、接线盒以及固定这些部件的其他机构件组成。

转子由转子轴、转子铁芯(或磁极、磁轭)、转子绕组、护环、中心环、集电环及风扇等部件组成。

轴承及端盖将发电机的定子、转子连接组装起来,使转子能在定子中旋转,做切割磁力线的运动,从而产生感应电动势,通过接线端子引出,接在回路中,便产生了交流电流。直流发电机的实质是带有换向器的交流发电机。

从电磁情况分析，一台直流电机原则上既可作为电动机运行，也可以作为发电机运行，只是约束的条件不同而已。在直流电机的两电刷端加上直流电压，将电能输入电枢绕组中，机械能从电机轴上输出，拖动生产机械，将电能转换成机械能时称为电动机。如果用动力机械拖动直流电机的电枢绕组，而电刷上不加直流电压，则电刷端可以引出直流电动势作为直流电源输出电能，电机将机械能转换成电能时称为发电机。同一台直流电机，既能作电动机又能作发电机运行的这种原理，在电机理论中称为可逆原理。利用电机的可逆原理，在风力发电机组装调试时可将发电机接成电动机，驱动传动系统进行台架调试。

2. 发电机类型

风力发电机将风轮传来的机械能利用电磁感应原理转换成电能，所有并网型风力发电机通过三相交流（AC）电机将机械能转化为电能。发电机分为两个主要类型：同步发电机和异步发电机。同步发电机运行的频率与其所连电网的频率完全相同，同步发电机也被称为交流发电机。异步发电机运行时的频率比电网频率稍高，异步发电机常被称为感应发电机。风力发电机组的发电机一般采用异步发电机。异步发电机的转速取决于电网的频率，只能在同步转速附近很小的范围内变化。

异步发电机与同步发电机都有一个不旋转的部件，被称为定子。这两种发电机的定子相似，都与电网相连，而且都是由叠片铁芯上的三相绕组组成，通电后产生一个以恒定转速旋转的磁场。尽管两种发电机有相似的定子，但它们的转子是完全不同的。

同步发电机中的转子有一个通直流电的绕组，称为励磁绕组。励磁绕组建立一个恒定的磁场，锁定定子绕组建立的旋转磁场。因此，转子始终能以一个恒定的与定子磁场和电网频率同步的恒定转速旋转。在某些设计中，转子磁场是由永磁机或永磁体产生的。

异步发电机的转子由一个两端都短接的笼型绕组构成。转子与外界没有电的连接，转子电流由转子切割定子旋转磁场的相对运动而产生。如果转子速度完全等于定子转速磁场的速度（与同步发电机一样），这样就没有相对运动，也就没有转子感应电流。因此，感应发电机总的转速总是比定子旋转磁场速度稍高，其速度差称为滑差。

（1）同步发电机　应用非常广泛，在核电、水电、火电等常规电网中所使用的几乎都是同步发电机。在风力发电中，同步发电机既可以独立供电，又可以并网发电。

同步发电机在并网时必须要有同期检测装置来比较发电机侧和系统侧的频率、电压、相位，对风力发电机进行调整，使发电机发出电能的频率与系统一致；操作自动电压调压器，将发电机电压调整到与系统电压相一致；同时，微调风力机的转速，从周期检测盘上监视，使发电机的电压与系统的电压相位相吻合，在频率、电压、相位同时一致的瞬间，合上断路器，将风力发电机并入系统。同期装置可采用手动同期并网和自动同期并网。

总体来说，由于同步发电机造价比较高，同时并网麻烦，故在并网风力发电机组中很少采用。

（2）异步发电机　是指异步电机处于发电的工作状态，因其激励方式不同有电网电源励磁发电（他励）和并联电容自励发电（自励）两种情况。

① 电网电源励磁发电　异步电机接到电网上，电机内的定子绕组产生以同步转速转动的旋转磁场，再用原动机拖动，使转子转速大于同步转速，电网提供的磁力矩的方向必定与转速方向相反，而机械力矩的方向则与转速方向相同，这时就将原动机的机械能转化为电能。

在这种情况下，异步电机发出的有功功率向电网输送，同时又消耗电网的无功功率起励磁作用，并供应定子和转子漏磁所消耗的无功功率，因此异步发电机并网发电时，一般要求加无功补偿装置。通常用并列电容器补偿的方式。

② 并联电容器自励发电　并联电容器的连接方式分为星形和三角形两种。励磁电容的接入，在发电机利用本身的剩磁发电的过程中，使发电机周期性地向电容器充电；同时，电容器也周期性地通过异步电机的定子绕组放电。这种电容器与绕组组成的交替进行充放电的过程，不断地起到励磁的作用，从而使发电机正常发电。励磁电容分为主励磁电容和辅助励磁电容，主励磁电容是保证空载情况下建立电压所需要的电容，辅助电容则是为了保证接入负载后电压的恒定，防止电压崩溃而设的。

通过上述的分析，异步发电机的启动、并网很方便，且便于自动控制、价格低、运行可靠、维修便利，运行效率也较高，因此在风力发电方面并网机组基本上都是采用异步发电机。

3. 风力发电机组的发电系统

风力发电包含了由风能到机械能和由机械能到电能两个能量转换过程，发电机及其控制系统承担了后一种能量转换任务，它不仅直接影响这个转换过程的性能、效率和供电质量，而且也影响到前一个转换过程的运行方式、效率和装置结构。在风力发电中，当风力发电机组与电网并联运行时，要求风电频率和电网频率保持一致，即风电频率保持恒定，因此风力发电系统分为恒速恒频发电系统（CSCF 系统）和变速恒频发电系统（VSCF 系统）。

（1）恒速恒频发电系统　是指在风力发电过程中保持发电机的转速不变，从而得到和电网频率一致的恒频电能。恒速恒频系统一般来说比较简单，所采用的发电机主要是同步发电机和笼式感应发电机，前者运行由发电机极数和频率所决定的同步转速确定，后者则以稍高于同步转速的速度运行。

① 同步发电机　与电网并联运行时，可采用自动准同步并网和自同步并网方式。由于风的随机性，风电的电压、频率具有不稳定性，往往造成应用自动准同步并网比较困难；而对于自同步并网方式，由于并网装置相对简单，使得并网操作简化，并网时间短。对于同步发电机，最常见的结构是通过 AC-DC-AC 的整流逆变方式与系统进行并网，其原理结构如图 1-31 所示。

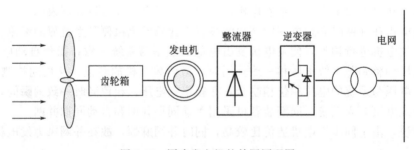

图 1-31　同步发电机的并网原理图

在并网发电系统中，同步发电机在运行时既能输出有功功率，又能提供无功功率，且频率稳定，电能质量高，因此被电力系统广泛接受。

当风向传感器测出风向，将使偏航控制器动作，使风力发电机组对准风向。同时当风向传感器测出的风速达到切入风速（一般为 3m/s 以上）并连续维持 5~10min 以上，风力发电机组的控制系统发出信号，风力发电机组启动。当发电机转速接近同步转速时，励磁调节器动作，向发电机供给励磁，并调节励磁电流使发电机的端电压接近于电网电压，同时风力发电机组的控制系统检测出断路器两侧的电位差，当其为零或非常小时，就可使断路器合闸并网。由于自同步的作用，合闸后只要转子转速接近同步转速，就可以将发电机牵入同步，使发电机与电网的频率保持完全相同。

② 感应发电机　也称为异步发电机，有笼型和绕线型两种。在恒速/恒频系统中一般采用笼型异步发电机，其原理结构如图 1-32 所示。

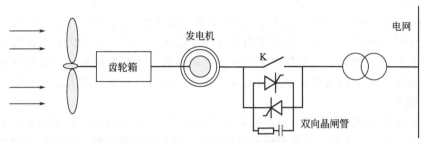

图 1-32　异步发电机经晶闸管软并网原理图

当风速大于风力发电机组的切入速度时，风力发电机组启动。当控制系统检测到发电机与电网相序相同，并且发电机转速接近同步转速时，将自动合闸并入电网。因为并网前笼型异步发电机的定子端电压为零，所以并网时必将伴随一个过渡过程，使并网瞬间定子冲击电流达其额定电流值的 4~7 倍，并使电网电压瞬时下降。

为抑制该冲击电流，目前比较先进的风力发电机组一般采用双向晶闸管控制的软并网法。这种并网方法是在异步发电机定子绕组与电网之间通过每相串入一只双向晶闸管，三相均有晶闸管控制，双向晶闸管的两端与并网自动开关 K 的动合触头并联。接入双向晶闸管的目的是将发电机并网瞬间的冲击电流控制在允许的限度内。

其并网过程如下。当风速大于风力发电机组的切入速度时，风力发电机启动。当控制系统检查发电机的相序与电网的相序一致时，且发电机转速接近同步转速时，双向晶闸管的控制角同时由 180°到 0°逐渐同步打开；与此同时，双向晶闸管的导通角则同时由 0°到 180°逐渐增大，并通过电流反馈对双向晶闸管导通角控制，将并网时的冲击电流限制在额定电流的 1.5 倍以内，此时并网自动开关 K 动合触头未闭合，异步发电机即通过晶闸管平稳地并入电网；随着发电机转速继续升高，发电机的滑差率渐趋于零，当滑差率为零时，并网自动开关 K 动作，动合触头闭合，双向晶闸管被短接，异步发电机的输出电流将不再经双向晶闸管，而是通过已闭合的自动开关触头流入电网。在发电机并网后，应立即在发电机端并入补偿电容，将发电机的功率因数提高到 0.95 以上。

(2) 变速恒频发电系统　是指保持发电机转速可随风变化，通过其他控制方式得到恒频电能。这样，风轮的转速就可以随风速的变化而变化，并使其保持在一个恒定的最佳叶尖速比，使风能利用系数在额定风速以下的整个运行范围内都处于最大值，从而可比恒速运行获取更多的能量。即使由于阵风，风速发生突变时，所产生的风能也部分被风轮吸收，并以动能的形式储存于高速运转的风轮中，从而避免了主轴及传动机构承受过大的转矩及应力，在电力电子装置的调控下，将高速风轮所释放的能量转变为电能，送入电网，从而使能量传输机构所受应力比较平稳，风力机组运行更加平稳和安全。变速恒频运行的风力发电系统有不连续变速和连续变速两大类。

① 不连续变速发电系统　也称双速异步发电系统，是指风力发电机组的风轮不是随风速的变化而连续变化，它是当风速变化达到一定值后，才允许转速发生变化。这样，风轮就能在一定的风速范围内运行于最佳叶尖速比附近，从而得到较高的风能利用系数。但由于其风轮不是随风速的变化而连续变化，因此不能期望它像连续变速系统那样有效地获取变化的

风能。更重要的是，它不能利用转子的惯性来吸收峰值转矩，所以这种方法不能改善风力机的疲劳寿命。这种系统运行方式常用以下几种方法。

a. 采用两台不同转速的发电机。通常是采用两台转速、功率不同的异步发电机，其中一台是低同步转速的异步发电机，一台是高同步转速的异步发电机，在某一风速范围内只有一台被连接到电网，而另一台停用。

b. 双绕组双速感应发电机。这种发电机有两个极对数不同的相互独立的定子绕组，嵌在相同的定子铁芯槽内，在某风速范围内仅有一个绕组在工作，转子仍是通常的笼型。这种形式的发电机有两种转速，分别取决于两个绕组的极数。比起单速机来，这种发电机要重一些，效率也稍低一些，因为总有一个绕组未被利用，导致损耗相对增大。它的价格也比通常的单速发电机贵。

c. 双速极幅调制感应发电机。这种感应发电机只有一个定子绕组，转子通常也是笼型，但可以有两种不同的运行速度，只是绕组的设计不同于普通单速发电机。它的每相绕组由匝数相同的两部分组成，对于一种转速是并联，对于另一种转速是串联，从而使磁场在两种情况下有不同的极数，导致两种不同的运行速度。这种发电机定子绕组有6个接线端子，通过开关控制不同的接法，即可得到不同的转速。双速单绕组极幅调制感应发电机可以得到与双绕组双速发电机基本相同的性能，但重量轻、体积小，因而造价也较低，它的效率与单速发电机大致相同。缺点是发电机的旋转磁场不是理想的正弦形，因此产生的电流中有不需要的谐波分量。

当风速达到切入风速以上，并连续维持达5～10min时，控制系统发出信号，风力发电机组开始启动，此时发电机被切换到小容量低速绕组（或小发电机），当转速接近同步转速时，通过晶闸管接入电网，异步发电机进入低功率发电状态。

若风速传感器测量的平均风速远超过启动风速，则风力机启动后，发电机被切换到大容量高速绕组（或大发电机），当发电机转速接近同步转速时，通过晶闸管接入电网，异步发电机直接进入高功率发电状态。

② 连续变速发电机系统　通常有以下几类。

a. 双馈发电机变速恒频系统。双馈发电机与普通的绕线式感应发电机类似，其所采用的发电机为转子双馈发电机，定子绕组与电网直接相连，转子绕组通过变频器供以频率、幅值、相位和相序都可改变的三相低频励磁电流。图1-33所示为这种系统的原理框图。

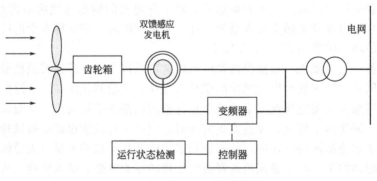

图1-33　双馈发电机系统原理图

当转子绕组通过三相低频电流时，则将在发电机气隙内产生旋转磁场，此旋转磁场的转速与所通入的低频电流的频率 f_2 及发电机的极对数 p 有关，即

$$n_2 = \frac{60 f_2}{p}$$

从上式可知，改变频率 f_2，即可改变 n_2，而且若改变通入转子三相电流的相序，还可以改变此转子旋转磁场的转向。因此，若设 n_1 为对应于电网频率为 50Hz（$f_1=50$Hz）时发电机的同步转速，而 n 为异步发电机转子本身的旋转速度，只要维持 $n\pm n_2=n_1$，则发电机定子绕组的感应电势的频率 f_1 将始终维持不变。

双馈异步发电机的转子通过变频器与电网连接，能够实现功率的双向流动。当风力发电机组变速运行时，发电机也为变速运行。采用双馈异步发电机，只需通过调整转子电流频率，就可以在风速与发电机转速变化情况下实现恒频控制。该方式需要的变频器容量较小，而且能够实现有功和无功的灵活控制。

通常异步发电机转子回路采用的变频器有以下几类。

- 采用交-直-交电压型强迫换流变频器。采用此种变频器可实现由亚同步运行到超同步运行的平稳过渡，这样可以扩大风力发电机组风力机变速运行的范围。此外，由于采用了强迫换流，还可实现功率因数的调节。但由于转子电流为方波，会在发电机内产生低次谐波转矩。

- 采用交-交变频器。采用这种变频器，可以省去交-直-交变频器中的直流环节，同样可以实现由亚同步到超同步运行的平稳过渡及实现功率因数的调节，其缺点是需应用较多的晶闸管，同时在发电机内也会产生低次谐波转矩。

- 采用脉宽调制（PWM）控制的由 IGBT 组成的变频器。采用最新电力电子技术的 IGBT 变频器及 PWM 控制技术，可以获得正弦形式的转子电流，发电机内不会产生低次谐波转矩，同时能实现功率因数的调节。目前双馈异步风力发电机多采用这种变频器。

当风速达到切入风速以上，并连续维持达 5~10min 时，控制系统发出信号，风力发电机组开始启动，在发电机转速至接近同步转速时，由变频器控制进行电压匹配、同步和相位控制，以便迅速地并入电网，并网时基本上无电流冲击。

b. 无刷双馈异步发电机系统　无刷双馈发电机作为一种新型发电机，结构与运行机理异于传统发电机。无刷双馈发电机的定子上有两套极数不同的绕组，一个为功率绕组，直接接电网，另一个为控制绕组，通过双向变频器接电网，如图 1-34 所示。

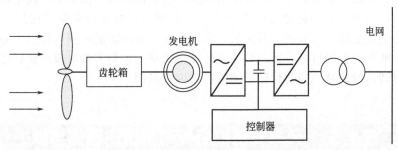

图 1-34　无刷双馈发电机系统原理图

无刷双馈发电机的变速恒频控制，就是根据风力发电机组风力机转速的变化相应地控制转子励磁电流的频率，使无刷双馈发电机输出的电压频率与电网保持一致。

无刷双馈发电机转子结构为笼型结构，无需电刷和滑环，但流过定子励磁绕组的功率仅为无刷双馈发电机总功率的一小部分。采用无刷双馈发电机的控制方案后，除了可实现变速恒频控制，降低变频器的容量外，还可在矢量控制策略下实现有功和无功的灵活控制，起到无功补偿的作用。发电机本身没有滑环和电刷，既降低了发电机的成本，又提高了系统运行的可靠性。相比于双馈异步发电机，无刷双馈发电机取消了电刷和滑环，结构简单，坚固可靠，适用于风力发电这样恶劣的工作环境，保证了并网后风力发电机组的安全运行。

无刷双馈发电机并网与双馈发电机类似，可通过对转子励磁电流的调节，实现软并网，避免并网时发生的电流冲击和过大的电压波动。

c. 变速直驱永磁发电系统　该系统与笼型变速恒频风力发电系统类似，利用永久磁铁取代转子励磁磁场，无需外部提供励磁电源。变速恒频策略是在定子侧实现的，通过控制变频器，将发电机输出的变频变压交流电转换为与电网同频的交流电，因此变频器的容量与系统的额定容量相同，存在谐波污染问题。

这种类型发电机采用永磁体励磁，消除了励磁损耗，提高了效率，实现了发电机无刷化。并且运行时，不需要从电网吸收无功功率来建立磁场，可以改善电网的功率因数。由于变桨距风轮机直接耦合永磁同步发电机转子，省去了增速用齿轮箱。发电机输出不可控整流后，由电容滤波，再经逆变器将能量馈送给电网。由于采用不可控整流，所以恒压恒频输出的任务完全通过逆变器完成，如图1-35所示。

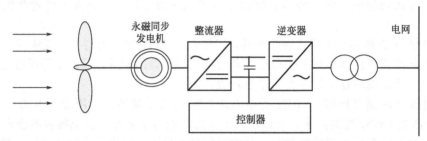

图1-35　直驱永磁同步发电机系统原理图

由于实现了变桨距风轮机与永磁同步发电机的直接耦合，不需要增速齿轮箱，这样大大提高了系统可靠性，减小了系统运行的噪声，便于维护。另外，直驱永磁风力发电系统不需要电励磁装置，具有重量轻、效率高、可靠性好的优点。但由于永磁发电机的转速很低，使发电机体积大、成本高。

直驱永磁发电机通过变频器与电网相连，其频率和电网的频率彼此独立，不存在并网时产生冲击电流、冲击力矩以及并网后失步的问题，逆变器不仅可以调节并网电压和频率，而且还可调节有功功率，是一种稳定的并网方式。并网前，逆变器以保证满足并网条件为目标，当条件完全满足后并入电网。并网后，逆变器输出电压跟随电网电压以工频变化，此时以获取最大风能作为控制目标，通过对逆变器输出功率的控制实现对发电机转矩的控制，进而实现对风机转速的控制，同时保证系统的功率因数可调。

任务二　风力发电机组传动系统的调试与维护

一、任务引领

风力发电机组传动系统安全、稳定运行是保证风力发电机组正常运行的前提条件，因此在正常运行中对传动系统的调试及维护是必不可少的。

【学习任务要求】

1. 列出风力发电机组传动系统调试及维护的工作内容。
2. 对调试及维护过程中出现的故障进行分析、检查和处理。
3. 清楚调试及维护过程中安全注意事项。

【思考题】

1. 叶片常出现的问题有哪些？什么原因造成的？
2. 齿轮箱常见故障有哪些？分析原因并给出处理办法？
3. 发电机常见故障有哪些？分析原因并给出处理办法？

二、相关知识学习

（一）叶片、轮毂的调试及维护

叶片和轮毂是传动系统的核心部件，每次巡视时都要对叶片和轮毂的工作情况进行仔细检查，发现问题及时汇报并记录现象特征，以便维护和检修。

叶片在运转过程中需要仔细倾听运行声音，正常时是风吹过叶片的气流声。任何其他不正常的噪声，如周期性的异响、尖锐的空气噪声等，都可能意味着叶片出现了问题，需要对叶片进行仔细检查，同时对传动系统的裂纹、损伤情况及清洁程度进行检查。

1. 叶片清洗

一般情况下，由于环境污染，叶片边缘常有由昆虫等引起的污染物，但在风轮上的污染物不是特别多时，不必清洗，在下雨的时候会将污物去除。在必须清洗叶片时，可以用专用清洗剂和专用工具来清洗。

2. 叶片的噪声

正常情况下，叶片转动至地面角度时，发出的是"刷刷"声。如果出现"呼呼"声和哨声，说明叶片产生噪声，有可能是叶片表层或顶端有破损。一般由生产厂家技术人员进行修补。

叶片上极强的噪声可能是由于雷电损坏引起的。雷电损坏的叶片必须拆卸下来维修，叶片的修理必须由制造厂家进行。新的或修复后的叶片安装后必须与其他叶片保持动平衡。

3. 叶片的裂纹

叶片表面裂纹一般在风力机运行2～3年后就会出现。造成裂纹的原因是低温和机组自振。关键是裂纹产生的位置。如果裂纹出现在叶片的8～15m处，风力机的每次自振、停车都会使裂纹加深加长。裂纹在扩张的同时，空气中的污垢、风沙乘虚而入，使得裂纹加深加宽，风沙和污垢其实起到的是扩张裂纹的作用。

裂纹可导致叶片的开裂，横向裂纹可导致叶片断裂，裂纹严重威胁着叶片的安全。叶片裂纹产生的位置一般都在人们视线的盲区，加之油渍、污垢、盐雾等遮盖，从地面用望远镜很难发现。如果风力机运转时产生的杂音较大，应引起注意。

对仅出现在表层的裂纹，如果可能，应该在裂纹末尾做上标记并记录日期。在后期的检查中，如果裂纹没有变大，不需要采取进一步措施。如果发现断层，要做出标记，并记录尺寸。如果在叶片根部或叶片体上发现裂纹，机组必须停止工作，并由制造厂家进行修理。

4. 风力机叶尖的维护

风力机的许多功能是靠叶尖来完成的，叶尖也是叶片整体的易损部位。风力机运转时叶尖的抽磨力大于其他部位，这样叶尖就成为叶片的薄弱部位。叶尖由双片合压组成，叶尖的最边缘是由胶衣树脂黏合为一体，叶尖的最边缘近4cm的材质是实心的。叶尖内空腔面积较小，沙吹打时没有弹性，所以也是叶片中磨损最快的部位。

实践证明，叶尖每年都有 0.5cm 左右的磨损缩短，叶片的易开裂周期是风力发电机运转 4~5 年后，原因就是叶片边缘的固体材料磨损严重，双片组合的叶片保护能力、固合能力下降，使双片黏合处缝隙暴露在风沙中。解决风力机叶片开裂的问题就是风力机运转几年后做一次叶尖的加长、加厚保护，与原有叶片所磨损的重量基本吻合。

5. 轮毂的维护

对于刚性轮毂来说，其安装、使用和维护较简单，日常维护工作较少，只要在设计时充分考虑了轮毂的防腐问题，基本上是免维护的。而柔性轮毂则不同，由于轮毂内部存在受力铰链和传动机构，其维护工作是必不可少的。维护时要注意受力铰链和传动机构的润滑、磨损及腐蚀情况，及时进行处理，以免影响机组的正常运行。

轮毂检查与维护时必须做好足够且正确的安全措施后，方可在机舱外工作，并且保证机舱内人员时刻注意机组状态。轮毂的检查项目如下。

① 进入轮毂前应检查轮毂外部防腐及裂纹情况。
② 检查轮毂保险杠（安全护栏）是否固定可靠，轮毂盖板是否完好。
③ 检查入口支架固定螺栓是否紧固，是否生锈及缺少。
④ 进入轮毂后，检查轮毂内部防腐及裂纹情况。
⑤ 检查四通接头、管路接头、叶尖油管的固定是否牢固，是否有渗漏。
⑥ 检查叶片连接螺栓是否生锈，叶片盖板螺栓有无缺少、松动。
⑦ 检查叶尖液压缸是否存在渗漏，叶尖液压缸是否固定可靠。
⑧ 检查叶尖钢丝绳、防雷倒片等叶片内元器件固定是否牢固。
⑨ 如发现油路渗漏，应紧固相应的管接头，将存在的油污擦拭干净，并做好记录。
⑩ 紧固松动的螺栓。

（二）联轴器的调试及维护

联轴器的维修保养周期应该与整机的检修周期保持一致，但至少 6 个月一次。

低速轴所用的胀套式联轴器出厂时安装并测试合格。严禁拆卸缩紧盘的螺栓。在联轴器投入使用后，每个整机检修周期都必须检查螺栓、行星架，如有异常（如出现裂纹、螺栓松动等），就应检查其拧紧力矩，查找故障原因。

要注意检查高速轴联轴器的安装偏差的变化。由于齿轮箱、发电机的底座为弹性支撑，随着风机运行时间的延长，有必要检验联轴器的安装对中度是否出现变化，如有必要需重新调整齿轮箱和发电机的安装位置，调整时需激光校准。对于膜片联轴器，万一单片膜片破裂，就必须更换整个膜片组，并且检查相应的连接法兰，确保没有损坏。

（三）齿轮箱的调试及维护

近年来随着风力发电机组单机容量的不断增大，以及风力发电机组的投入运行时间的逐渐累积，由齿轮箱故障或损坏引起的机组停运事件时有发生，由此带来的直接和间接损失也越来越大，维护人员投入维修的工作量也有上升趋势，这就促使越来越多的用户开始重视加强齿轮箱的日常监测和定期保养工作。

在风力发电机组中，齿轮箱的运行维护是风力发电机组维护的重点之一，维护水平不断得到提高，才能保证风力发电机组齿轮箱平稳运行。

1. 齿轮箱的日常保养

风力发电机组齿轮箱的日常保养内容，主要包括设备外观检查，噪声测试，润滑油位检查、油温、电气接线检查等。

具体工作任务包括：在风机运行期间，特别是持续大风天气时，在中控室注意观察油温、轴承温度；登机巡视风力发电机组时，应注意检查润滑管渗漏现象，外敷的润滑、冷却管路连接处有无松动；由于风力发电机组振动较大，如果外敷管路固定不良，将导致管路磨损、管路接头密封损坏甚至管路断裂。还应注意箱底放油阀有无松动和渗漏，避免放油阀松动和渗漏导致齿轮油大量外泄。离开机舱前，应开机检查齿轮箱及液压泵运行状况，看看运转是否平稳，有无振动或异常噪声。利用油标尺或油位窗检查油位是否正常，借助玻璃油窗观察油色是否正常，发现油位偏低应及时补充并查找具体渗漏点，及时处理。

齿轮箱日常巡视项目如下。

① 检查齿轮箱防腐漆是否有脱落，箱体是否有裂纹等损伤，检查齿轮箱弹性支撑是否有龟裂。

② 检查齿轮箱箱体、滤芯、油分配器、润滑胶管法兰接合面及其他部位是否存在齿轮油渗漏情况。如有应清理油迹并记录下渗漏点，以便下次巡视时检查。

③ 检查齿轮箱油位是否正常，齿轮油色是否正常，齿轮油是否变质。

④ 在齿轮箱运转时注意倾听齿轮箱是否有异常的噪声，特别是周期性的异常响声。在润滑系统运转时注意倾听齿轮油泵声音是否正常。

⑤ 检查齿轮箱是否存在局部温度过高现象，特别是高速轴端。

⑥ 检查齿轮箱附件是否正常，包括喷油管、润滑胶管是否正常，是否有渗漏，风冷散热器是否正常，齿轮油泵及电动机是否正常，各传感器是否正常，防雷碳刷是否正常（碳刷磨损到小于 10mm 时必须更换）。

总之，在运行维护中，要做好详细的齿轮箱运行情况记录，及时清洁齿轮箱，加强日常巡视，发现问题及时处理，并要将记录存入该风力发电机组档案中，以便今后进行数据的对比分析。

2. 齿轮箱定期保养维护

风力发电机组齿轮箱的定期保养维护内容，主要包括齿轮箱连接螺栓力矩的检查，轮啮合及齿面磨损情况的检查，传感器功能测试，润滑及散热系统功能检查，定期更换齿轮油滤清器，油样采集等。有条件时可借助有关工业检测设备对齿轮箱运行状态的振动及噪声等指标进行检测分析，以便更全面地掌握齿轮箱的工作状态。

根据风力发电机组运行维护手册，不同厂家对齿轮箱润滑油的采样周期也不一样。一般要求每年采样一次，或者使用两年后采样一次。对于发现运行状态异常的齿轮箱，根据需要随时采集油样。齿轮箱润滑油的使用年限一般为 3～4 年。由于齿轮箱的运行温度、年运行小时以及峰值出力等运行情况不完全相同，在不同的运行环境下笼统地以时间为限作为齿轮箱润滑油更换的条件，不一定能够保证齿轮箱经济、安全地运行。这就要求运行人员平时注意收集整理机组的各项运行数据，对比分析油品化验结果的各项参数指标，找出更加符合自己风电场运行特点的油品更换周期。

油品采样 在油品采样时，考虑到样品份数的限制，一般选取运行状态较恶劣的机组（如故障较高、出力峰值较高、齿轮箱运行温度较高、滤清器更换较频繁的机组）作为采样对象。根据油品检验结果，分析齿轮箱的工作状态是否正常，润滑油性能是否满足设备正常运行需要，并参照风力发电机组维护手册规定的润滑油更换周期，综合分析决定是否需要更换齿轮润滑油。润滑油更换前，可根据实际情况选用专用清洗添加剂。更换时应将旧油彻底排干，清除油污，并用新油清洗齿轮箱。对箱底装有磁性元件的，还应清洗磁性元件，检查吸附的金属杂质情况。加油时按用户使用手册要求的油量加注，避免油位过高，导致输出轴油封因回油不畅而发生渗漏。

润滑油更换 齿轮箱在投入运行前，应加注厂家规定的润滑油。润滑油第一次更换和其后更换的时间间隔，由风力发电机组实际运行工况条件决定。齿轮箱润滑油的维护和使用寿命受润滑油的实际运行环境影响。在润滑油使用过程中，分解产生的各种物质可能会引起润滑油老化、变质，特别是在高温、高湿及高灰尘等条件下运行，将会进一步加速润滑油老化、变质，这些都是影响润滑油使用寿命的重要因素，会对油的润滑能力产生很大的影响，降低润滑油的润滑效果，从而影响齿轮箱的正常运行。

新投入的风力发电机组，齿轮箱首次投入运行磨合250h后，要对润滑油进行采样并分析，根据分析结果可以判断齿轮箱是否存在缺陷，并采取相应措施进行及时处理，避免齿轮箱损坏较严重时才发现。

齿轮箱润滑油第二次分析应在风力发电机组重新运行8000h（最多不超过12个月）后进行，若油质发生变化，氧化生成物过多并超过一定比例时，就应及时更换。如经分析认为该润滑油可以继续使用，则再间隔8000h（最多不超过12个月）后对齿轮箱润滑油质量进行再次采样、分析。如果润滑油在运行18000h后还没有进行更换，则润滑油采样分析的时间间隔将要缩短到4000h（最多不超过6个月）。如果风力发电机组在运行过程中出现异常声音或发生飞车等较严重故障，齿轮箱润滑油的采样分析可随时进行，以确保齿轮箱的正常运行。

（四）风力发电机传动系统的故障及维修

风力发电机组在运行过程中由于各种因素的影响，会出现各种各样的故障，尤其是风力发电机传动系统各部件在工作中受力比较复杂，出现故障的概率较高。正确分析故障，可减少排除故障的时间，避免故障重复发生，减少停机时间，提高设备完好率和可利用率。

1. 叶片常见故障分析

风力机叶片的故障可从运行年限、运转声音、装机地点等方面着手分析、诊断。

（1）风力机叶片预检 是风力机运转2年后，对叶片做整体检查，内容包括清洗叶片，检查叶片内固合状况等。清洗叶片，可提高发电量，检查发现盐雾、油污、静电灰、飞虫污物等隐藏的事故隐患，以及是否有胶衣起层脱落现象。

外固合检查主要是看外固合缝是否有开缝现象，是否出现麻面、砂眼，外观是否有污渍，背后是否裂纹。

内固合检查是指通过专用工具对叶片内主梁敲击，从声音中判断叶片与主梁是否有空鼓现象。叶片通过一段时间的运转自振后，内侧与主梁才会发生离合虚粘接现象，通过声音可判断故障。此种现象在叶片制造过程中是不可预见的，即使出厂前通过X光透视，也只有通过叶片空中运转抖动后，虚粘接部位才能显现出来，而此时叶片的外固合还是完好无损。

（2）叶片表面砂眼 风力机叶片出现砂眼，是由于叶片没有了表面保护层引起的。叶片的胶衣层破损后，叶片被风沙抽磨，首先出现麻面。麻面是细小的砂眼，如果叶片有坚硬的胶衣保护，沙粒吹打到叶面时可以抵挡风沙的冲击力。砂眼对风力机叶片最大的影响是运转时阻力增加，转速降低。砂眼生成后，叶面砂眼的演变速度会很快。如果此时是雨季，砂眼内存水，麻面处湿度增加，风力机避雷指数就会降低。遇特殊气候，叶片可能会损坏。

（3）风力机叶片自然开裂的原因 风力机叶片运转5年后，叶片树脂胶衣已被风沙抽磨至最低固合力点。原始叶片的内黏合受黏合面积不匀，受力点不均，风力机的每次弯曲、扭曲、自振，都可能造成叶片的内黏合缝处自然开裂。尤其是叶片的迎风面叶脊处，是风力机叶片受损最严重的部位，自然开裂率最高。如果风场巡视未发现开裂现象，风力机继续运转，叶片折断极有可能发生，造成停机事故。

（4）叶片折断事故分析　大多数风电厂出现的叶片折断事故，一般是由于风力机振动造成的。叶片在运行过程中出现裂纹时，由于未及时发现，风力机还在运转，每次弯曲、扭曲、自振，裂纹将加深和延长，直至在遇突发天气时横向折断，叶片报废。如能及时发现，采取阻断方案，阻止裂纹加深、延长，完全可以避免此类事故发生。

（5）叶片遇雷击原因分析及防范　风力机叶片遇雷击现象，除风力机自身避雷电因素外，叶片遇雷击较大可能是叶片内进水造成的。叶片进水有以下几种现象。

① 叶片背迎风面通腔砂眼。当叶片迎风面通腔有砂眼后，雨季叶片运转时，叶背砂眼会存留雨水，当迎风面通腔砂眼转至平行面时，雨水自然灌入叶片内，形成叶片内外导体，防雷指数会自然降低。

② 风力机叶尖进水。在设计上叶片与叶尖是允许有缝隙的，叶尖与叶片的连接处叶尖有一定凹陷，槽内留有排水孔。在设计时厂家考虑到叶尖内可能存在存水现象，在叶尖有自身的排水孔，但实际运行中发现叶尖自身排水孔并非完全能将雨水排净，从而使风力机叶尖进水。

③ 叶片软胎现象。此种现象常常出现在柔性叶片上，由于柔性叶片使用耐冲击材料较薄，叶片胶衣脱落后，纤维布暴露于外界，风沙抽磨起毛后，遇雨水和阳光暴晒后很快风化，使雷雨天气叶片形成吸水状态，湿度自然增加，容易使接闪器失效，形成叶片洞穿雷击点。

总之，风力机叶片上的表面组合材料是绝缘的，只有叶片内外湿度增加后才能形成导电体，叶片的绝缘性才会降低，才有可能遭雷击。

为防止叶片遭雷击，在叶片表面必须加保护层——胶衣。叶片胶衣以自身的坚硬度和高韧性保护着风力机叶片表面，胶衣在叶片上还起到了整体固合作用。在叶片的黏合处，内黏是叶片的主体，外黏是靠胶衣的黏来固定。如果叶片黏合处的胶衣被风沙磨光后，叶片出现无光泽度、麻面、纤维布漏出，复合材料气泡破碎形成大砂眼，叶片裂纹增宽、增长、加深等，小砂眼向深处扩张，风力机运行时出现阻力、杂音、哨声，同时雨季湿度增加，防雷指数降低。实践证明，很多叶片损伤都是因为叶片胶衣被磨光而产生的。

2. 齿轮箱的常见故障及维修

齿轮箱的常见故障有齿轮损伤、轴承损坏、润滑油油位低、润滑油压力低、渗漏油、油温高、润滑油泵过载和断轴等。

（1）齿轮损伤　其影响因素很多，包括选材、设计计算、加工、热处理、安装调试、润滑和使用维护等。常见的齿轮损伤有齿面疲劳和轮齿折断两类。

① 齿面疲劳　是在过大的接触剪应力和交变应力作用下，齿轮表面或其表层下面产生疲劳裂纹并逐步扩展而造成的齿面损伤，其表现形式有早期点蚀、破坏性点蚀、齿面剥落和表面压碎等。特别是破坏性点蚀，常在齿轮啮合线部位出现，并且不断扩展，使齿面严重损伤，损伤逐渐加大，最终导致断齿失效。正确进行齿轮强度设计，选择好材质，并保证热处理质量，选择合适的精度配合，提高安装精度，改善润滑条件，是解决齿面疲劳的根本措施。

② 胶合　是相啮合齿面在啮合处的边界润滑膜受到破坏，导致接触齿面金属熔焊而撕落齿面上的金属的现象。一般是由于润滑条件不好或有干涉引起，适当改善润滑条件，及时排除干涉起因，调整传动件的参数，清除局部载荷集中，可减轻或消除胶合现象。

③ 轮齿折断（断齿）　常由细微裂纹逐步扩展而成。根据裂纹扩展的情况和断齿原因，

断齿可分为过载折断（包括冲击折断）、疲劳折断以及随机断裂等。

过载折断是由于作用在轮齿上的应力超过其极限应力，导致裂纹迅速扩展。常见的原因有突然冲击超载、轴承损坏、轴弯曲或较大硬物挤入啮合区等。断齿断口有呈放射状花样的裂纹扩展区，有时断口处有平整的塑性变形，断口处常可拼合，仔细检查可看到材质的缺陷，齿面精度太差，轮齿根部未做精细处理等。在设计中应采取必要的措施，充分考虑过载因素。安装时防止箱体变形，防止硬质异物进入箱体内等。

疲劳折断发生的根本原因是轮齿在过高的交变应力重复作用下，从危险截面（如齿根）的疲劳源开始产生疲劳裂纹并不断扩展，使齿轮剩余截面上的应力超过极限应力，造成瞬时折断。疲劳折断的起始处是贝状纹扩展的出发点并向外辐射。产生的原因是设计载荷估计不足、材料选用不当、齿轮精度过低、热处理裂纹、磨削烧伤、齿根应力集中等。所以在设计时要充分考虑传动的动载荷，优选齿轮参数，合理选择材料和齿轮精度，充分保证齿轮加工精度，消除应力集中等。

随机断裂通常是材料缺陷，点蚀、剥落或其他应力集中造成的局部应力过大，或较大的硬质异物落入啮合区引起的。

（2）轴承损坏　轴承是齿轮箱中最为重要的零件，其失效常常会引起齿轮箱灾难性的破坏。轴承在运转过程中，轴承套圈与滚动体表面之间经受交变载荷的反复作用，由于安装、润滑、维护等方面的原因而产生点蚀、裂纹、表面剥落等缺陷，使轴承失效，从而使齿轮副和箱体产生损坏。据统计，在影响轴承失效的众多因素中，属于安装方面的原因占16%，属于污染方面的原因也占16%，而属于润滑和疲劳方面的原因各占34%。实践证明在使用中70%以上的轴承达不到预定寿命，所以重视轴承的设计选型，充分保证润滑条件，按照规范进行安装调试，加强对轴承运转的监控是非常重要的。通常在齿轮箱上设置了轴承温度传感器，对轴承异常高温现象进行监控，同一箱体上不同轴承之间的温差一般不应超过15℃，随时检查润滑油的变化，发现异常立即停机处理。

（3）润滑油油位低

常见故障原因　润滑油油位低故障是由于齿轮箱或润滑管路出现渗漏，使润滑油低于油位下限，使浮子开关动作停机，或因为油位传感器电路故障。

检修方法　风力发电机组发生该故障后，运行人员应及时到现场可靠地检查润滑油油位，必要时测试传感器功能。不允许盲目地复位开机，避免润滑条件不良时损坏齿轮箱。若齿轮箱有明显泄漏点，开机后会导致更多的齿轮油外泄。

在冬季低温工况下，油位开关可能会因齿轮油黏度太高而动作迟缓，产生误报故障。有些型号的风力发电机组在温度较低时将油位低信号调整为报警信号，而不是停机信号，这种情况也应认真对待，根据实际情况做出正确的判断，以免造成不必要的经济损失。解决办法是给齿轮箱安装加热装置，使齿轮箱油温在规定范围内。

（4）润滑油压力低

常见故障原因　润滑油压力低故障是由于齿轮箱强制润滑系统工作压力低于正常值，导致压力开关动作；也可能是由于油管或过滤器不通畅或油压传感器电路故障及油泵磨损严重导致的。

检修方法　故障多是由油泵本身工作异常或润滑管路过滤器堵塞引起，但若油泵选用不正确（维修更换后），且油位偏低，在油温较高时润滑油黏度较低的条件也会出现故障。有些使用年限较长的风力发电机组，因为压力开关老化，整定值发生偏移，同样会导致该故障，这时就需要在压力试验台上重新调整压力开关动作值。

处理方式　首先应排除油压传感器电路故障。若油泵严重磨损，必须更换新油泵。找出不通畅油管或过滤器进行清洗。

（5）齿轮箱油温高　齿轮箱油温最高不应超过80℃，不同轴承间的温差不得超过15℃。一般齿轮箱都设置有冷却器和加热器，当油温低于10℃时，加热器会自动对油池进行加热；当油温高于65℃时，油路会自动进入冷却器管路，经冷却降温后再进入润滑油路。油温高，极易造成齿轮和轴承的损坏，必须高度重视。

常见故障原因　齿轮箱油温度过高一般是因为风力发电机组长时间处于满发状态，润滑油因齿轮箱发热而温度上升超过正常值。测量观察发现机组满发运行状态时，机舱内的温度与外界环境温度最高可相差25℃左右。若温差太大，可能是温度传感器故障，也可能是油冷却系统的问题。

检修方法　出现温度接近齿轮箱工作温度上限的现象时，应敞开塔架大门，增强通风，降低机舱温度，改善齿轮箱工作环境温度。若发生温度过高导致的停机，不应进行人工干预，使机组自行循环散热至正常值后启动。有条件时应观察齿轮箱温度变化过程是否正常、连续，以判断温度传感器工作是否正常。若齿轮箱出现异常高温现象，则要仔细观察，判断发生故障的原因。首先要检查润滑油供应是否充分，特别是在各主要润滑点处，必须要有足够的油液润滑和冷却；其次要检查各传动零部件有无卡滞现象，还要检查机组的振动情况，传动连接是否松动等，同时还要检查油冷却系统工作是否正常。

若在一定时间内，齿轮箱温升较快，且连续出现油温过高的现象，应首先登机检查散热系统和润滑系统工作是否正常，温度传感器测量是否准确；然后进一步检查齿轮箱工作状况是否正常，尽可能找出明显发热的部位，初步判断损坏部位。必要时开启观察孔，检查齿轮啮合情况，或拆卸滤清器检查有无金属杂质，并采集油样，为设备损坏原因的分析判断搜集资料。

正常情况下很少发生润滑油温度过高的故障。若发生油温过高的现象，应引起运行人员的足够重视，在未找到温度异常原因之前，避免盲目开机，故障范围扩大，造成不必要的经济损失。在风力发电机组的日常运行中，对齿轮箱运行温度的观察比较，对于维护人员及时准确地掌握齿轮箱的运行状态有着较为重要的意义。若排除一切故障后，齿轮箱油温仍无法降下来，可采取以下措施。

① 增加齿轮箱散热器的片数，加快齿轮油热交换速度。改装后可以使机组在正常满发状态下，齿轮箱油温度降低5℃左右，将齿轮箱的工作温度控制在一个较为理想的范围之内，为齿轮箱的安全可靠运行创造良好的条件。

② 改善机舱通风条件，加速气流的流动，降低齿轮箱的运行环境温度。经过实际运行状态下的烟雾实验，机舱内的气体循环通路大致为：外界空气由发电机尾部的冷却风扇抽入，气流到达机舱中部制动盘罩上方时出现滞留现象，在制动盘罩上方形成一个高压区，然后气流向上行走，向机舱后部折返，通过机舱后部通风口排出。在齿轮箱周围的空气并没有形成明显的空气对流。

③ 采用制冷循环冷却系统，可以最有效地解决齿轮箱油温高的问题，因此现在很多风力发电机组本身就设计有制冷循环冷却系统。

（6）润滑油泵过载　这类故障多出现在北方的冬季，由于风力发电机组长时间停机，齿轮箱加热元件不能完全加热润滑油品，造成润滑油因温度低黏度增加，当风力发电机组启动时，油泵电动机过负荷。出现该类故障后应使风力发电机组处于待机状态，逐步加热润滑油至正常值后再启动风力发电机组，严禁强制启动风力发电机组，避免因润滑油黏度较大造成润滑不良而损坏齿面或轴承、烧毁油泵电动机以及润滑系统的其他部件。

润滑油泵过载的另一常见原因是部分使用年限较长的机组，其油泵电动机输出轴油封老化，导致齿轮油进入接线端子盒，造成端子接触不良，三相电流不平衡，出现油泵过载故障。更严重的情况是润滑油会大量进入电动机绕组，破坏绕组气隙，造成油泵过载。出现上述情况后应更换油封，清洗接线端子盒及电动机绕组，并加温干燥后重新恢复运行。

（7）断轴　也是齿轮箱常见的重大故障。其原因是轴在制造过程中没有消除产生应力集中的因素，在过载或交变应力的作用下，超出了材料的疲劳极限所致。因此对轴上易产生应力集中的因素应高度重视，特别是在不同轴径过渡区要有圆滑的圆弧连接，此处的光洁度要求较高，也不允许有切削刀具刃尖的痕迹。设计时，轴的强度应足够，轴上的键槽、花键等结构不能过分降低轴的强度。保证相关零件的刚度，防止轴的变形，也是提高轴的可靠性的必要措施。

3. 发电机常见故障及维护

风力发电机常见的故障有绝缘电阻低，振动噪声大，轴承过热失效和绕组断路、短路接地等。

（1）绝缘电阻低　主要原因是发电机温度过高、力学性能损伤、潮湿及灰尘、导电微粒或其他污染物污染侵蚀发电机绕组等。

（2）振动、噪声大　主要原因是转子系统动不平衡，转子笼条有断裂、开焊、假焊、缩孔，轴径不圆，轴变形、弯曲，齿轮箱与发电机系统轴线未校准、安装不紧固、基础不好或有共振，转子与定子相擦等。

（3）轴承过热、失效　主要原因是不适合的润滑油、润滑脂过多、过少或失效，轴承内有异物，轴承磨损，轴弯曲、变形，轴承套不圆或变形，发电机底脚平面与相应的安装基础支撑平面不是自然完全接触，发电机承受额外的轴向力和径向力，齿轮箱与发电机的系统轴线未对准，轴的热膨胀不能释放，轴承跑外圈、跑内圈等。

（4）绕组断路、短路接地　主要原因是绕组机械性拉断、损伤，绕组极间连接线焊接不良，电缆绝缘破损，接线头脱落，匝间短路，潮湿，灰尘，导电颗粒或其他污染物污染、侵蚀绕组，相序反，长时间过载导致发电机过热，绝缘老化开裂，其他电气元件短路，过电压、过电流引起的绕组局部绝缘损坏、短路，雷击损坏等。

以上发电机常见故障会影响风力发电机组的正常运行，因此在安装、调试及正常运行维护中，运行维护人员一旦发现问题就应该按维护手册要求及时维修，以确保风力发电机组安全、稳定地运行。

任务三　某1500型风力发电机组传动系统调试与运行维护

一、任务引领

目前1500型机组是国内风电厂的主力机组，1500型风力发电机组多采用变桨距、变速恒频等技术，是当今世界风力发电最先进的技术代表，具有发电量大、发电品质高、结构紧凑等优点。

【学习目标】

1. 了解1500型风力发电机组传动系统部件的作用、结构、技术参数。
2. 掌握各部件的调试与维护方法、要求。
3. 清楚注意事项以及所使用的工具。

【思考题】
1. 叶片日常检查项目及维护内容有哪些？
2. 变桨的目的是什么？其系统由哪几部分组成？
3. 变桨系统日常检查项目及维护内容有哪些？有哪些安全注意事项？
4. 齿轮箱日常检查项目及维护内容有哪些？有哪些安全注意事项？
5. 联轴器日常检查项目及维护内容有哪些？有哪些安全注意事项？
6. 制动系统日常检查项目及维护内容有哪些？有哪些安全注意事项？
7. 发电机日常检查项目及维护内容有哪些？有哪些安全注意事项？

二、相关知识学习

风力发电机组传动系统维护和检修工作，必须由接受专门培训并得到认可的人员完成，在进行维护和检修工作时，必须携带"检修卡"。"检修卡"上的每项内容必须严格进行检修与记录。

（一）叶片

某1500型风力发电机组采用变速变桨叶片，叶片为玻璃纤维增强环氧树脂（NOI叶片）或者玻璃纤维增强聚酯（LM叶片）制成的多格的梁/壳体结构。其结构如图1-36所示。

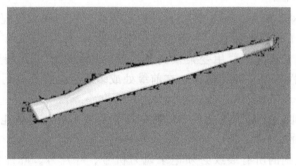

图1-36 叶片

各个叶片有内置的防雷电系统，如图1-37所示，包括一个位于叶尖的金属接闪器、一根直径不小于70mm的铜电缆沿着前缘侧肋板根部向法兰区铺设且连接到变桨轴承的楔块上（对于NOI叶片），或者是一根直径为50mm的镀锡铜电缆连接到与根部法兰相连接的避雷导杆上（对于LM叶片），不允许雷电通过紧固螺栓传导。

图1-37 叶尖金属接闪器

1. 叶片技术参数（表1-1）

表1-1 叶片技术参数

叶片型号	NOI 34(LM34)	NOI 37.5(LM37.3P2)
长度/m	34	37.5(37.25)
风轮直径/m	70	77
适应风区	GL Ⅱ	GL Ⅲ(GL S)
尖速比设计值	7.0(—)	7.5(8.5)
切入风速/(m/s)	3.0	3.0
切出风速/(m/s)	25.0	20.0
一阶挥舞固有频率/Hz	1.00(1.10)±0.05	0.81(0.94)±0.05
一阶摆动固有频率/Hz	1.59(1.80)±0.05	1.29(1.75)±0.05
环境温度/℃	−45~60(−40~55)	−30~50(−30~55)
工作温度/℃	−40~60(−30~55)	−20~50(−25~45)
质量/kg	5500±2%(5750±3%不包括螺栓)	5800±5%(5590±3%不包括螺栓)
螺栓规格及材料	54×M30	Steel 10.9
工作寿命/年	20	20

2. 叶片的检查与维护

（1）叶片外观检查　叶片表面应该检查是否有裂纹、损害和脱胶现象。在最大弦长位置附近处的后缘应该给予格外的注意。主要检查以下内容。

① 叶片清洁　通常情况下，用变桨来调节功率的风力机，不是特别脏时，不推荐清洁叶片。污垢经常周期性发生在叶片边缘，在前缘处或多或少会有一些污物，但是，在雨季期间将会去除。

叶片是否清洁，取决于局部的条件，过多的污物可影响叶片的性能和噪声等级。在这些情况下清洁是很必要的。

② 裂纹检查　找到的所有裂纹必须记录风力机号、叶片号、叶片角度、长度、方向及可能的故障类型。

对仅出现在外表面的裂纹必须记录并报告，如果可能，必须在裂纹末端做标记和写下日期，并且进行拍照记录。在下一次检查中必须检查此裂纹，如果裂纹未发展，就无需更深一步检查。

裂缝的检查可通过敲击表面。可能的裂缝处必须用防水记号笔做记号，且裂缝处必须记录、拍照。

如果在叶片根部或叶片承载部分找到裂纹或裂缝，风力机必须停机。如果上述两处在叶片外壳处有裂开，风力机也必须停机。关于裂纹或其他损坏信息必须报告生产厂家检修部。

③ 裂纹修补　裂纹发展至增强玻璃纤维处，必须修补。

如果仅仅是叶片外壳受损且生产厂家标准修补过程允许，生产厂家检修部立即执行修补，否则，生产厂家将通过商议再进行处理。

如果环境温度在10℃或以上时，叶片修补在现场进行。温度降低，修补工作延迟直到温度回升到10℃以上。如果检修人员认为是安全的，且经过相关领导同意，可以让没有修补的风力机运行一段时间。当叶片修补完，风力机先不要运行，等胶完全固化后再运行。

因为现场温度太低而不能修补时,叶片应吊下运回生产厂家修补。当温度低于10℃且现场无条件(指短期内温度不回升),叶片只能运回生产厂家修补。

④ 防腐检查　检查叶片表面是否有腐蚀的现象。腐蚀为前缘表面上的小坑,有时会彻底穿透涂层。叶片面应该检查是否有气泡。当叶片涂层和层与层之间没有足够的结合时会产生气泡。由于气泡腔可以积聚湿气,在温度低于0℃(冰的膨胀)时会膨胀和产生裂缝,所以这种损害应该进行修理。

叶根处的螺栓以及所供的垫圈和螺母应具有足够的腐蚀保护层,这些部件主要由于轻微安装损害而产生的轻微腐蚀不是很严重,时间久后的严重腐蚀应该报告到服务部门。

⑤ 叶轮不平衡　如果功率异常及可变负载跟随旋转出现,可能是由于大量不平衡或叶轮有不同的叶片角度造成。

如果可变负载出现且与风速无关,可能在叶轮上有不平衡。应记录风力机号、叶片号及大约改变的功率,并与生产厂家检修部联系。

如果可变负载是不规则的且部分与风速有关,可能是叶片角度调整错误。测量叶片角度,请生产厂家检修部调整角度。

⑥ 叶片噪声　叶片的异常噪声是由于洞或叶片边缘造成的,不在边缘就在叶尖处,这些有问题的地方请生产厂家技术人员用玻璃纤维修补或除去。叶片尾部厚的边缘也可能产生噪声,必须通过特殊处理减小。若叶片的异常噪声很大,可能是由于雷击损坏。

被雷击损坏的叶片外壳处会裂开,此时,风力机必须停机,因为叶片部分外壳下落是危险的。

⑦ 雷击损坏的叶片

a.在叶尖附件防雷接收器处可能产生小面积的损害。较大的闪电损害(在接收器周围面积大于10mm的黑点)应该由服务部门进行修理。

b.叶片表面有火烧黑的痕迹,远距离看像油脂或油污点。

c.叶尖或边缘裂开。

d.在易断裂的叶片边缘有纵向裂纹。

e.在叶片表面有纵向裂纹。

f.在外壳和梁之间裂开。

g.在外壳中间裂开。

h.在叶片缓慢旋转时,叶片发出"咔嗒"声。

风电机组的防雷保护区划分

前三项通常可以从地面或机舱里用望远镜观察。如果从地面观察后,可以决定吊下叶片,在拆卸之前就不用更仔细检查。万一有疑问,可使用升降机单独检查叶片。雷击损坏的叶片吊下后,从生产厂家得到可靠解释及批准后,方可修补叶片。一个新的或修补的叶片必须做平衡试验并与其他叶片相比较。

⑧ 螺栓保护检查　在叶根外侧应该检查柱形螺母上部的层压物质是否有裂纹。应该检查螺母是否受潮。在叶片内侧,柱形螺母通过一层PU密封剂进行保护。有必要进行外观检查。

⑨ 排水孔检查　检查排水孔是否畅通。若有堵塞现象进行清理,可以使用直径大约为5mm的正常钻头重新开孔。

(2) 叶片螺栓的维护和检查

① 运行1000h检查　叶片根部连接是T螺栓连接,有54个等距的M30×2螺栓。检查步骤如下:

a.在被检查的螺母上做一个防水的位置标记(每隔一个螺母检查:1,3,5,…或者

$2,4,6,\cdots$);

b. 逐个松开标记的螺母；

c. 采用 MoS_2 喷剂润滑螺纹和螺母表面；

d. 使用 800N·m 力矩交叉把紧螺母；

e. 使用 1000N·m 力矩交叉把紧螺母；

f. 使用 1250N·m 力矩交叉把紧螺母；

g. 标出螺母的终端位置。

如果螺母的终点位置距松开前的位置相差 20°以内，说明预紧力仍在限度以内；如果一个或者多个螺母超过 20°，则所有的螺母必须松开并重新把紧。

② 运行年度检查 叶片根部连接是 T 螺栓连接，有 54 个等距的 $M30\times 2$ 螺栓。检查步骤如下：

a. 在被检查的螺母上做一个防水的位置标记（每隔 4 个螺母检查 $1,6,11,\cdots$），每次检查要变换标记的颜色，优先检查没有标记的螺母；

b. 检查步骤与运行 1000h 检查相同。

从结构上来说，螺栓的缺失意味着危险，一旦发现螺栓松动必须立即拧紧。如果有多个螺栓出现问题，或者反复出现问题，应立即与生产厂家服务中心联系。

(3) 叶片的检查与维护注意事项

① 对叶片进行任何维护和检修，必须首先使风力发电机停止工作，各制动器处于制动状态并将叶轮锁锁定。

② 如遇特殊情况，需在风力发电机处于工作状态或风轮处于转动状态下进行维护或检修时（如检查轮齿啮合、噪声、振动等状态时），必须确保有人守在紧急开关旁，可随时按下开关，使系统刹车。

③ 当修复叶片表面时，必须戴安全面具和手套。这一点特别重要，因为修复材料有刺激性，并且对人体有害。

3. 叶片的安装及拆卸

(1) 安装及拆卸方法 叶片为空气动力形状的硬壳式结构，表壳轻薄。这种轻重量的外壳要求在对叶片的运输和吊装过程当中要格外注意。

在叶根处对螺纹螺栓进行连接时同样需要注意。一定要避免对其的损害，因为这对在把紧过程当中已经达到的预负载具有影响。叶片进行加固或者吊装的过程当中，每个叶片应该使用两个尼龙带：一个缠在叶根的柱形部分；另一个在叶片长度的 2/3 处。在后一种情况下应该使用保护罩。

如图 1-38 所示，在叶片的两点固定 250mm 宽的尼龙吊带，任何情况下都不能使用钢丝绳。重心标记处不能用运输支架。在吊装叶片时必须使用提供的后缘遮盖物，防止叶片后缘损坏。绝不能在吊车吊着叶片时，使叶片绕纵轴转动。按照上述方法将叶片安装在变桨轴承上。

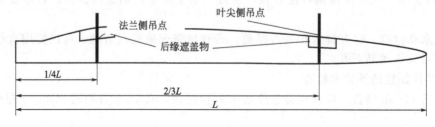

图 1-38 叶片吊装示意图

（2）叶片的安装及拆卸中螺栓的把紧方法　叶片根部连接是 T 螺栓连接。在直径为 1800mm 上安装 54 个等距的 M30×2 螺栓。把紧方法如下：

① 检验螺纹清洁度以及是否损坏；
② 喷涂 MoS_2 喷剂，润滑螺纹和螺母表面；
③ 首先使用 800N·m 力矩交叉把紧螺母；
④ 其次使用 1000N·m 力矩交叉把紧螺母；
⑤ 最终使用 1250N·m 力矩交叉把紧螺母；
⑥ 标出螺母的终端位置。

（二）轮毂与变桨系统

1. 变桨系统概述

变桨系统安装在轮毂内作为气动刹车系统，或在额定功率范围内通过改变叶片角度，从而对风力发电机运行功率进行控制。

（1）变桨功能　从额定功率起，通过控制系统将叶片以精细的变桨角度向顺桨方向转动，实现风力发电机的功率控制。

（2）制动功能　理论上三个叶片中的一个动作转到顺桨位置，就可以实现气动刹车，可以安全地使风力发电机停机。变桨系统采用了独立同步的三套控制系统，具有很高的可靠性。

变桨系统主要由轮毂、变桨轴承、变桨驱动装置、变桨电池柜、变桨控制柜构成。机构如图 1-39 所示。

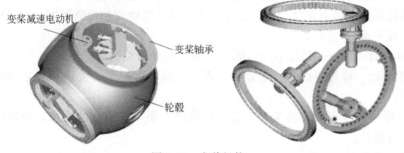

图 1-39　变桨机构　　　　　　　　　　　　　　变桨机构

变桨柜外观如图 1-40 所示。内部由主开关、备用电源充电器、变流器、超级电容以及具有逻辑及算术运算功能的 I/O 从站、控制继电器及连接器等组成。

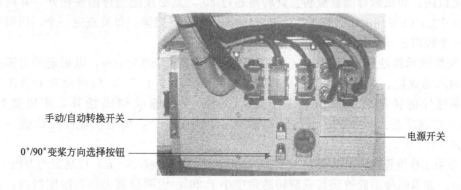

图 1-40　变桨柜外观图

2. 变桨轴承检修

变桨轴承采用双排深沟球轴承。深沟球轴承主要承受纯径向载荷，也可承受轴向载荷。承受纯径向载荷时，接触角为零。其结构如图1-41所示。

图1-41　变桨轴承

变桨轴承

（1）变桨轴承检查

① 防腐检查　检查变桨轴承表面的防腐涂层是否有脱落现象，如果有，按《涂漆规范》及时补上。

② 检查变桨轴承表面清洁度　由于风力发电机长时间工作，变桨轴承表面可能因灰尘、油气或其他物质而导致污染，影响正常工作。首先检查表面污染物质和污染程度，然后用无纤维抹布和清洗剂清理干净。

③ 变桨轴承密封检测　检查变桨轴承（内圈、外圈）密封是否完好。

④ 检查变桨轴承齿面　检查齿面是否有点蚀、断齿、腐蚀等现象，发现问题立即修补或更换新的变桨轴承。

⑤ 检查变桨轴承噪声　检查变桨轴承是否有异常噪声。如果有异常的噪声，查找噪声的来源，判断原因进行修补。

（2）变桨轴承螺栓检查

① 变桨轴承与轮毂安装螺栓54的检查　用液压力矩扳手HytorcXLT3 SW46mm，以规定的力矩1430N·m检查螺栓。如果螺母不能被旋转或旋转的角度小于20°，说明预紧力仍在限度以内；如果螺母能被旋转且旋转角超过20°，则必须把螺母彻底松开，并用液压扳手HytorcXLT3 SW46mm以规定的力矩1430N·m重新把紧。每检查完一个，用笔在螺栓头处做一个圆圈记号，共3×48个。

② 变桨轴承缓冲撞块用螺栓14的检查　用套筒扳手SW36mm，以规定的力矩45N·m检查内六角螺栓。如果螺栓不能被旋转或旋转的角度小于20°，说明预紧力仍在限度以内；如果螺栓能被旋转且旋转角超过20°，则必须把螺栓彻底松开，并用套筒扳手SW36mm以规定的力矩45N·m重新把紧。每检查完一个，用笔在螺栓头处做一个圆圈记号，共3×1个。

③ 极限工作位置撞块用螺栓13的检查　用力矩扳手（8～60N·m）以规定的力矩23N·m检查螺栓。如果螺母不能被旋转或旋转的角度小于20°，说明预紧力仍在限度以内；如果螺母能被旋转且旋转角超过20°，则必须把螺母彻底松开，并用力矩扳手（8～60N·m）以规

定的力矩23N·m重新把紧。每检查完一个，用笔在螺栓头处做一个圆圈记号，共3×2个。

④ 顺桨接近撞块用螺栓12的检查　方法同上。

（3）变桨轴承润滑　首先必须清理干净加油嘴及附近；其次给每个轴承加1600g润滑脂，润滑脂型号为MOBIL SCH 460。在润滑过程中应小幅度旋转轴承，加完润滑脂后应立即清理干净泄漏的润滑脂。

变桨轴承润滑所用工具为黄油枪、抹布、清洁剂。

3. 变桨电动机检查

① 检查变桨电动机表面的防腐涂层是否有脱落现象。如果有，按《涂漆规范》及时补上。

② 检查变桨电动机表面清洁度　检查变桨电动机表面是否有污物，如果有，用无纤维抹布和清洗剂清理干净。清理时尽量保持抹布的干燥，防止水滴流进电动机内部，造成绕组短路等。

③ 检查变桨电动机振动及噪声情况　如果检查变桨电动机有异常声音或剧烈振动，关闭电源后再进行如下检查：首先检查变桨电动机轴承是否润滑脂过多、过少或失效，轴承是否磨损、轴弯曲变形，轴承是否承受额外轴向和径向力等；其次检查变桨电动机转子系统是否平衡；转子笼条是否有断裂、开焊；安装是否紧固。

④ 检查变桨电动机是否过热　如果过热，关闭电源后再进行变桨电动机绝缘电阻及轴承检查。

⑤ 检查变桨电动机接线情况　如果松动，关闭电源后再清除导线和端子上氧化物并重新牢固接线。

⑥ 检查变桨电动机与旋转编码器连接螺栓　如果松动，重新紧固。

4. 变桨齿轮箱

1500型风力发电机组每个叶片有1个变桨齿轮箱，一套风力发电机总共3个变桨齿轮箱，额定输出扭矩7500N·m，额定输出速度9.09r/min，额定驱动功率3kW。变桨齿轮箱结构如图1-42所示。

图1-42　变桨齿轮箱

变桨齿轮箱

（1）变桨齿轮箱与变桨小齿轮检查

① 检查变桨齿轮箱表面的防腐涂层是否有脱落现象。如果有，按《涂漆规范》及时补上。

② 检查变桨齿轮箱表面清洁度。如果有污物，用无纤维抹布和清洗剂清理干净。

③ 检查变桨齿轮箱润滑油油位是否正常。如果不正常，检查变桨齿轮箱是否漏油，修复工作和加油工作完成后，将齿轮箱用无纤维抹布和清洗剂清理干净。在加油或检查油位过程中，减速箱必须与水平面垂直。

④ 检查变桨齿轮箱的噪声情况。检查变桨齿轮箱是否存在异常声音，如果有，检查变桨小齿轮与变桨轴承的配合情况。

⑤ 检查变桨小齿轮与变桨齿圈的啮合间隙，正常啮合间隙为 0.2～0.5mm。

⑥ 检查齿轮锈蚀、磨损表面。齿面磨损是由于细微裂纹逐步扩展、过大的接触剪应力和应力循环不断作用造成的。仔细检查齿轮的表面情况，如果发现轮齿严重锈蚀或磨损，齿面出现点蚀裂纹等，应及时更换或采取补救措施。

（2）变桨齿轮箱螺栓检测

① 紧固变桨驱动器与轮毂连接螺栓　用力矩扳手 SW19 以规定的力矩 80N·m 检查螺母 53。如果螺母不能被旋转或旋转的角度小于 20°，说明预紧力仍在限度以内；如果螺母能被旋转，且旋转角超过 20°，则必须把螺母彻底松开，并用力矩扳手 SW19 以规定的力矩 80N·m 重新把紧。用塞尺检查齿轮的啮合间隙，啮合间隙应在 0.2～0.5mm 之间。每检查完一个，用笔在螺栓头处做一个圆圈记号，共 3×12 个。

② 检测变桨小齿轮压板用螺栓　用液压力矩扳手 HytorcXLT3 SW46mm 以规定的力矩 550N·m，检查变桨齿轮箱与轮毂连接螺栓。如果螺母不能被旋转或旋转的角度小于 20°，说明预紧力仍在限度以内；如果螺母能被旋转且旋转角超过 20°，则必须把螺母彻底松开，并用液压力矩扳手 HytorcXLT3 SW46mm 以规定的力矩 550N·m 重新把紧。每检查完一个，用笔在螺栓头处做一个圆圈记号，共 3×1 个。

（3）加润滑油

① 变桨齿轮箱加润滑油　首先清理干净加油嘴及其附近，然后根据实际情况加油。加油工作完成后，应立即清理干净泄漏的润滑脂。

② 变桨小齿轮与变桨大齿圈之间润滑　首先清理旧润滑脂，将润滑脂均匀涂抹在每个齿上。在润滑过程中应小幅度旋转轴承，加润滑脂工作完成后应立即清理干净泄漏的润滑脂。其次检查回收的废润滑脂，查看里面是否有过多的杂质或金属颗粒，以此来判断轴承磨损情况。

5. 轮毂外表检查与维护

① 检查轮毂表面的防腐涂层是否有脱落现象。如果有，按《涂漆规范》及时补上。

② 检查轮毂表面清洁度。如有污物，用无纤维抹布和清洗剂清理干净。

③ 检查轮毂表面是否有裂纹。如果有，做好标记并拍照，并与生产厂家联系。观察裂纹是否进一步发展，如果有，立即停机并立即与生产厂家联系。

6. 轮毂与齿轮箱连接螺栓紧固

用液压扳手 HYTORC 8XLT 以规定的力矩 2300N·m，将轮毂与齿轮箱连接螺栓紧固。如果螺母不能被旋转或旋转的角度小于 20°，说明预紧力仍在限度以内；如果螺母能被旋转，且旋转角超过 20°，则必须把螺母彻底松开，并用液压扳手 HYTORC 8XLT 以规定的力矩 2300N·m 重新把紧。每检查完一个，用笔在螺栓头处做一个圆圈记号，共 48 个。

7. 轮毂与变桨系统维护和检修注意事项

① 对变桨机构进行任何维护和检修，必须首先使风力发电机停止工作，各制动器处于制动状态并将叶轮锁锁定。

② 如遇特殊情况，需在风力发电机处于工作状态或变桨机构处于转动状态下进行维护和检修时（如检查轮齿啮合、电机噪声、振动等状态），必须确保有人守在紧急开关旁，可随时按下开关，使系统刹车。

③ 当在轮毂内工作时，因工作区域狭小，要防止对其他部件的损伤。

（三）齿轮箱

1. 某1500型风力发电机组齿轮箱简介

齿轮箱是将风轮所转化的动能传递给发电机并使其得到所需要的转速。某1500型风力发电机组齿轮箱由三级组成：两级行星齿轮和一级平行轴齿轮，如图1-43所示。

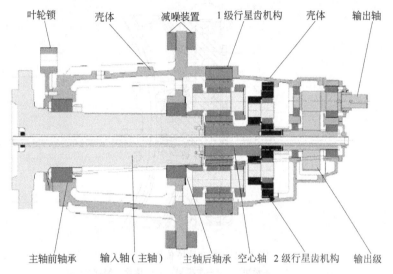

图1-43　齿轮箱结构示意图

2. 某1500型风力发电机组齿轮箱技术参数（表1-2）

表1-2　某1500型风力发电机组齿轮箱技术参数

参　数　名　称	具　体　数　据
传动比	$i \approx 104$
齿轮箱的轴间角	4.5°
输入端 输入端额定驱动功率	1700kW
输入端额定转矩（在额定速度时）	933kN·m
旋转方向	顺时针（迎叶轮的风向）
空转	0～3r/min
润滑方式	飞溅润滑＋压力润滑
输出端 输出端发电机额定速度	1810r/min
输出端发电机速度范围	1030～2040r/min
输出端运行时最高转速	大约2min为2200r/min，大约10s为2500r/min
输出端最大转矩	25.5kN·m
输出端最大转矩时的横向力	77.3kN
输出端最大转矩持续时间	13s
输出端最大转矩发生频率	每年约3次

3. 齿轮箱维护与维修

(1) 齿轮箱外表检查与维护

① 检查齿轮箱表面的防腐涂层是否有脱落现象。如果有，按《涂漆规范》及时补上。

② 检查齿轮箱表面清洁度。如有污物，用无纤维抹布和清洗剂清理干净。

③ 检查齿轮箱低速端、高速端、各连接处是否有漏油、渗油现象。严重的渗漏，意味着有油从齿轮箱里滴出。这类渗漏表明油的损耗达到了需要修理的程度，应立即与生产厂家联系。

(2) 齿轮箱中所有紧固件维护与维修　螺栓具体位置见图1-44。

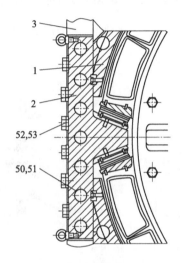

图1-44　螺栓具体位置（一）
1—楔块；2—夹紧法兰；3—主机架；50—螺栓（M48×440）；
51—垫圈（48）；52—螺栓（M30×180）；53—垫圈（30）

① 检查将夹紧法兰固定到主机架上的螺栓50　用液压扳手HYTORC 8XLT以规定的力矩3800N·m，检查将夹紧法兰固定到主机架上的螺栓50。如果螺母不能被旋转或旋转的角度小于20°，说明预紧力仍在限度以内；如果螺母能被旋转且旋转角超过20°，则必须把螺母彻底松开，并用液压扳手HYTORC 8XLT以规定的力矩3800N·m重新把紧。每检查完一个，用笔在螺栓头处做一个圆圈记号，共30个。

② 检查将楔块固定到夹紧法兰上的螺栓52　用液压扳手HYTORC 8XLT以规定的力矩1420N·m，检查将楔块固定到夹紧法兰上的螺栓52（M30×180，10.9级）。如果螺母不能被旋转或旋转的角度小于20°，说明预紧力仍在限度以内；如果螺母能被旋转且旋转角超过20°，则必须把螺母彻底松开，并用液压扳手HYTORC 8XLT以规定的力矩1420N·m重新把紧。每检查完一个，用笔在螺栓头处做一个圆圈记号，共28个。

③ 检查将楔块安装到主机架上的螺栓50　用液压扳手HYTORC×LT以规定的力矩6300N·m，检查将楔块安装到主机架上的螺栓50。如果螺母不能被旋转或旋转的角度小于20°，说明预紧力仍在限度以内；如果螺母能被旋转且旋转角超过20°，则必须把螺母彻底松开，并用液压扳手HYTORC×LT以规定的力矩6300N·m重新把紧。每检查完一个，用笔在螺栓头处做一个圆圈记号，共14个。

④ 检查减速器法兰上固定接触环组件36的螺栓32(M10×30)　位置见图1-45。用力矩扳手（20～200N·m）以规定的力矩45N·m，紧固减速器法兰上固定接触环组件的螺

栓32（M10×30）。如果螺母不能被旋转或旋转的角度小于20°，说明预紧力仍在限度以内；如果螺母能被旋转且旋转角超过20°，则必须把螺母彻底松开，并用液压扳手（20～200N·m）以规定的力矩45N·m重新把紧。每检查完一个，用笔在螺栓头处做一个圆圈记号，共4个。

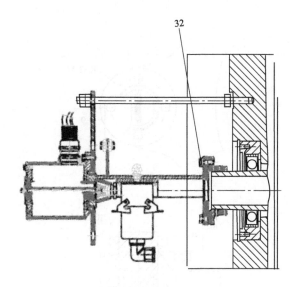

图1-45　螺栓具体位置（二）
32—螺栓（M10×30）

⑤ 检查固定避雷板5的螺栓32（M10×30）　具体位置见图1-46。用力矩扳手（20～200N·m）以规定的力矩45N·m，紧固固定避雷板5的螺栓32（M10×30）。如果螺母不能被旋转或旋转的角度小于20°，说明预紧力仍在限度以内；如果螺母能被旋转且旋转角超过20°，则必须把螺母彻底松开，并用液压扳手（20～200N·m）以规定的力矩45N·m重新把紧。每检查完一个，用笔在螺栓头处做一个圆圈记号，共3个避雷板，6个螺栓。

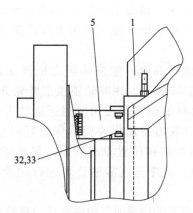

图1-46　螺栓具体位置（三）
1—齿轮箱；5—避雷板；32—螺栓（M10×30）；33—垫圈

⑥ 检查转子锁装置　见图1-47。用力矩扳手（20～200N·m）以规定的力矩45N·m，紧固转子锁装置螺栓32（M10×30）；用力矩扳手（20～200N·m）以规定的力矩190N·m，

紧固转子锁装置螺栓 30（M16×50）。如果螺母不能被旋转或旋转的角度小于 20°，说明预紧力仍在限度以内；如果螺母能被旋转且旋转角超过 20°，则必须把螺母彻底松开，并用力矩扳手（20～200N·m）以规定的力矩 45N·m 重新把紧。每检查完一个，用笔在螺栓头处做一个圆圈记号。用手拖动把手，查看定位销是否能够在孔中往复运动，以锁定转子。

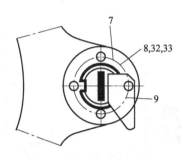

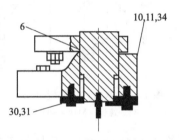

图 1-47　螺栓具体位置（四）

6—定位销；7—垫圈；8—把手；9—挡板；10,11—垫板；30—螺栓（M16×50）；
31—垫圈 16；32—螺栓（M10×30）；33—垫圈 10；34—螺栓（16×65）

(3) 齿轮箱中润滑油维护与维修

① 检查润滑冷却油油位　通过油位指示器观察时应先将风力机停止运行，等待一段时间（时间≥20min），使油温降下来（油温≤50℃），再检查油位，只有这样检查的油位才是真实的油位。如果缺少润滑油，应立即补足（齿轮箱共需要 600L 润滑油）。齿轮箱的油位应该从观察孔能够看到。

② 齿轮箱油样采集　取油样品时，应先将风力机停止运行等待一段时间（时间≥20min），使油温降下来（油温≤50℃），用叶轮锁锁定叶轮并按下紧急刹车，通过齿轮箱底部排油阀将油样放出。在取样前应将排油阀及附近清洁干净，并将油先放约 100mL 后再取样，取出 200mL 油样（取出的油样要密封保管好）。取油样工作完毕后关闭放油阀，用抹布擦干净并再次确认放油阀位置没有泄漏。风机正常运行后，每隔 6 个月对齿轮箱润滑油进行一次采样化验。油样送润滑油公司进行化验，根据化验结果确定是否需要换油。

③ 检查齿轮箱润滑油　检查油的情况时，应先将风力机停止运行等待一段时间（时间≥20min），使油温降下来（油温≤50℃），再检查油位，看颜色是否有变化（更深、黑等），检查它的气味是否闻起来像燃烧退化过。检查是否有泡沫，泡沫的形状、高度，油的乳白度，泡沫是否只在表面。

④ 检查齿轮箱空气滤清器　风机长时间工作后，其上的空气滤清器可能因灰尘、油气

或其他物质而导致污染，不能正常工作。取下空气滤清器的上盖，检查其污染情况。如已经污染，必须取下滤清器，用清洗介质对空气滤清器进行处理，除去污染物，然后用压缩空气或类似的东西进行干燥。

(4) 检查齿轮箱噪声　这里的噪声是指风力发电机运行并连接到电网时，由齿轮箱发出的噪声。注意齿轮箱是否有异常的噪声（例如，"嘎吱"声、"咔嗒"声或其他异常噪声）。如果发现异常噪声，立即查找原因，排查噪声源。如不能解决问题，应立即与生产厂家联系。

(5) 检查齿轮箱振动情况　齿轮箱的振动通过减噪装置传递给主机架，在主机架的前面板上装有两个振动传感器，因此系统可以监测齿轮箱的振动情况。如果需要检测齿轮箱本体的振动情况，可以应用手持式测振仪器进行检测。应多点检测，最好检测振动速度。

(6) 检查轮齿啮合及齿表面情况

① 高速端检测　首先将齿轮箱上部观察孔的周围清理干净，然后用扳手将观察孔上的螺栓卸掉。将内窥镜深入齿轮箱内部，观察齿轮啮合与齿表面情况。

② 行星部分检测　首先将齿轮箱上部观察孔的周围清理干净，然后用扳手将观察孔上的螺栓卸掉。将内窥镜深入齿轮箱内部，观察齿轮啮合与齿表面情况。

(7) 检测传感器　检测齿轮箱上所有的温度、压力传感器，查看其连接是否牢固，并通过控制系统测试其功能是否正常。如传感器失灵或机械损坏，立即更换。

(8) 目检叠板弹簧　目检组装状态的叠板弹簧，查看橡胶中有无裂纹。目检工作状态下的叠板弹簧，通过缝隙查看是否有老化情况，有无粉末物质脱落情况。

(9) 检查加热器　短时间启动齿轮箱加热器，测试加热元件是否供电（用电流探头测试）。

(10) 检查集油盒　检查齿轮箱前端主轴下面的集油盒，将里面的油收集到指定的容器内。将集油盒清理干净。

(11) 检查避雷板　检测避雷装置上的碳块。碳块必须与主轴前端转子接触。如果碳块的磨损量过大，应立即更换新的碳块。避雷板前端尖部与主轴前端转子法兰面之间的间隙为0.5~1mm。

4. 设备拆卸及更换

(1) 齿轮箱及内部件拆卸及更换　齿轮箱的使用寿命为20年，正常情况下齿轮箱不会出现故障或损坏。齿轮箱内部部件最容易发生故障的是高速端，理论上高速端发生故障可以在风机上直接拆卸，但维修工作的难度非常大。一般情况，如果齿轮箱内部需要维修，必须把整个机舱吊到地面，然后拆除齿轮箱，将齿轮箱返回生产厂家进行维修。发生故障时应与生产厂家联系。

(2) 空气滤清器拆卸及更换　逆时针旋转空气滤清器，将其从齿轮箱上拆除并清洗空气滤清器。

(3) 加热器拆卸及更换

① 确认系统已经处于安全状态，已经切断系统电源。

② 逆时针旋转加热器的后端盖，将加热器的端盖拆下。

③ 用M8的扳手将接线柱上的螺栓拆掉，拔出连接片，拆下接线，将加热器抽出来。

④ 将新的加热器插入壳体内，用扳手拧上连接片螺栓，将电缆线接上。

⑤ 安装加热器的后端盖。

(4) 减噪板弹簧拆卸及更换 如果减噪板弹簧已经老化,需要更换,应与生产厂家服务中心联系。

(5) 温度传感器拆卸及更换
① 确认系统已经处于安全状态,系统已经完全断电。
② 拔下传感器的接线端子。
③ 将旧传感器从安装位置拔出,将新的传感器插入安装位置。
④ 去除旧接线端子上的接线,给新传感器接线端子接线。
⑤ 将接线端子插到传感器前端部。

(6) 雷电保护板拆卸及更换
① 确认系统已经处于安全状态,系统已经完全断电。
② 用扳手将雷电保护板上的接线卸掉,然后卸下雷电保护板。
③ 装配新的雷电保护板。
④ 给雷电保护板接线。

(7) 更换齿轮箱润滑油 换油时应先将风力机停止运行一段时间(时间≥20min),使油温降下来(油温≤20℃),然后按以下步骤更换。
① 将事先准备的空油桶和一根放油软管,通过机舱内的小葫芦吊,吊到机舱里。
② 用洁净的抹布清理排油阀及加油孔端盖,清理完后,将放油软管一头连接到排油阀上,另一端放入油桶里。检查放油管路,如无问题,打开放油阀,将齿轮箱内的润滑油全部排出(注意过程中更换油桶),排完后关闭排油阀。
③ 将装满油的油桶,通过葫芦吊逐个放到地面。
④ 检查齿轮箱内部清洁程度,用清洗剂清洗齿轮箱内部。清洗完毕后,必须将清洗剂排干净,然后用少量的新润滑油冲洗。检查齿轮箱体、齿轮、轴承是否有损坏和潜伏危险。如果必须转动齿轮检查,要判断风速是否足够小。转速没有加速度,打开叶轮锁和紧急刹车并让机舱偏航,使得它不对着风,这时要非常谨慎。同时必须在紧急刹车按钮旁安排一位工作人员,以备急需时按下紧急刹车。发现任何问题,应立即与生产厂家服务中心联系。
⑤ 将新润滑油吊到机舱内。
⑥ 通过油泵与过滤装置,将新润滑油过滤后泵入齿轮箱内(共660L)。
⑦ 加完油后将加油孔按装配要求重新封好,并清理加油过程中所泄漏的润滑油。
⑧ 再次检查加油孔、放油阀是否密封好。将空油桶吊到地面,加油完毕。
⑨ 收集换油过程中所产生的垃圾(集中收集,不要随处乱丢,保护环境)。

5. 齿轮箱维护与维修注意事项
① 对齿轮箱进行任何维护和检修,必须首先使风力发电机停止工作,各制动器处于制动状态并将叶轮锁锁定。
② 如遇特殊情况,需在风力发电机处于工作状态或齿轮箱处于转动状态下进行维护和检修时(如检查轮齿啮合、噪声、振动等状态),必须确保有人守在紧急开关旁,可随时按下开关,使系统刹车。
③ 当处理齿轮箱润滑油或打开任何润滑油蒸气可能冒出的端盖时,必须戴安全面具和手套。当使用合成油时,这一点特别重要,因为它可能有刺激性并且有害。
④ 在完成上述维护与维修工作后,应将更换的润滑油集中保管处理,在工作中产生的废弃物应集中处理,避免对环境造成污染。

（四）齿轮箱油冷却与润滑系统

1. 齿轮箱油冷却与润滑系统简介

图 1-48 为齿轮箱油冷却与润滑系统原理图，其功能及组成如下。

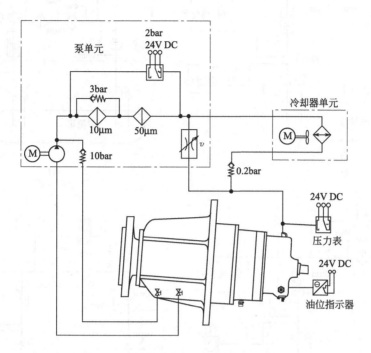

图 1-48　齿轮箱油冷却与润滑系统原理图

（1）齿轮箱油冷却与润滑系统功能　使齿轮充分润滑、冷却齿轮箱润滑油油温、过滤润滑油中杂质。油冷却与润滑系统具有以下作用：在齿之间形成油膜，减少齿的磨损；防止齿轮的氧化腐蚀；带走齿轮箱运行时产生的热量。

（2）齿轮箱油冷却与润滑系统组成　主要由齿轮油泵、3bar❶安全阀、10bar 安全阀、滤芯（包括其上的旁通阀、污染发讯器）、粗过滤器（50μm）、精过滤器（10μm）、60℃温控阀、热交换器、油分配器（包括其上的数显压力继电器）、连接管路及齿轮组成。

2. 冷却与润滑系统工作过程说明

某 1500 型风力发电机组齿轮箱冷却与润滑系统结构原理如图 1-48 所示。系统要求在每次开机工作前，必须先启动润滑与冷却系统，待各润滑点充分得到润滑后再启动齿轮箱工作。齿轮箱要求其内部的齿轮油工作时不得低于 -15℃。即当温度低于 -15℃ 时，先通过齿轮箱中的加热系统，将齿轮油加热到 -15℃ 再启动。

当温度在 -15~45℃ 时，油泵装置要求保证 40L/min 油流量，用于齿轮箱润滑。此时齿轮油不经过空气换热器。其回路如图 1-49(a) 所示（图中粗实线代表回路）。

由于刚开机时齿轮油温度较低，所以齿轮油的黏度大，造成系统内压力升高。如果此时系统内压力高于 10bar，则齿轮油通过安全阀直接回到齿轮箱，加速齿轮油的循环，使油温迅速升高，降低系统的压力。此时回路如图 1-49(b) 所示 [其他参数见图 1-49(a)]。

---

❶　$1bar=10^5 Pa$，全书同。

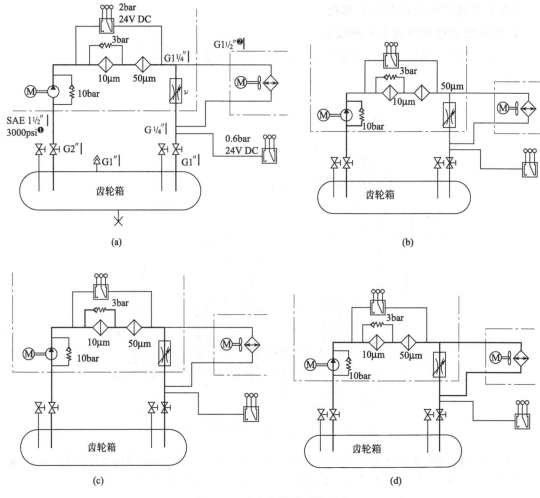

图 1-49 冷却与润滑系统回路

随着齿轮油的循环，齿轮油温度不断升高，管路中的压力逐渐降低。当压力在 3～10bar 范围时，10bar 安全阀自动关闭，3bar 安全阀在压力作用下自动打开。齿轮油经过粗过滤器（50μm）流回齿轮箱构成回路，如图 1-49（c）所示［其他参数见图 1-49（a）］。

当齿轮油温度进一步升高后，管路中的压力降低到 3bar 以下，从而使 3bar 安全阀自动关闭，齿轮油经过两级过滤器后流回齿轮箱构成回路，如图 1-49（a）所示。但如果此时的油温超过 45℃，则冷却齿轮箱所需油量为 80L/min。

系统长时间运行后，导致齿轮油油温超过 60℃，则系统要求对齿轮油进行冷却。即齿轮油先经过两级过滤器过滤后，再流经热交换器冷却，流回齿轮箱构成回路，如图 1-49（d）所示［其他参数见图 1-49（a）］。

3. 冷却与润滑系统维护与维修

检查冷却与润滑系统所有管路的接头连接情况，查看各接头处是否有漏油、松动、损坏现象。如有问题，进行更换检修处理。

---

❶ 1psi=6.895kPa，全书同。

❷ 1in=25.4mm，全书同。

(1) 检查热交换器

① 检查主机架上部的热交换器,检查热交换器上电动机的接线情况是否正常。

② 检查热交换器的风扇部分是否有过多的污垢。如有,及时清理。

③ 检查热交换器与其支架的各连接部位的连接情况。如果连接部位有松动或损坏现象,应立即进行把紧或更换处理。

④ 检查热交换器的整体运转情况是否正常,是否存在振动、噪声过大等现象。如果有,立即查找原因,进行检修处理。

(2) 检查过滤器

本系统有两级滤网,通过压力继电器系统可以监测滤网两侧的压力。如果滤网堵塞,两侧的压差会增加。当超过系统设定值时,系统自动报警或采取安全措施。如果需要人工检查时,可按照如下步骤进行。

① 确认风机已处于安全状态,检查冷却与润滑系统是否已完全卸压。

② 用抹布清洁过滤器后部及尾帽四周。

③ 逆时针旋转尾帽,将其卸下。

④ 用力提升滤网后部的横梁,将滤网慢慢提起。

⑤ 将滤网放入事先准备好的、可以接油的装置内。目测滤网的堵塞情况及滤网上是否有损坏现象。如滤网堵塞,用相同型号的洁净润滑油对滤网进行冲洗。如滤网已损坏,则更换新的滤网。

⑥ 将滤网安装到过滤器内。

⑦ 安装过滤器的尾帽。

(3) 检查润滑泵

① 检查油泵的接线情况。

② 检查油泵表面的清洁度。

③ 检查油泵与过滤器的连接处是否漏油。

(4) 检查手动阀 检查两个手动阀的工作是否正确,有无漏油现象。

(5) 紧固件检查 用液压扳手 HYTORC 8XLT 以规定的力矩 1730N·m,检查将冷却油泵和过滤器安装到齿轮箱上的螺栓。

如果螺母不能被旋转或旋转的角度小于 20°,说明预紧力仍在限度以内。如果螺母能被旋转且旋转角超过 20°,则必须把螺母彻底松开,并用液压扳手 HYTORC 8XLT 以规定的力矩 1730N·m 重新把紧。

4. 冷却与润滑系统拆卸及更换

(1) 冷却润滑泵拆卸及更换

① 确认风机已处于安全状态,检查冷却与润滑系统是否已完全卸压。

② 用抹布清洁过滤器、油泵、管路接头等。

③ 将吊具安装到油泵电动机的吊环螺钉上,准备起吊。

④ 将过滤器的尾帽卸掉。用扳手将过滤器支架上的螺栓卸掉,并将其从过滤器上部取下。取下后重新安装过滤器的尾帽。

⑤ 拆下油泵进油口、回油口两处管路接头(**注意**:此过程中会有少许润滑油流出,要有接油装置)。

⑥ 用棘轮扳手拆掉油泵支座下方的四个螺栓。调整吊车，将吊具拉直准备起吊。

⑦ 用手扶住过滤器和油泵后，拆掉油泵支架上最后的两个螺栓。将冷却润滑泵和过滤器单元吊走。

⑧ 参考装配工艺卡片"冷却与润滑系统部分"，重新安装油泵与过滤器。

（2）过滤网拆卸及更换

① 确认风机已处于安全状态，检查冷却与润滑系统是否已完全卸压。

② 用抹布清洁过滤器后部及尾帽，四周。

③ 拆掉过滤器尾部与齿轮箱之间的通气管。

④ 逆时针旋转尾帽，将其卸下。

⑤ 用力提升滤网后部的横梁，将滤网慢慢提起，放入事先准备好的装置内。

⑥ 将新的滤网安装到过滤器内部。

⑦ 安装过滤器的尾帽。

⑧ 连接过滤器尾部与齿轮箱之间的通气管。

（3）热交换器拆卸及更换

① 检查风力发电机已处于安全状态，各制动器已经锁定。

② 将吊环、吊带安装在热交换器上部的两个吊点上。调整吊车，将吊带拉直准备起吊。

③ 卸下热交换器的进油及出油管路（管路中可能有油，注意收集）。

④ 用扳手卸下热交换器上部两个安装位置的螺栓。调整吊车位置，将热交换器吊直。

⑤ 用扳手卸掉热交换器下部两个安装位置的螺栓，将热交换器吊下。

（4）油位指示器拆卸及更换

① 确认风机已处于安全状态，系统已经完全断电。

② 清洁油位指示器。

③ 拆除油位指示器下部的电缆。

④ 用棘轮扳手将油位指示器上部和下部的螺栓卸掉，取下油位指示器。

5. 冷却与润滑系统维护与维修注意事项

① 对冷却与润滑系统进行任何维护和检修，必须首先使风力发电机停止工作，各制动器处于制动状态并将叶轮锁锁定。

② 如特殊情况，需要在风力发电机处于工作状态进行维护和检修时，必须确保有人守在紧急开关旁，可随时按下开关，使系统刹车。

③ 当处理齿轮箱润滑油或打开任何润滑油蒸气可能冒出的端盖时，必须戴安全面具和手套。当使用合成油时，这一点特别重要，因为它可能有刺激性并且有害。

（五）某1500型风力发电机组联轴器

1. 联轴器简介

某1500型风力发电机组齿轮箱和发电机用一个柔性轴连接，在运行期间，这个轴补偿两平行性偏差和角度误差。为了减少振动的传递，联轴器需要有阻尼性。为了避免在偏差的情况下出现扭转振动，它的轮轴也必须是同步的。联轴器必须有大于等于100MΩ的阻抗，并且承受2kV的电压，这将防止寄生电流通过联轴器从发电机转子流向齿轮箱，否则可能带给齿轮箱极大的危害。图1-50为某1500型风力发电机组联轴器原理图。

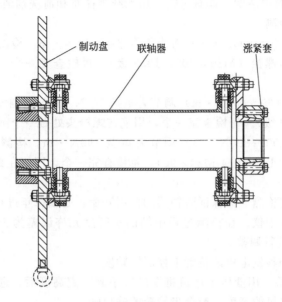

图 1-50 1500 型风力发电机组联轴器原理图

2. 联轴器技术参数（表 1-3）

表 1-3 联轴器技术参数

参 数 名 称	具 体 数 据
运行速度	1000～2000r/min
额定速度	1810r/min
最大速度（短时）	2100r/min
电阻	≥100MΩ
耐电压性	≥2kV
额定功率下的转矩(1500kW,1810r/min)	8300N·m
运行中的最大转矩(1700kW,1864r/min)	9150N·m
传递的最小转矩	1200N·m
最大连续的轴向偏移	≥±7mm
最短时间的轴向偏移	≥±15mm
最短时间的轴向力	5000N
最大连续的轴向力	3000N
最大连续的径向偏移	≥5mm
最短时间的径向偏移	≥10mm
最大连续的角位移	≥0.5°
最短时间的角位移	≥1.0°

3. 联轴器检查与维护

（1）联轴器外表检查与维护

① 检查联轴器表面的防腐涂层是否有脱落现象。如果有，按《涂漆规范》及时补上。

② 检查联轴器表面清洁度。如有污物,用无纤维抹布和清洗剂清理干净。

(2) 联轴器螺栓检测

① 将力矩扳手(160~800N·m)将力矩调节到470N·m。检测将制动盘和收缩盘连接到齿轮箱输出轴上的螺栓(M20×100,10.9级)。每检查完一个,用笔在螺栓头处做一个圆圈记号,共16个。

② 使用力矩扳手(60~400N·m)调节力矩到240N·m。检测安装发电机端涨紧套用螺栓(M16×90,10.9级)。每检查完一个,用笔在螺栓头处做一个圆圈记号,共6个。

③ 将力矩扳手(160~800N·m)调节力矩至490N·m。检测联轴器本体上的螺栓(ISO 4014-M20×120、ISO 4014-M20×90)。每检查完一个,用笔在螺栓头处做一个圆圈记号,共24个。

(3) 联轴器同轴度检测　为保证联轴器的使用寿命,必须每年进行2次同轴度检测。同轴度检测设备为激光对中仪。在检测过程中轴的平行度允许误差为±0.2mm,如误差超出±0.2mm,必须重新进行调整。

调整方法　通过调整发电机的位置来控制同轴度。

① 方向误差的调整:用液压千斤顶将发电机顶起一定高度后,通过调整发电机减振器上的调整螺母调整发电机的高度,配合齿轮箱的输出轴。

② 水平方向误差的调整:拆下发电机减振器安装螺栓,将发电机调整工装安装在减振器安装螺栓上,拧紧工装上的螺栓,通过调节减振器的位置来调整发电机的水平位置。

4. 联轴器设备拆卸及更换

(1) 联轴器拆卸

① 确保系统已经处于安全状态,风轮锁已经锁定。清洁联轴器表面及联轴器与发电机侧、齿轮箱侧各连接位置处。

② 将吊带套在联轴器的中部,调整吊车位置,拉直吊带。

③ 用扳手将联轴器与制动盘之间的螺栓每个逆时针旋转一圈,顺次拆卸螺栓,直到所有螺栓完全松开为止。

④ 用扳手将联轴器与发电机侧涨紧套之间的连接螺栓松开。

⑤ 再次调整吊车位置,将两侧的螺栓卸掉,取下联轴器。

⑥ 参考安装工艺卡片重新安装联轴器。

(2) 制动盘拆卸

① 确保系统已经处于安全状态,风轮锁已经锁定。

② 按照上面所讲方法将联轴器拆掉。

③ 参考制动器拆卸及更换部分,将制动器卸下。

④ 在制动盘的侧面安装吊环螺钉、吊带,调整吊车位置,将吊带拉直。

⑤ 顺次松开制动盘与涨紧套之间的螺栓,用塑料锤轻轻敲打制动盘中间部位,将其卸下。

⑥ 参考装配工艺卡片制动盘部分,重新安装制动盘。

(3) 联轴器安装尺寸　图1-51为联轴器安装尺寸示意图。

5. 联轴器检查与维护注意事项

① 对联轴器进行任何维护和检修,必须首先使风力发电机停止工作,各制动器处于制动状态并将叶轮锁锁定。

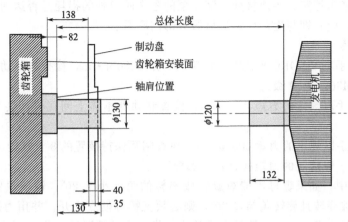

图 1-51 联轴器安装尺寸示意图

② 如特殊情况,需要在风力发电机处于工作状态下进行维护和检修时,必须确保有人守在紧急开关旁,可随时按下开关,使系统刹车。

③ 当处理具有刺激性或腐蚀性物质时,必须戴安全面具和手套。

(六)某1500型风力发电机组制动系统调试及运行维护

1. 某1500型风力发电机组制动系统及制动器简介

某1500型风力发电机所用的制动器是一个液压动作的盘式制动器,用于锁定转子。当风力发电装置紧急切断时,制动器制动,使系统停机。它具有自动闸瓦调整功能,也就是说当闸瓦磨损时不需要手动调整制动器。

2. 制动器技术参数表(表1-4)

表1-4 制动器技术参数

参 数 名 称	具 体 数 据
闸瓦数目	1
制动盘	1
最大制动转矩	25500N·m
最小制动转矩	尽可能高,但至少15000N·m
理论制动时间	在最大制动转矩时,<13s;在最小制动转矩时,<16s
制动盘最高速度	2100r/min
控制回路	液压泵为690V AC/3/50Hz,控制阀为24V DC
齿轮箱额定转矩	8700N·m
爬坡时间	t_r<0.8s
延时	t_v<0.2s

3. 制动系统中设备维护与维修

(1)制动器外表检查与维护

① 检查制动器表面的防腐涂层是否有脱落现象。如果有,按制动器说明书及时补上。

② 检查制动器表面清洁度。如有污物,用无纤维抹布和清洗剂清理干净。检查制动器

和制动泵之间的液压管路、各连接处、液压泵的各个阀口处的损耗是否达到了需要修理的程度。若需要修理，应立即与生产厂家售后服务部门联系。

(2) 螺栓检测

① 用液压扳手 HYTORC 8XLT 以规定的力矩 2380N·m，检查将制动器安装到齿轮箱上的两个螺栓（M36，10.9级）。

② 用液压扳手以规定的力矩 27N·m，检查制动器本体上闸瓦返回装置上的 2 个螺栓（M10 8.8级）。

③ 用液压扳手以规定的力矩 305N·m，检查闸瓦保持装置的 8 个螺栓（M20，8.8级）。

④ 用力矩扳手以规定的力矩检查其他螺栓。

⑤ 检测过程中，如果螺母不能被旋转或旋转的角度小于 20°，说明预紧力仍在限度以内。如果螺母能被旋转且旋转角超过 20°，则必须把螺母彻底松开，并用力矩扳手以规定的力矩重新把紧。每检查完一个，用笔在螺栓头处做一个圆圈记号，共 22 个螺栓。

(3) 检测制动器间隙　在检测间隙之前，应确保制动器已经工作过 5~10 次。用塞尺检测制盘和闸垫之间的间隙，制动盘与闸垫之间的标准值应为 1mm，如果间隙大于 1mm，则重新调整间隙值。

(4) 检测闸瓦　用标尺检查制动器衬垫的厚度，如果其磨损量超出 5mm（闸瓦剩余厚度小于 27mm），则必须更换制动器闸垫。

(5) 检测压力油　通过制动器泵上的油位指示器检查油位，如果需要，添加压力油（**注意**：添加之前要过滤润滑油）。同时观察压力油的颜色及状态。

(6) 检测弹簧包　如果制动器的制动力矩不足，或在工作过程中弹簧包内部有异常声音，可能是碟形弹簧有损坏，需要进行检测。检测步骤如下。

① 逆时针旋转尾帽，将其旋出。

② 取出内部的碟形弹簧。在取出碟形弹簧之前要注意碟形弹簧的安装方向。

③ 检测碟形弹簧，如碟形弹簧有损坏或刮伤，必须更换。

④ 润滑碟形弹簧，按原有方向重新安装碟形弹簧。安装时一定要注意碟形弹簧的方向，必须充分润滑，必须小心不能划伤。

⑤ 顺时针旋转安装尾帽，将尾帽尽可能拧紧。

(7) 检测制动盘　制动盘做磁粉探伤，检验制动盘是否有裂纹。如有，必须立即更换。用标尺检查制动盘的厚度。如制动器磨损严重，制动盘的厚度小于规定值，必须更换。

(8) 检查过滤器　根据过滤网的更换方法取出过滤网。检查过滤网上的网孔是否堵塞，如有堵塞现象，则清洗滤网或更换新的滤网。

(9) 传感器　检查制动器后端尾帽上安装的两个传感器的连接情况。如有松动，按照说明重新安装。

4. 制动系统中设备拆卸及更换

(1) 制动器的更换

① 拆掉制动器上面的压力油管路及后部的两个传感器。

② 用手动泵给制动器加压，将制动器抬起。安装尾帽中间的螺栓和垫圈。

③ 卸掉系统的压力。

④ 拆除闸垫。**注意**：无论在什么情况下，当系统加压时，都不允许将手指放于制动盘与闸瓦之间。

⑤ 重新给制动器加压，拆掉尾帽上的螺栓。

⑥ 用扳手逆时针旋转推杆，使其完全进入尾帽内。如图 1-52 所示。

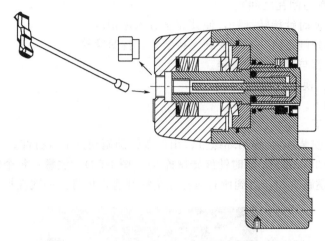

图 1-52　旋转推杆至尾帽内结构示意图

⑦ 将吊具安装在制动器上，用扳手拆下极板上的一个 M36 的螺栓，将另一个松开，此时制动器可以围绕剩下的一个螺栓旋转，将制动器轻轻吊起，拆下另一个螺栓。

⑧ 安装制动器时，首先调整好制动器相对于制动盘和安装面的位置，然后安装最上面的一个 M36 的螺栓，之后调整吊车位置，使制动器围绕上部的螺栓旋转，对准下面的一个螺栓孔，安装另一个螺栓，最后按照要求给两个安装螺栓打力矩。

(2) 制动器过滤器滤网的更换　泵单元中安装了一个高压过滤网，此网必须每隔一年更换一次。更换步骤如下：

① 确保电动机已经停止工作，电磁阀中没有通电，系统处于安全状态。

② 清洁液压单元表面上的灰尘与污垢。

③ 拧出塞子，取下高压滤网。

④ 安装新的高压滤网，重新安装上塞子。

⑤ 检查油位，如果需要，添加润滑油。

⑥ 查看塞子，如无漏油现象，启动润滑泵。

(3) 制动器弹簧包的更换

① 确保风机处于安全状态，风轮锁已锁定，系统已断电。

② 将制动器从风机上卸下。

③ 逆时针旋转尾帽，将尾帽拆掉。

④ 取出碟形弹簧，清洁尾帽内部及活塞。

⑤ 润滑新的碟形弹簧。安装碟形弹簧，注意方向，不要刮伤。

⑥ 安装尾帽，尽量拧紧尾帽。

(4) 制动器闸垫的更换　制动器闸垫的厚度通常可用标准尺来测量。通常它由钢板层和摩擦材料层两部分组成，其总厚度为 32mm。当闸垫磨损达到 5mm（钢板层＋摩擦材料层＝27mm）时，闸垫必须更换。更换步骤如下：

① 卸掉后端的传感器（注意：如果安装了多个指示器，必须将相应的电缆线打上标记，以便以后能正确安装。如需要，卸掉中心孔的指示器）。

② 利用压力油将制动器抬起，安装尾帽后面的螺栓，再将系统的压力卸掉。

③ 卸掉两侧的闸垫返回弹簧和螺栓，卸下闸瓦保持装置，将闸垫取下。

④ 利用压力将尾帽后部的螺栓卸掉（**注意：无论在什么情况下，当系统加压时都不允许将手指放于制动盘与闸瓦之间**）。

⑤ 使用扳手，逆时针旋转推杆，使其完全进入尾帽内。

⑥ 将闸垫安装到闸瓦内，重新安装保持装置，拧紧螺栓。

⑦ 安装返回弹簧与闸垫内的螺栓。

（5）制动盘的更换

① 将制动器拆下。

② 将联轴器拆下。

③ 在制动盘上安装 M12 的吊环螺钉，用吊车辅助制动盘准备拆卸。

④ 用套筒扳手 30mm 1/2 逆时针旋转螺栓 31（图 1-53）。**注意：每个螺栓旋转三圈，顺次拆卸，中间不得跳跃拆卸，直到所有螺栓完全松开后，再将其一次性拆掉**。

图 1-53　螺栓位置

⑤ 重新安装制动盘时，首先将制动盘套在齿轮箱的输出轴上，用手将螺栓 31 拧上（不要拧紧）。用木槌调整制动盘相对于制动器的位置，使制动盘处于制动器的中间（两侧的间隙相等）。用扳手上紧螺栓 31，每个螺栓拧三圈，顺次拧紧，最后按照给定的力矩值，给螺栓 31 打力矩。

⑥ 安装制动器。

⑦ 安装联轴器及罩体。

5．维护与维修注意事项

① 对制动器进行任何维护和检修，必须首先使风力发电机停止工作，各制动器处于制动状态并将叶轮锁锁定。

② 如果维护和检修时需要制动器处于非制动状态，在检修前，必须确保风速在规定范围内并将风轮锁锁定。

③ 当处理具有腐蚀性或刺激性气味的物质时，必须戴安全面具和手套。

（七）某 1500 型风力发电机运行维护

风机把旋转的机械能转换为电能。在风机中采用了双馈感应发电机的形式，发电机的定子直接连接到三相电源上，转子和变频器相连。它包括两个受控的隔离门及双极晶体管（IGBT）桥，用一个直流电压连接。

发电机的转速范围是 1000～2000r/min，同步转速是 1500r/min。电压频率和转子电流与转速差（实际和同步发电机的转速）相对应。这个差值称为转差率，通常以同步转速的百分比的形式给出。定子电压等于电网电压，转子电压与转差频率成正比，取决于定、转子的匝数比。当发电机以同步转速转动时,转差率为零,这就意味着转子的电压为零。

1. 发电机参数（表1-5）

表1-5 发电机参数

参 数 名 称	具 体 数 据
额定输出	1810r/min时1520kW
级数	4级
速度范围	1000～2000r/min
功率因数	从$\cos\varphi=0.9$电感型到$\cos\varphi=0.9$电容型
定子电压	690V AC±10%
最高定子电流	1300A(转子短接)
定子连接	D
转子连接	Y
最高转子电流	470A
频率	50Hz
效率	97%(在功率变频器模式,1810r/min,额定电压,没有辅助设备的情况下)
户外的气候	腐蚀、含盐、流沙
相对湿度	5%～95%(40℃)
冷却方式	水冷:冷却水的凝结点－30℃
水压	≤5bar
入口水温度	≤50℃
最大发电机损耗	≤45kW
水流通过速度	大约60L/min
保护等级	≥IP54
周围条件	(－30℃)－15～45℃

2. 发电机的基本维护

发电机的日常维护量较小,主要是发电机前后轴承油脂的定期加注、日常巡视时发电机清洁及运行声音的检查。

每次巡视时都应仔细倾听发电机运行声音是否正常。如有异常声音,尤其是周期性的响声,必须记录并及时反馈处理。

每次巡视时应检查发电机接地线,检查发电机弹性支撑橡胶元件是否老化、龟裂等。

(1) 表面涂层维护要求

① 表层涂层厚度为$280\mu m$。

② 螺纹必须用润滑剂保护,打砂清理时必须套上塑料套。

③ 打砂后,所有的残渣和灰尘必须从打砂平面去除。在涂涂料之前必须彻底清理表面。

④ 必须在打砂之后的4h之内涂漆。

⑤ 如果温度低于露点温度3℃或者相对湿度超过80%,不能进行涂漆。

⑥ 涂漆表面预处理的证明。

⑦ 内外表面和法兰组里面的每一层的厚度测量。

⑧ 脱落力的测试决定黏着力。在 0～5 标度范围内可接受的等级是 0 或者 1。这个测试在每个测试表面用测试条进行。这些测试条必须涂上一层和测试面相近或相同的成分。

(2) 发电机水冷系统维护 为了能够持续保证冷却水的理想冷却效果，一般在一定的时间间隔应清理冷却管道。

① 对开式冷却循环的机器一般在 1 年后清洗。

② 对封闭冷却循环的机器一般在 5 年后清洗。

③ 长时间停车时（大于 1 个月）建议把冷却管道完全放空，并用一种防腐材料冲洗或者充填。

④ 如果冷却管道产生不允许的杂质，则用锅垢和水垢溶解器进行清洗。化学清洗只允许受过相应训练的人员来进行。所用的锅垢溶解器的型号由结垢（积垢沉淀）和在冷却循环中与溶剂接触能分离出的材料的组成成分来决定。机器要完全放空并冷却到至少 40℃。容器的大小必须考虑冷却管道的容量，作用时间根据要溶解积垢的量和成分来确定。

⑤ 密封性检查。如果发现管路漏水，立即关闭所有管路阀门，修补间隙，通过加压容器旁的异径管接头补充冷却水，清理漏出的水。

(3) 电气连接及空载运转 发电机的电力线路、控制线路、保护及接地应按规范操作。在电源线与发电机连接之前应测量发电机绕组的绝缘电阻，以确认发电机机械连接状况。把发电机当成电动机，让其空运转 1～2h，此时要调整好发电机的转向与相序的关系（双速发电机的两个转速的转向相序必须正确），注意发电机有无异声，运转是否自如，是否存在碰擦，是否有意外短路或接地，检查发电机轴承发热是否正常，发电机振动是否正常，要注意三相空载电流是否平衡，与制造厂提供的数值是否吻合。确认发电机空载运转无异常后，才能把发电机与齿轮箱机械连接起来，然后投入发电机工况运行。在发电机工况运行时，要特别注意发电机不能长时间过载，以免绕组过热而损坏。

(4) 保护整定值 为了保证发电机长期、安全、可靠地运行，必须对发电机设置有关的保护，如过电压保护、过电流保护、过热保护等。过电压保护、过电流保护的整定值，可依据保护元件的不同而做相应的设定。

(5) 绝缘电阻 发电机绕组的绝缘电阻定义为绝缘对于直流电压的电阻，此电压导致产生通过绝缘体及表面的泄漏电流。绕组的绝缘电阻提供了绕组的吸潮情况及表面灰尘积聚程度的信息，即使绝缘电阻值没有达到最低值，也要采取措施干燥发电机或清洁发电机。测量绝缘电阻是把一个直流电压加在绕组被测部分与接地的机壳之间，在电压施加了 1min 后读取其电阻值，绕组其他不测量部分或双速发电机的另一套绕组和测温元件等均应接地。测量结束后必须把被测部分绕组接地放电。对于 690V 及以下的发电机，用 500V 的兆欧表。定子绕组三相整体测量时，20℃时的绝缘电阻值 R_{INSU} 不应低于 $3(1+U_n)$MΩ，U_n 为发电机的额定线电压，以千伏计。按照经验，温度每增加 12℃，绝缘电阻约降一半，反之亦然。如果绝缘电阻低于最低许可值时，可以把发电机的转子堵住，通以约 10% 额定电压堵转电流加热绕组，允许逐渐增加电流，直到定子绕组温度达到 90℃，不允许超过这一温度，不允许增加电压到使转子转起来。在转子堵转下的加热过程要极其小心，以免损伤转子。维持温度为 90℃，直到绝缘电阻实际上已稳定不变。开始时慢慢地加热是很重要的，这样可使潮气能自然地通过绝缘层而逸出，快速加热很可能会使局部的潮气压力足以使潮气强行穿过绝缘层而逸出，这样会使绝缘遭到永久性损伤。

(6) 发电机拆装 一般情况下，不需要拆开发电机进行维护保养。如无特殊原因，不需要将转子抽离定子。若必须抽转子，则在抽和塞转子过程中必须注意不要碰伤定子绕组。若需要更换轴承，只需要拉下联轴器，拆开端盖、轴承盖和轴承套等。重新装配后的发电机同样也要先在空载状态下运转 1～2h，然后再投入带负载运行。

（7）轴承维护　滚动轴承是有一定寿命的、可以更换的标准件。可以根据制造商提供的轴承维护铭牌或发电机外形图或其他资料上提供的轴承型号和润滑脂牌号，根据润滑脂加脂量和换脂、加脂时间进行轴承的更换和维护。特别要注意环境温度对润滑脂润滑性能的影响，对于严寒的地区，冬季使用的润滑脂与夏季使用的不同。

（8）发电机的通风、冷却　风力发电机一般为全封闭式电机，其散热条件比启动式电机要差许多，因此在设计机舱时必须考虑冷却通风系统的合理性。冷却空气要进得来，热空气要排得出去，电机表面积灰必须及时清除。

（9）发电机与齿轮箱主轴对心　发电机和齿轮箱在各自装配完毕并用联轴器连接好之后，必须要调整发电机和齿轮箱主轴的同心度，这是关系到风机能否正常运行的重要步骤。

首先，要用激光对中仪对两轴的上下偏差、左右偏差进行调节，使位置偏差保证在 0.2mm 之内，即可完成初步的调心工作。

其次，如果偏差太大，多次调节都无法达到偏差范围之内，就要采取以下措施处理。

① 如果左右偏差太大，可以松开所有发电机减振器的螺栓，使发电机左右位移，来达到目的。

② 如果上下偏差太大，可采取增加垫片或减薄垫片的措施达到目的。

轴心在装配时对中之后，现场装配时仍要进行一次对中，以后维护时每隔半年就要检查一次，以保证风机的运行和寿命。

最后，轴线对准所加的垫片，应尽可能用数量少的厚垫片而不是用数量多的薄垫片，组成厚度 1.5mm 以上的多张垫片应改用等厚度的单张垫片代替。发电机对中时必须用百分表，特别要注意的是尽管弹性联轴器允许相当数值的轴线不准度，但是即使只有千分之几毫米的失调，也可能将巨大的振动引入系统之中。为了获得最长轴承寿命及最小振动，要尽量调整对准机组的中心，并要核对热状态下的对准情况。

在联轴器传动时对轴进行径向和轴向相互校正，测表必须相互夹紧。4 个各错位 90° 的测量点上，同时转动两个半联轴器进行测量。

轴向测量：通过加铁片垫平衡差值，误差不允许超过 0.2mm。

径向测量：通过移动或加相应的铁片垫来平衡差值，误差不允许超过 0.2mm。

轴向和径向组合测量：是一个把两种测量组合起来的方法，测量结构较简单。

3. 发电机维护注意事项

① 如果环境温度低于 −20℃，不得进行维护和检修工作。低温型风力发电机，如果环境温度低于 −30℃，不得进行维护和检修工作。

② 如果超过下述的任何一个限定值，必须立即停止工作，不得进行维护和检修工作。

a. 叶片位于工作位置和顺桨位置之间的任何位置

- 5min 平均值（平均风速）10m/s；
- 5s 平均值（阵风速度）19m/s。

b. 叶片位于顺桨位置（当叶轮锁定装置启动时不允许变桨）

- 5min 平均值（平均风速）18m/s；
- 5s 平均值（阵风速度）27m/s。

③ 涂漆工作的执行和监督必须符合 ISO 12944-7《油漆和清漆—钢结构防护油漆系统防

腐—涂漆工作的执行和监督》的要求。

④ 涂漆只能使用圆刷或者采用无气喷涂法，不允许使用滚刷。

⑤ 按照 ISO 12944-7《油漆和清漆—钢结构防护油漆系统防腐—涂漆工作的执行和监督》的要求，如果部件的表面温度低于环境空气的露点以上 3℃，绝对不能涂漆。相对湿度绝对不能超过 80%。

⑥ 必须遵守制造厂给出的涂漆各层之间的最短和最长间隔时间。

⑦ 如果各层之间的表面有异物污染，必须在涂下一层之前仔细清理干净。

⑧ 水冷系统中冷却剂主要成分乙二醇属有毒物质。检修前必须穿好防护服，戴好橡胶手套，如有必要还需戴上安全眼镜。

⑨ 检修完毕初次重新开启风机时，除必须有人观察水冷系统工作状态外，还必须确保有人守在紧急开关旁，可随时按下开关，使系统刹车。

复习思考题

1. 风力发电机组传动系统主要包括哪些部件？
2. 风力机的主要作用是什么？
3. 风轮的几何形式取决于哪些因素？
4. 风轮叶片的数目由哪些因素决定？从经济、安全和美学角度上看一般应选几个叶片？
5. 什么是风轮直径、风轮扫掠面积、风轮高度、风轮额定转速、风轮最高转速、叶片长度、叶片弦长、叶片厚度、叶尖、叶片翼型、叶片安装角、空气动力？
6. 叶片的作用是什么？对叶片有何要求？
7. 叶根结构形式有哪几种？
8. 目前叶片最普遍采用哪几种材料？
9. 试分析风轮在静止情况下叶片的受力情况。
10. 试分析风轮在转动情况下叶片的受力情况。
11. 雷击造成叶片损坏的机理是什么？
12. 风轮轮毂的作用是什么？其形状有哪几种？
13. 风轮轮毂的结构是由哪几个因素决定的？对轮毂的主要技术要求有哪些？
14. 主轴的作用是什么？
15. 齿轮箱的作用是什么？齿轮箱有哪些工作特点？对齿轮箱有哪些技术要求？
16. 联轴器的作用是什么？常采用哪几种类型？
17. 叶片维护项目有哪些？
18. 轮毂维护时检查项目有哪些？
19. 风力发电机组齿轮箱的日常保养内容有哪些？具体工作任务是什么？
20. 齿轮箱日常巡视项目有哪些？
21. 风力发电机组齿轮箱的定期保养维护内容有哪些？
22. 试分析叶片常见故障。
23. 齿轮箱常见故障有哪些？
24. 轴承损坏主要原因有哪些？
25. 润滑油油位低常见故障原因有哪些？如何检修？
26. 齿轮箱油温高的原因有哪些？如何检修？

27. 润滑油泵过载的原因有哪些？如何处理此类故障？
28. 试分析变桨系统主要部件及其变桨功能。
29. 变桨轴承检查项目有哪些？
30. 轮毂与变桨系统维护和检修注意事项有哪些？
31. 如何更换齿轮箱润滑油？
32. 简述齿轮箱润滑系统功能及组成。
33. 举例说明风力发电机组传动系统维护主要项目。

学习情境一
课件

学习情境一
【随堂测验】

学习情境二

风力发电机组液压系统的调试与运行维护

【学习情境描述】

　　液压系统是风力发电机组重要组成系统之一。对液压控制的风力发电机组，液压系统是风力发电机组的一种动力系统。液压系统工作性能的好坏直接关系到风力发电机组能否安全运行，故对风力发电机组液压系统的调试与运行维护是非常必要的。

　　液压系统由各种液压元件组成。液压元件可以分为动力元件、控制元件、执行元件和辅助元件。

　1. 动力元件

　　动力元件的作用是将原动机的机械能转换成液体（主要是液压油）的压力能，由液压系统中的液压泵向整个液压系统提供液压油。液压泵的常见结构形式有齿轮泵、叶片泵和柱塞泵。

　2. 控制元件

　　控制元件（即各种液压阀）的作用是在液压系统中控制和调节液体的压力、流量和方向，以满足执行元件对力、速度和运动方向的要求。根据控制功能的不同，液压阀可分为压力控制阀、流量控制阀和方向控制阀。根据控制方式不同，液压阀可分为开关式控制阀、定值控制阀和比例控制阀。

　3. 执行元件

　　执行元件是把液压系统的液体压力能转换为机械能的装置，用于驱动各类机构。通常，驱动机构做旋转运动用液压马达，做直线运动用液压缸，做摆动运动用液压摆动马达。

　4. 辅助元件

　　辅助元件是传递压力能和液体本身调整所必需的液压辅件。其主要作用是储油、保压、滤油、检测等，并把液压系统的各元件按要求连接起来。辅助元件包括油箱、蓄能器、滤油器、油管及管接头、密封圈、压力表、油位计、油温计等。

学习情境二 风力发电机组液压系统的调试与运行维护

【学习目标】

1. 掌握液压系统的基本组成。
2. 了解液压系统的工作原理。
3. 熟悉液压元件及其作用。
4. 掌握风力发电机组液压系统的调试与运行维护方法。

【本情境重点】

1. 各类液压元件及其在液压系统中的作用。
2. 各类液压元件的结构及工作原理。
3. 定桨距与变桨距风力发电机组液压系统工作过程及调试方法。
4. 液压系统日常维护内容及检修方法。

【本情境难点】

1. 风力发电机组液压系统调试过程及整定方法。
2. 液压系统常见故障及处理方法。

任务一　液压系统主要元件认知

一、任务引领

液压泵是液压系统的主要元件,其作用是把原动机的机械能转变为液体的压力能,给系统提供具有一定压力的液压油。由于液压系统中所使用的泵不同,其工作原理和性能特点也有区别。

【学习目标】

1. 掌握风力发电机组液压泵、液压阀、液压缸的类型及图形符号。
2. 了解液压泵的主要性能参数。
3. 掌握液压泵、液压阀、液压缸的工作原理、性能特点及工作过程。
4. 掌握液压辅助元件的结构特点、作用及类型。
5. 了解热交换器的工作原理。
6. 掌握液压泵、液压阀、液压缸常见故障及处理方法。
7. 熟练掌握检修维护工器具的使用。

【思考题】

1. 风力发电机组液压系统的主要作用有哪些?举出实例。
2. 风力发电机组液压系统有哪些液压设备?在液压系统中起什么作用?
3. 液压设备种类很多,如何正确选择?

二、相关知识学习

(一) 液压泵

1. 液压泵概述

(1) 液压泵的类型及图形符号

① 液压泵的类型

a. 按结构形式的不同，液压泵常用类型有齿轮式液压泵、叶片式液压泵和柱塞式液压泵等。

b. 按液压泵流量可否调节，分为定量泵和变量泵两类。

c. 按油液的输出方向，又分为单向泵和双向泵。

另外，还有为了满足液压系统对流量的不同需要的双联泵和多联泵，它是由两个或多个泵安装在一个泵体内，在油路上并联而成的液压泵。

② 液压泵的图形符号　常用的液压泵图形符号见表2-1。液压泵的图形符号由一个圆加上一个或两个实心三角来表示，三角箭头向外，表示油液的方向。一个实心三角表示单向泵；两个实心三角表示双向泵。圆上、下两垂直线段分别表示排油和吸油管路（油口）。图中无箭头的表示定量泵，有箭头的表示变量泵。圆侧面的两条横线和曲线箭头表示泵传动轴做旋转。

表2-1　常用的液压泵图形符号

名　称	单向定量泵	双向定量泵	单向变量泵	双向变量泵	双联液压泵
图形符号					

(2) 液压泵的主要性能参数

① 工作压力和额定压力　液压泵的工作压力指泵实际工作时输出液体的实际压力，单位为Pa或MPa。工作压力的大小取决于负载。负载越大，泵的工作压力越大，工作压力与泵的流量无关。

液压泵的额定压力是指泵在正常工作条件下允许达到的最大工作压力，单位为Pa或MPa，一般标在铭牌上。额定压力受泵零件结构强度、泄漏程度的制约，超过此值即为过载。

② 排量和流量　液压泵的排量是指泵轴在无泄漏情况下每转过一转，由其密封容腔几何尺寸变化计算而得的排出液体的体积，排量的单位为m^3/s。

液压泵在无泄漏情况下单位时间内所排出的液体体积称为液压泵的理论流量，单位为m^3/s。

液压泵的实际流量是指泵工作时实际输出的流量，单位为m^3/s。

液压泵的额定流量是指在正常工作条件下，按规定必须保证的输出流量，即泵在额定转速和额定压力下的输出流量，单位为m^3/s。

③ 容积效率、机械效率和总效率　由于液压泵存在泄漏和各种摩擦（包括机件间的摩擦和液体的黏性摩擦），所以泵在能量转换过程中是有损失的，即输出功率小于输入功率，两者之间的差值即为功率损失。功率损失表现为容积损失和机械损失两部分。功率损失可用效率来表示。

a. 容积效率。容积损失是由于泵存在泄漏（泄漏流量为Δq）所造成的，所以泵的实际流量q小于理论流量q_t。实际流量可表示为$q = q_t - \Delta q$。

泄漏流量Δq和实际流量q都与泵的工作压力p有关，工作压力p增大时，泄漏量Δq增大，而实际流量q减小。

容积损失用容积效率 η_V 表示,它是泵的实际流量与理论流量的比值,即

$$\eta_V = q/q_t \tag{2-1}$$

在液压泵的产品铭牌上都有额定压力下容积效率 η_V 的具体数值。

b. 机械效率。机械损失是由于泵内运动机件间的摩擦和液体的黏性摩擦等所造成的,所以驱动泵的实际输入转矩 T 总是大于其理论上需要的转矩 T_t,理论转矩与实际输入转矩之比称之为机械效率,用 η_M 表示,即

$$\eta_M = T_t/T \tag{2-2}$$

c. 总效率。液压泵的输出功率 P_o 与输入功率 P 之比为泵的总效率,用 η 表示,它等于容积效率与机械效率的乘积,即

$$\eta = P_o/P = \eta_V \eta_M \tag{2-3}$$

④ 驱动电动机功率 液压泵由原动机驱动,输入的是机械能(转速和转矩),而输出的是液体的压力能(压力和流量)。由于容积损失和机械损失造成的功率损失的存在,在选定液压泵的驱动电动机功率(即泵的输入功率)时应大于泵的输出功率,用下式计算:

$$P = pq/\eta \tag{2-4}$$

式中　P——功率,W;
　　　p——压力,Pa;
　　　q——流量,m^3/s。

采用常用单位的计算公式为

$$P = pq/(60\eta) \tag{2-5}$$

式中　P——功率,kW;
　　　p——压力,MPa;
　　　q——流量,L/min。

2. 齿轮泵

齿轮泵是以成对齿轮啮合运动完成吸油和压油动作的一种壳体承压型定量液压泵,是液压系统中常用的液压泵,分为外啮合齿轮泵和内啮合齿轮泵两类,其中外啮合齿轮泵应用较多。

(1) 齿轮泵的工作原理　外啮合齿轮泵通常是由泵体及前、后端盖组成的分离三片式结构,图 2-1 是其剖面图。泵体 1 的内孔装有一对与泵体宽度相等、齿数相同、互相啮合的齿轮 2。传动轴 3 与齿轮相连接。泵体、端盖和齿轮的各个齿间槽组成许多密封工作腔 A,同时轮齿的啮合线又将左、右两腔隔开,形成压油腔和吸油腔。主动齿轮按图示方向旋转时,右侧吸油腔内的轮齿逐渐脱开啮合,密封工作腔容积逐渐增大,形成局部真空,油箱中的油液在大气压作用下经泵的吸油管进入泵内,补充增大的容积,将齿间槽充满。随着泵轴及齿轮的旋转,油液被带到左侧压油腔。在压油腔侧,轮齿逐渐进入啮合,密封工作腔容积减小,油液便被挤压,经压油口输出到系统中。传动轴旋转一周,每个工作腔吸、压油各一次。传动轴带动齿轮不断地转动,齿轮泵便连续不断地吸油和压油,连续地向系统提供液压油。齿轮泵只能做成流量不能调节的定量泵。

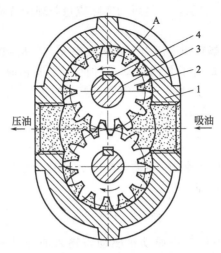

图 2-1 外啮合齿轮泵的工作原理图
1—泵体；2—齿轮；3—传动轴；4—键

(2) 齿轮泵的性能特点　外啮合齿轮泵具有结构简单、价格低廉、体积小、重量轻、耐污染、工作可靠、使用维护方便等优点，但其传动轴和轴承受径向不平衡力，磨损严重，容积效率低，振动和噪声较大，不适合在高压下使用。

(3) 齿轮泵常见故障现象、原因及排除方法

① 泵吸不上油或无压力。

产生原因	排除方法
原动机与泵的旋转方向不一致	纠正原动机旋转方向
泵传动键脱落	重新安装传动键
进出油口接反	按说明书选用正确接法
油箱内液面过低，吸入管口露出液面	补充油液至最低液位线以上
转速太低，吸力不足	提高转速至泵的最低转速以上
油液黏度过高或过低	选用推荐黏度的工作油液
吸入管道或过滤装置堵塞，造成吸油不畅	清洗管道或过滤装置，除去堵塞物，更换或过滤油箱内油液
吸入口过滤器过滤精度过高，造成吸油不畅	按产品样本和说明书正确选用过滤器
吸入管道漏气	检查管道各连接处，并予以密封、紧固

② 流量不足，达不到额定数值。

产生原因	排除方法
转速过低，未达到额定转速	按产品样本或说明书指定额定转速选用原动机转速
系统中有泄漏	检查系统，修补泄漏点
由于泵长时间工作、振动使泵盖连接螺钉松动	适当拧紧螺钉
吸入管道漏气	检查管道各连接处，并予以密封、紧固
吸油不充分(可能原因：吸入管道漏气，入口过滤器堵塞或通流量过小，吸入管道堵塞或通径小，油液黏度不当等)	清洗过滤器或选用通流量为泵流量 2 倍以上的过滤器；清洗管道，选用不小于泵入口通径的吸入管；选用推荐黏度的工作油液

③ 压力升不上去。

产生原因	排除方法
泵吸不上油或流量不足	纠正原动机旋转方向；重新安装传动键；按说明书选用正确接法；补充油液至最低液位线以上；提高转速至泵的最低转速以上；选用推荐黏度的工作油液；清洗管道或过滤装置，除去堵塞物；更换或过滤油箱内油液；按产品样本和说明书正确选用过滤器
液压系统中的溢流阀设定压力太低或出现故障	重新设定溢流阀压力或修复溢流阀
系统中有泄漏	检查系统，修补泄漏点
由于泵长时间工作、振动使泵盖连接螺钉松动	适当拧紧螺钉
吸入管道漏气	检查管道各连接处，并予以密封、紧固
吸油不充分	

④ 异常发热。

产生原因	排除方法
装配不良。可能原因为间隙选配不当（如齿轮与侧板、齿轮与外圆与壳体内圆配合间隙过小，造成滑动部位过热烧伤）；装配质量差，传动部分同轴度未达到技术要求，运转不畅；轴承质量差或装配时被打坏，或安装时未清洗干净，造成运转不畅	重新装配。拆开清洗，测量间隙，重新配合达到规定间隙；拆开清洗，重新装配，达到技术要求；拆开检查，更换轴承，重新装配
油液质量差	按泵要求选择或更换油液
吸油管径细，吸油阻力大	加粗管径，减少弯头，减小吸油阻力
外界热源高，散热条件差	清除外界影响，增设隔热措施

3. 叶片泵

叶片泵是靠叶片、定子和转子间构成的密闭工作腔容积变化而实现吸、压油的一类壳体承压型液压泵。按每转吸、压油次数，分为单作用式叶片泵和双作用式叶片泵。

（1）叶片泵的工作原理

① 单作用叶片泵　其工作原理如图 2-2 所示，由传动轴 1、转子 2、定子 3、叶片 4、泵体 5、配油盘 6 和端盖（图中未画出）等组成。单作用叶片泵的定子表面为圆柱形，且转子和定子之间具有偏心距 e。当传动轴带动转子转动时，处于压油区的叶片在离心力以及通入叶片根部液压油的作用下，叶片顶部贴紧在定子内表面上，从而使两相邻叶片、配油盘、定

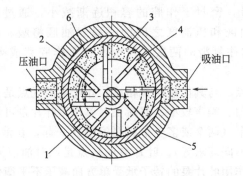

图 2-2　单作用叶片泵工作原理图
1—传动轴；2—转子；3—定子；4—叶片；5—泵体；6—配油盘

子和转子间形成了与叶片数量相同的密封工作腔。当转子按图示逆时针方向旋转时，右侧的叶片向外伸出，工作腔容积逐渐增大，通过右侧的吸油口和配油盘上的腰形窗口吸油。而左侧的叶片向里缩进，工作腔容积逐渐缩小，通过左侧配油盘的窗口和压油口排油。转子每转一转，每个密封工作腔完成吸油和压油各一次。单作用叶片泵通过转子和定子之间偏心安装，制成偏心距 e 可调的变量泵，即通过改变泵的偏心距 e 就可以调节泵的流量。但是，由于传动轴及转子的位置已被原动机的轴限定了，所以偏心距 e 的改变只能靠移动定子来实现。单作用叶片泵传动轴、转子及轴承等部件受到来自压油腔的单向液压力作用，所以又称为非卸荷式叶片泵。

② 双作用叶片泵　双作用叶片泵由定子1、转子2、叶片3、配油盘4、泵体5和传动轴6等组成，如图2-3所示。转子2和定子1的轴线重合。定子1的内表面像一椭圆形，由两段半径为 R 的大圆弧、两段半径为 r 的小圆弧以及连接大小圆弧的四段过渡曲线构成。转子上开有均匀分布的径向滑槽，叶片3装在转子的滑槽内并可灵活滑动。转子、叶片、定子都夹在前后两个配油盘中间。叶片将两个配油盘和转子及定子间形成的空间沿圆周分割为与叶片数量（均为偶数）相同的密封工作腔。由于转子和定子间的径向距离在过渡区沿圆周变化，故在转子旋转的过程中这些密封工作腔会发生周期性的扩大和缩小。配油盘上开设的4个配油窗口分别与吸、压油口相通。

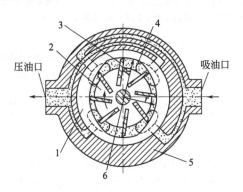

图 2-3　双作用叶片泵工作原理图
1—定子；2—转子；3—叶片；4—配油盘；5—泵体；6—传动轴

当转子按图 2-3 所示顺时针方向旋转时，由于离心力和叶片槽底部所通液压油的作用，叶片顶部紧贴定子内表面。当叶片从定子内表面的小圆弧区向大圆弧区移动时，密封工作腔的容积逐渐增大，通过配油盘上左上角和右下角的吸油窗口吸油；当从大圆弧区向小圆弧区移动时，密封工作腔的容积逐渐减小，通过配油盘上左下角和右上角的压油窗口压油。吸油区和压油区之间的一段封油区将吸、压油区隔开。转子每转一周，每一个叶片在槽内往复滑动两次，每个密封工作腔完成吸油和压油动作各两次，因此称为双作用叶片泵。

(2) 叶片泵的性能特点　与其他液压泵相比，叶片泵的优点是：结构紧凑；定量叶片泵的轴承受力平衡、流量均匀、噪声较小、寿命长，单作用叶片泵可制成变量泵。单作用和双作用叶片泵均可制成双联泵（两个或多个单级泵安装在一起，在油路上并联而成的液压泵，以满足液压系统对流量的不同需求等）。叶片泵的缺点是：对油液清洁度要求高；双作用叶片泵的定子结构复杂，单作用叶片泵的转子承受单方向液压不平衡作用力、轴承寿命短等。

(3) 叶片泵常见故障现象、原因及排除方法

① 泵不输油或无压力。

故障产生原因	排除方法
原动机与油泵旋向不一致或传动键漏装	纠正转向或重装传动键
进、出油口接反	按说明书选用正确接法
泵转速过低	提高转速达到泵最低转速以上
油液黏度过大,使叶片运动不灵活	选用推荐黏度的工作油液
油箱内油面过低,吸入管口露出液面	补充油液至最低油标线以上
油温过低,使油液黏度过大	加热至合适黏度后使用
吸入管道或过滤装置堵塞,造成吸油不畅	拆洗、修磨泵内较脏的部件,仔细重装,并更换油液
吸入口过滤器精度过高,造成吸油不畅	清洗管道或过滤装置;除去堵塞物;更换或过滤油箱内油液
系统油液过滤精度低,导致叶片在槽内卡阻	按产品说明书正确选用过滤器
小排量油泵吸力不足	向泵内注满油液
吸入管道密封不良漏气	应检查管道质量和各连接处密封情况,更换管道或改善密封

② 流量不足。

故障产生原因	排除方法
转速未达到额定转速	按说明书指定额定转速选用电动机转速
系统有泄漏	检查系统,修补泄漏点
由于泵长时间工作、振动使泵盖螺钉松动	适当拧紧螺钉
吸入管道漏气	检查各连接处,并予以密封、紧固
吸油不充分(可能原因:油箱内油面过低、入口过滤器堵塞或通流量过小、吸入管道堵塞或通径小、油液黏度过高或过低)	补充油液至最低油标线以上;清洗过滤器或选用通流量为泵流量2倍以上的过滤器;清洗管道,选用不小于泵入口通径的吸入管;选用推荐黏度工作油液
变量泵流量调节不当	重新调节至所需流量

③ 压力升不上去。

故障产生原因	排除方法
泵吸不上油或流量不足	纠正原动机旋转方向;重新安装传动键;按说明书选用正确接法;补充油液至最低液位线以上;提高转速至泵的最低转速以上;选用推荐黏度的工作油液;清洗管道或过滤装置并除去堵塞物,更换或过滤油箱内油液;按产品样本和说明书正确选用过滤器
溢流阀调整压力太低或出现故障	重新调试溢流阀压力或修复溢流阀
系统中有泄漏	检查系统,修补泄漏点
由于泵长时间工作、振动使泵盖螺钉松动	适当拧紧螺钉
吸入管道漏气	检查各连接处,并予以密封、紧固
吸油不充分	补充油液至最低油标线以上;清洗过滤器或选用通流量为泵流量2倍以上的过滤器;清洗管道,选用不小于泵入口通径的吸入管;选用推荐黏度工作油液
变量泵压力调节不当	重新调节至所需压力

④ 外泄漏。

故障产生原因	排除方法
密封件老化	更换密封件
进、出油口连接部位松动	紧固管接头或法兰螺钉
密封面磕碰或泵的壳体存在砂眼	修磨密封面或更换壳体

⑤ 振动噪声过大。

故障产生原因	排除方法
吸油不畅或液面过低	清洗过滤器或向油箱补油
有空气侵入	检查吸油管，注意液位
油液黏度过高	适当降低油液黏度
转速过高	降低转速
泵传动轴与原动机轴不同轴度过大	调整同轴度至规定值
配油盘端面与内孔不垂直或叶片垂直度太差	修磨配油盘端面或提高叶片垂直度

⑥ 异常发热。

故障产生原因	排除方法
油温过高	改善油箱散热条件或使用冷却器
油液黏度太大，内泄漏过大	选用合适液压油
工作压力过高	降低工作压力
回油口直接接到泵入口	回油口接至油箱液面以下

4. 柱塞泵

柱塞泵是靠柱塞在缸体中往复运动进行吸油和压油的一类液压泵。柱塞泵的壳体只起连接和支撑各工作部件的作用，所以是一种壳体非承压型液压元件。在各类柱塞泵中斜盘式轴向柱塞泵在风力发电机组中应用较广。

（1）柱塞泵的工作原理 图2-4为斜盘式轴向柱塞泵的工作原理图。泵的主要构件有传动轴1、轴承2、壳体3、斜盘4、柱塞5、轴承6、弹簧7、配油盘8等。柱塞沿圆周均匀分布在缸体内；斜盘与缸体轴线间有一倾角，柱塞靠弹簧压紧在斜盘上，配油盘和斜盘固定不转，传动轴贯穿斜盘且两端由滚动轴承支撑。当原动机通过传动轴带动缸体旋转时，由于斜盘的作用，迫使柱塞在缸体孔内做往复运动，并通过配油盘的吸油窗口和压油窗口进行吸油和压油。按图2-4所示的顺时针旋转，当缸体转角在0°～180°范围内时，柱塞向外伸出，柱

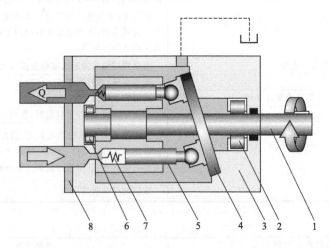

图2-4 斜盘式轴向柱塞泵的工作原理图
1—传动轴；2,6—轴承；3—壳体；4—斜盘；
5—柱塞；7—弹簧；8—配油盘

塞底部的密封工作腔增大,通过配油盘的吸油窗口吸油;在180°～360°范围内时,柱塞被斜盘推入缸体,使密封工作腔减小,通过配油盘的压油窗口压油。缸体每转一周,每个柱塞各完成吸、压油一次。原动机带动传动轴连续旋转,泵就连续地进行吸油和压油。泵的流量与斜盘倾角有关,当斜盘倾角不可调时为定量泵;当斜盘倾角可调时,就能改变柱塞的行程长度,从而为变量泵。

(2) 柱塞泵性能特点　柱塞泵具有配合精度较高、泄漏小、容积效率高、工作压力高的优点,适用于重型机床、风力发电机组等机械的高压、大流量液压系统,但柱塞泵的结构比较复杂,价格较高,对油液清洁度要求较高。

(3) 柱塞泵常见故障现象、原因及排除方法

① 泵建立不起压力或流量不足。

故障产生原因	排除方法
电动机转向接反或电磁换向阀安装错误	调换电动机转向或改正电磁换向阀安装错误
泄油管泄油过多	拧开泄油管目测判断,泄油如呈喷射状,则说明效率降低
油液中进水或混有杂质	油液中进水呈乳白色,劣质油呈酱色或黑色柏油状,换油
进油口上安装滤网或滤网堵塞	选用目数较粗大的滤网或拆除滤网
进油管道上漏气或有裂纹	涂黄油检查,发现声音减小说明管道漏气,更换密封件或管道
油箱内油液不足	按油箱要求加足油液
管道、阀门或管接头通径尺寸不当	按说明书要求测量后改进
进油管过长,弯头过多	进油管长度应小于2.5m,弯头不超过2个
泵与原发动机同轴度超差	停机后用手旋联轴器,应手感轻松且有轴向间隙,否则应调整同轴度,消除干涉
溢流阀设定压力不当或阀及执行元件内泄漏过大	调紧溢流阀或换阀试验,油缸内泄漏过大,则活塞杆呈爬行状态
未打开进油阀先开机	泵已磨损,需修理
电磁换向阀不换向	电磁换向阀不换向时,调换电磁换向阀
油液黏度太大或油温太低	更换较低黏度的油液或将油箱加热
电气部分有故障	电气部分有故障时由相关人员处理
缸体铜层脱落或大小轴承损坏,或有柱塞滑履烧损现象	检查并更换
配油盘与泵之间有脏物,或配油盘定位销未装好,使配油盘和缸体贴合不好	拆解泵并清洗运动副零件,重新装配
变量机构偏角太小,使流量太小,溢流阀建立不起压力或未调整好	加大变量机构的偏角以增大流量,检查溢流阀阻尼孔是否堵塞、先导阀是否密封,重新调整好溢流阀
系统中其他元件的漏损太大	系统中其他元件的漏损太大时更换有关元件
压力补偿变量泵达不到液压系统所要求的压力(有两种情况,变量机构未调整到所要求的功率特性或当温度升高时达不到要求的压力)	检查并调整(重新调整泵的变量特性、降低系统温度或更换由于温度升高而引起漏损过大的元件)

② 外泄漏。

故障产生原因	排除方法
密封圈老化	拆检密封部位,详细检查O形圈和骨架油封损坏部分及配合部位的划伤、磕碰、毛刺等,并修磨干净,更换新密封圈
轴端骨架油封处渗漏(骨架油封磨损;传动轴磨损;油泵的内渗增加或泄油口被堵,低压腔油压超过0.05MPa;骨架油封损坏,外接泄油管径过细或管道过长)	拆检(更换骨架油封;轻微磨损可用金相砂纸、磨石修正,严重磨损应返回制造厂更换;清洗泄油口,检修两对运动副,更换骨架油封,在装配时应用专用工具,唇边应向压力油侧,以保证密封;更换合适的泄油管道)

③ 振动噪声过大。

故障产生原因	排除方法
泵内未注油液或未注满	重新注油液
泵一直在低压下运行	泵一直在低压下运行时,上高压并用5~10min排空气
油液的黏度过大,油温低于所允许的工作范围	更换适合于工作温度的油液或启动前低速暖机运行
油液中进水或混有杂质(劣质油呈黑色)	油液中进水或混有杂质时更换油液
吸油通道阻力过大,过滤网部分堵塞,管道过长弯头太多	吸油通道阻力过大时,想办法减少吸油通道阻力
吸油管道漏气	吸油管道漏气时,用黄油涂于接头上检查并排除漏气
液压系统漏气(回油管没有插入液面以下)	液压系统漏气时,把所有的回油管均插入油面以下200mm
泵与原动机同轴度差,或轴头干涉及联轴器松动产生振动	重新调整同轴度,使其不大于$\phi 0.05$mm,停机后手旋联轴器应手感轻松
油箱中油液不足或泄油管没有插到液面以下	增加油箱中的油液,使液面在规定范围内,将泄油管插到液面以下
未按推荐管道、阀门或管接头通径尺寸配管	按推荐管道或管接头通径尺寸配管
油箱中通气孔或滤气器堵塞	清洗油箱上的通气孔滤气器
系统管路振动	设置管夹减振
若正常使用过程中泵的噪声突然增大,其原因大多数是柱塞和滑履滚压包球铰接松动,或泵内部零件损坏	停机后请制造厂检修,或由有经验的工人技术员拆解检修

④ 异常发热。

故障产生原因	排除方法
油液黏度不当	更换油液
油箱容量过小	加大油箱面积,或增设冷却装置
油箱油温不高,但泵发热	若泵长期在零偏角或低压下运转,使泵漏损过小时,在液压系统阀门的回油管上分流一根支管通入泵下部的放油口内,使泵体产生循环冷却;若漏损过大,使泵发热时应检修油泵;因装配不良,间隙选配不当时,按装配工艺进行装配,测量间隙重新配研,达到规定的合理间隙
泵或液压系统漏损过大	检修有关元件

(二) 液压控制阀

1. 概述

液压控制阀简称液压阀,其在液压系统中的功用是通过控制、调节液压系统中油液的流向、压力和流量,使执行元件及其驱动的工作装置达到预定的运动方向、推力(转矩)及速度(转速)等,以满足不同的动作要求。根据控制功能的不同,液压阀可分为压力控制阀、流量控制阀和方向控制阀。压力控制阀又分为溢流阀(安全阀)、减压阀、顺序阀、压力继电器、电液伺服阀和电液比例阀等。流量控制阀包括节流阀、调整阀、分流集流阀等。方向控制阀包括单向阀、液控单向阀、换向阀等。根据控制方式不同,液压阀可分为开关式控制阀、定值控制阀和比例控制阀。

2. 方向控制阀

方向控制阀(简称方向阀)的作用是控制液压系统中油的流动方向,接通或断开油路,从而控制执行机构的启动、停止或改变方向。方向控制阀包括单向阀、液控单向阀、换向阀等。

（1）单向阀　有普通单向阀和液控单向阀两类。

① 普通单向阀　又称逆止阀，它控制油液只能沿一个方向流动，不能反向流动，它由阀体、阀芯和弹簧等零件构成。图 2-5 所示为单向阀的剖面图和图形符号。

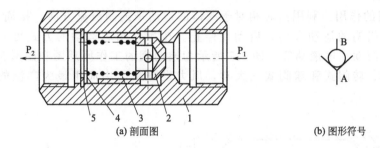

图 2-5　单向阀的剖面图和图形符号
1,5—阀体；2—阀芯；3—弹簧；4—挡圈

普通单向阀的工作原理：当液流从 P_1 口流入时，阀芯上的液压推力克服作用在阀芯上的出口液压力、弹簧作用力及阀芯与阀体之间的摩擦阻力，顶开阀芯，从 P_2 口流出，构成通路，实现正向流动；当液压油从 P_2 口流入时，在液体压力与弹簧力共同作用下，阀芯紧紧压在阀体的阀座上，油口 P_1 和 P_2 被阀芯隔开，油液不能流过，即实现了反向截止。

普通单向阀的用途如下：

a. 安装在液压泵出口，防止系统的压力冲击影响泵的正常工作；

b. 安装在多执行元件系统的不同油路之间，防止油路间因压力及流量的不同而相互干扰；

c. 在系统中作背压阀用，提高执行元件的运动平稳性；

d. 与其他液压阀如节流阀、顺序阀等组合成单向节流阀、单向顺序阀等。

② 液控单向阀　除了能实现普通单向阀的功能外，还可按需要由外部油压控制，实现反向接通功能。图 2-6 所示为液控单向阀的剖面图和图形符号。它比普通单向阀增加了一个控制活塞及控制油口 K。控制油口 K 和油口 P_1 及 P_2 开设在阀体同一底面上，通过中间连

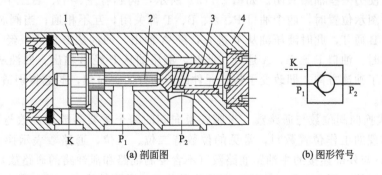

图 2-6　液控单向阀的剖面图和图形符号
1—控制活塞；2—顶杆；3—阀芯；4—阀体

接板与系统管路相连。

液控单向阀的工作原理：当 K 中不通控制液压油时，其作用和原理与普通单向阀完全相同，即油液从 P_1 口流向 P_2 口，为正向流动；如果 K 中通入控制液压油，则控制活塞通过顶杆 2 顶开阀芯 3，使油口 P_1 与 P_2 连通，此时油液既可从 P_2 流向 P_1 口，也可从 P_1 口流向 P_2 口。

(2) 换向阀

① 换向阀的作用　利用阀芯相对于阀体的运动来控制液流方向，接通或断开油路，从而改变执行机构的运动方向、启动或停止。按操作阀芯运动的方式可分为手动、机动、电磁动、液动、电液动等。图 2-7 所示为换向阀的工作原理图和图形符号。换向阀主要有滑阀式、转阀式和球阀式三大类，风力发电机组中应用最为广泛的是滑阀式换向阀。

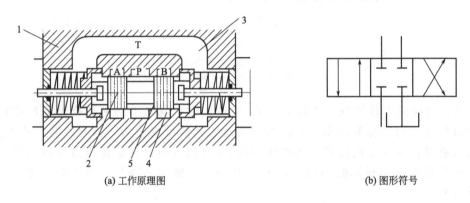

(a) 工作原理图　　　　　　　　　　　　(b) 图形符号

图 2-7　滑阀式换向阀的工作原理图和图形符号
1—阀体；2—滑动阀芯；3—主油口（通口）；4—沉割槽；5—台肩

② 滑阀式换向阀工作原理　图 2-7 中，阀体 1 与圆柱形滑动阀芯 2 为阀的结构主体。阀芯可在阀体孔内轴向滑动。阀体孔里有五条环形沉割槽，各条沉割槽都与阀体底面上所开的相应的主油口相通。通常 P 接液压泵，A 和 B 接执行元件的进口和出口，T 接油箱。阀芯的台肩将沉割槽遮盖（封油）时，此槽所通油口即被切断；台肩不遮盖沉割槽（阀芯打开）时，此油口就与其他油路接通。

由于阀芯可在阀体孔里做轴向运动，因此依靠阀芯在阀孔中处于不同位置，便可以使一些油路接通而使另一些油路关闭。如图 2-7(a) 所示，阀芯有左、中、右三个工作位置，当滑动阀芯处于图示位置时，四个油口 P、A、B、T 都关闭，互不相通；当阀芯移向左端时，油口 P 通 A，B 通 T，此时液压油从 P 进入，经 A 输出，回油从 B 流入，经 T 回油箱；当阀芯移向右端时，油口 P 通 B，A 通 T，此时，液压油从 P 经 B 输出，回油从 A 经 T 回油箱。因而改变了油流方向，即改变了执行元件的运动方向。显然，阀芯特别适合用电磁铁等机构操纵驱动。

③ 滑阀式换向阀位数与通路数　滑阀式换向阀的两个重要参数是位数与通路数。位数表示阀芯可实现的工作位置数目，常见的位数有二位、三位。通路数表示换向阀处于常态（停车位置）时与外部连接的主油路通路数（不含控制油路和泄油路的通路数），有二通、三通、四通和五通等。图 2-7 所示的换向阀的位数为 3，通路数为 4，所以称之为三位四通换向阀。

④ 滑阀式换向阀图形符号　滑阀式换向阀的图形符号由相互邻接的几个长方形构成。

每个长方形表示换向阀的一个工作位置,而长方形中的箭头表示阀在该位置时油路之间的连接情况(并不表示油液实际流向),短横线表示油路封闭。整个长方形两端的符号则表示阀的操纵驱动机构及定位方式。字母 P、A、B、T 分别表示主油口与液压系统相连接的油路名称。例如图 2-7(b) 为图 2-7(a) 所示的换向阀的图形符号。

常用的滑阀式换向阀主体结构见表 2-2。

表 2-2 常用的滑阀式换向阀主体结构

名称	原理图	图形符号	适用场合	
二位二通阀	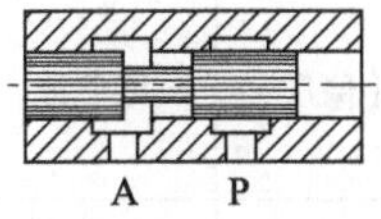	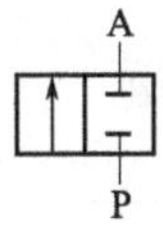	控制油路的接通与切断(相当于一个开关)	
二位三通阀	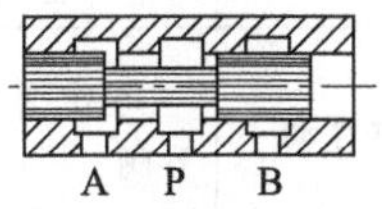	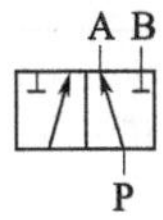	控制液流方向(从一个方向变换成另一个方向)	
二位四通阀	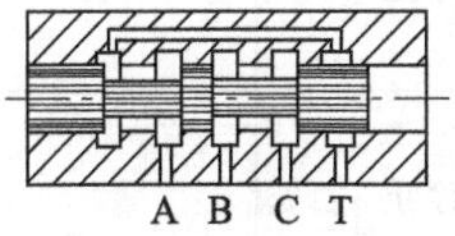	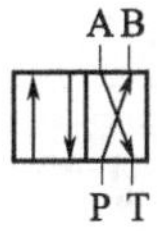	不能使执行元件在任一位置上停止运动	执行元件正反向运动时回油方式相同
三位四通阀	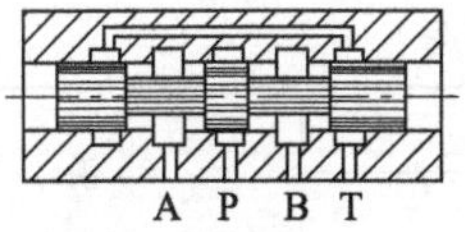	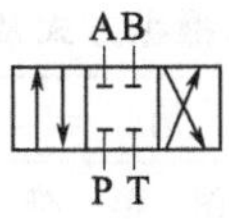	能使执行元件在任一位置上停止运动	
二位五通阀	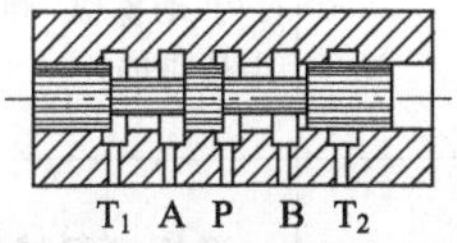	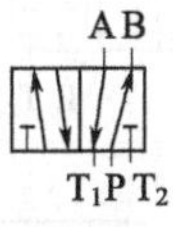	不能使执行元件在任一位置上停止运动	执行元件正反向运动时可以得到不同的回油方式
三位五通阀	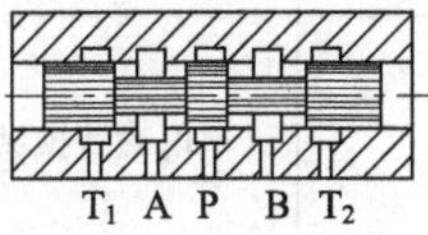	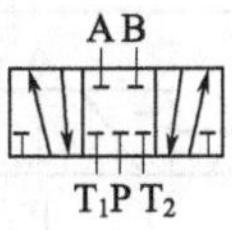	能使执行元件在任一位置上停止运动	

(注:表中"控制执行元件换向"为纵向说明)

⑤ 滑阀式换向阀中位机能 阀的阀芯处于中间位置(也称停机位置)时,各油口的连通方式称为阀的中位机能,并用一个字母表示。利用不同的中位机能,可满足不同的功能要求。三位四通换向阀常见的中位机能、图形符号等见表 2-3。

⑥ 换向阀操纵方式 改变阀芯位置的操纵方式有手动、机动、电磁、液动和电液动等,其符号参见表 2-4。

表 2-3　三位四通换向阀常见的中位机能、图形符号

中位机能	图形符号	油口情况	液压泵状态	执行器状态	应用
O	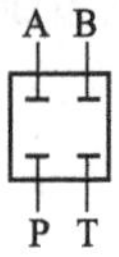	P、T、A、B 互不连通	保压	停止	可组成并联系统
H		P、T、A、B 连通	卸荷	停止并浮动	可节能
M	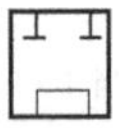	P、T 连通，A 与 B 封闭	卸荷	停止并保压	可节能
P		P、A、B 连通，T 封闭	与执行器两腔通	液压缸差动	组成差动回路，可作为电液动阀的先导阀
Y	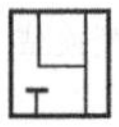	P 封闭，T、A、B 连通	保压	停止并浮动	可作为电液动阀的先导阀
C	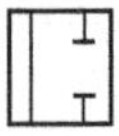	P、A 连通，B、T 封闭	保压	停止	
J	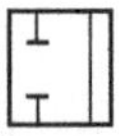	P、A 封闭，B、T 连通	保压	停止	

表 2-4　滑阀式换向阀操纵方式及其符号

操纵方式	符号	示例 名称	示例 图形符号	说明
手动	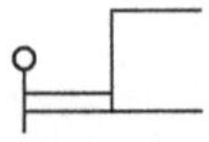	三位四通手动换向阀	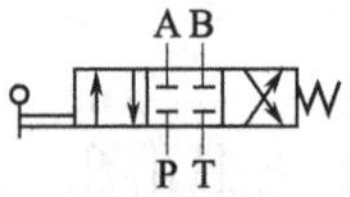	手动操纵，弹簧复位，C 形中位机能
机动（滚轮式）	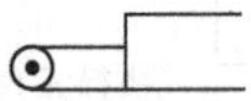	二位二通机动换向阀	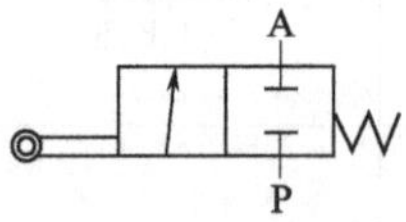	滚轮式机械操纵，弹簧复位，常闭机能
电磁	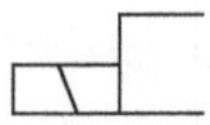	二位三通电磁换向阀	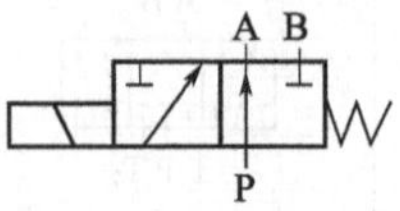	单电磁铁操纵，弹簧复位
		三位四通电磁换向阀	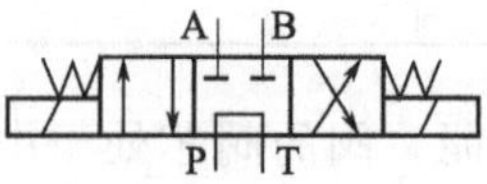	M 形中位机能，双电磁铁操纵，弹簧复位对中
液动	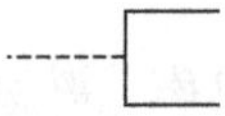	三位五通液动换向阀	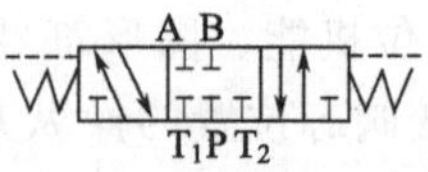	O 形中位机能，液压操纵，弹簧复位对中

续表

操纵方式	符号	示例		说明
		名称	图形符号	
电液动		三位四通电液动换向阀	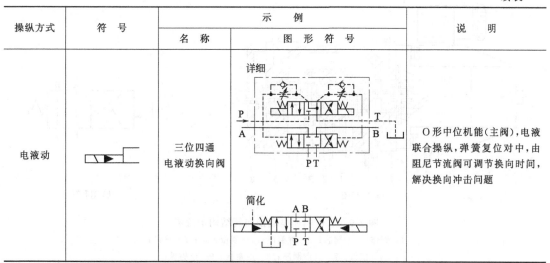	O形中位机能（主阀），电液联合操纵，弹簧复位对中，由阻尼节流阀可调节换向时间，解决换向冲击问题

⑦ 换向阀工作位置的判别 有多个工作位置的换向阀，其实际工作位置应根据液压系统的实际工作状态来判别。一般将阀两端的操纵驱动元件的驱动力看成推力。例如图2-8所示的二位四通电磁换向阀，若电磁铁没有通电，称此时的图形符号为阀处于右位，四个油口互不相通；若电磁铁通电，则阀芯在电磁铁的作用下向右移动，称阀处于左位，此时P口与A口相通，B口与T口相通。之所以称阀位于"左位""右位"是指图形符号而言，并不指阀芯的实际位置。

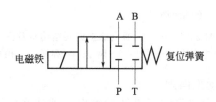

图2-8 二位四通电磁换向阀示例

（3）电磁换向阀 简称电磁阀，它借助电磁铁通电时产生的推力，使阀芯在阀体内做相对运动，实现换向。它是电气系统与液压系统之间的信号转换元件，它的电气信号可以由液压设备上的按钮开关、行程开关、压力继电器等元件发出，从而可使液压系统方便地实现各种控制及自动顺序动作，使用非常方便，应用广泛。

电磁阀中二位、三位及二通、三通、四通和五通阀居多。根据用途不同，电磁阀有弹簧复位式和无弹簧式，三位阀有弹簧对中式和弹簧复位式。

图2-9所示为弹簧复位、单电磁铁的二位四通电磁换向阀。当电磁铁9不通电时，在复位弹簧4的作用下，阀芯2处于左侧，油口P与A通，B与T通。当电磁铁通电后，阀芯在电磁铁推力的作用下向右移动，使得油口P与B通，A与T通。

图2-10所示为弹簧对中的三位四通电磁换向阀（O形中位机能）。左、右各有一个电磁铁，阀芯两端为两个复位弹簧。当两个电磁铁都断电时，阀芯3在弹簧4的作用下处于中位，四个油口互不相通。当左电磁铁通电时（右电磁铁需断电），阀芯3在电磁铁推力作用下向右移动，油口P与B通，A与T通。当右电磁铁通电时（左电磁铁需断电），阀芯向左移动，油口P与A通，B与T通。

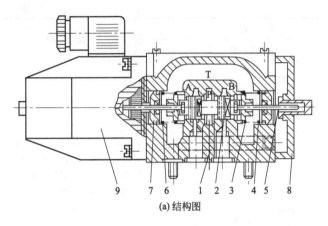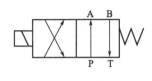

图 2-9 二位四通电磁换向阀结构示意图

1—阀体；2—阀芯；3—弹簧座；4—复位弹簧；5—推杆；
6—挡板；7—O 形圈座；8—后盖板；9—电磁铁

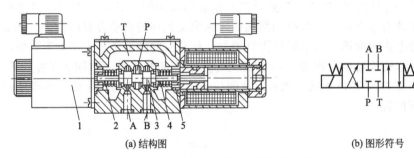

图 2-10 三位四通电磁换向阀结构示意图

1—电磁铁；2—推杆；3—阀芯；4—弹簧；5—挡圈

(4) 液动换向阀与电液动换向阀

① 液动换向阀　常用于大流量液压系统的换向。液动换向阀是通过外部提供的液压油作用使阀芯换向。

液动换向阀有换向时间不可调和可调两种结构形式。图 2-11(a) 所示为不可调式三位四通液动换向阀（O 形中位机能）。除了四个主油口 P、T、A、B 外，还设有两个控制口 K_1 和 K_2。当两个控制口都没有控制油进入时，阀芯 4 在两端弹簧 2、5 的作用下保持在中位，四个油口 P、T、A、B 互不相通。当控制油从 K_1 口进入时，阀芯在液压油的驱动下右移，使得油口 P 与 B 通，T 与 A 通。当液压油从 K_2 进入时，阀芯在液压油的作用下左移，使 P 与 A 通，T 与 B 通。当控制油从 K_1 口进入时，K_2 口的油液必须通过油管外泄至油箱，反之亦然。

在滑阀两端 K_1 和 K_2 控制油路中加装阻尼调节器，即构成可调式液动换向阀。可调式液动换向阀用于换向平稳性要求高的场合。图 2-11(b) 所示的阻尼调节器由一个钢球式单向阀 12 和一个锥阀式节流器 13 并联而成，节流器的开度通过螺纹 10 调节并用螺母 9 锁定。当控制油进入将单向阀 12 顶开后，从节流器的径向孔 11 进入控制腔 8，推动换向阀芯 7 换向。当控制腔的油液排出时，液压油将单向阀芯紧压在阀座上，油液只能从节流器的节流缝隙 14 处流出，实现回油节流。换向阀芯的换向速度取决于节流器的调定开度，即调节节流阀开口大小即可调整阀芯的动作时间。

② 电液动换向阀　是由作为先导控制阀的小规格电磁换向阀和作为主控制阀的大规格

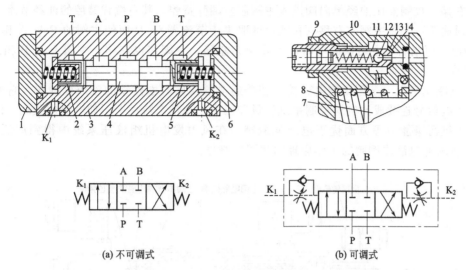

图 2-11 三位四通液动换向阀结构示意图

1,6—端盖；2,5—弹簧；3—阀体；4—阀芯；7—换向阀芯；
8—控制腔；9—螺母；10—螺纹；11—径向孔；
12—单向阀；13—锥阀式节流器；14—节流缝隙

液动换向阀组合安装在一起的换向阀，驱动主阀芯的信号来自于通过电磁阀的控制液压油（外部提供），控制液压油的流量较小，实现了小容量电磁阀控制大规格液动换向阀的阀芯换向。

图 2-12 所示为三位四通电液动换向阀，它由电磁滑阀（先导阀）和液动滑阀（主阀）复合而成。先导阀用以改变控制液压油流的方向，从而改变主阀的工作位置。主阀可以看成先导阀的"负载"，用来更换主油路液压油流的方向，从而改变执行元件的运动方向。当电磁先导阀的两个电磁铁都不通电时，先导阀阀芯在其对中弹簧作用下处于中位，来自主阀 P 口或外接油口的控制液压油不再进入主阀左右两端的弹簧腔，两弹簧腔的油液通过先导阀中位的 A、B 油口与先导阀 T 口相通，再经主阀 T 口或外接油口排回油箱。主阀芯在两端复位弹簧的作用下处于中位，主阀（即整个电液换向阀）的中位机能（O 形机能）就由主阀芯的结构决定，故此时主阀的 P、T、A、B 口均不通。如果先导阀左端电磁铁通电，则先

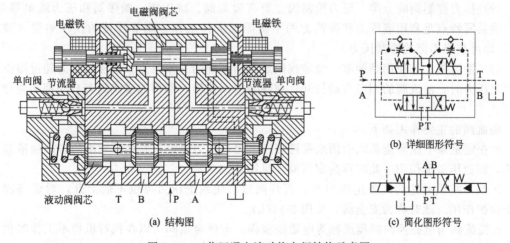

图 2-12 三位四通电液动换向阀结构示意图

导阀芯右移，控制液压油经单向阀进入主阀芯左端弹簧腔，其右端弹簧腔的油经节流器和先导阀接通油箱，于是主阀芯右移（移动速度取决于节流器），从而使主阀的 P 与 A 相通，B 与 T 相通；而当右端电磁铁通电时，先导阀芯左移，主阀芯也左移，主阀 P 与 B 相通，A 与 T 相通。

③ 电液比例阀 是用比例电磁铁代替普通电磁换向阀电磁铁的液压控制阀。它也可以根据输入电信号连续成比例地控制系统流量和压力。在动态特性上不如电液伺服阀，但在制造成本、抗污染能力等方面优于电液伺服阀，在风力发电机组液压系统中得到广泛应用。图 2-13 所示为电液比例阀的工作原理图和图形符号。

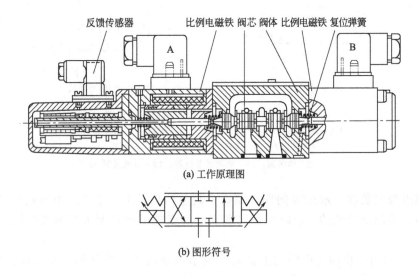

图 2-13　电液比例阀的工作原理图和图形符号

3. 压力控制阀

(1) 压力控制阀的作用　在液压系统中用来控制油液压力，或利用压力作为信号来控制执行元件和电气元件动作，简称为压力阀。这类阀的共同特点是利用油液压力作用在阀芯的力与弹簧力相平衡的原理进行工作。按压力控制阀在液压系统中的作用不同，可分为溢流阀、减压阀、顺序阀、压力继电器电液伺服阀和电液比例阀等。

(2) 压力控制阀的分类　压力控制阀主要有溢流阀、减压阀，顺序阀和压力继电器等，它们的共同特点是利用液压力和弹簧力的平衡原理进行工作，调节弹簧的预压缩量（预调力），即可获得不同的控制压力。

(3) 溢流阀　其作用是调节、稳定或限定液压系统的工作压力。当液体压力超过溢流阀的调定压力时，溢流阀的阀口自动打开，使油液溢回油箱。常用的溢流阀有直动型和先导型两种。

溢流阀的主要作用如下。

a. 在定量泵节流调速系统中用来保持液压泵出口压力恒定，并将泵输出的多余油液放回油箱，起稳压溢流作用。此时称为定压阀，见图 2-14(a)。

b. 当系统负载达到其限定压力时，打开阀口，使系统压力再也不能上升，对设备起到安全保护作用。此时称为安全阀，见图 2-14(b)。

c. 溢流阀与电磁换向阀集成称为电磁溢流阀。电磁溢流阀可以在执行机构不工作时使泵卸载，见图 2-14(c)。

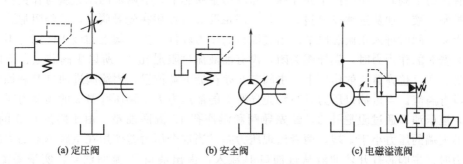

图 2-14 溢流阀工作示意图

① 直动型溢流阀 图 2-15 所示为直动式溢流阀的结构原理图及图形符号,它由阀体、阀芯(滑阀)及调压机构(调压螺钉和调压弹簧)等主要部分组成。阀体左、右两端开有溢流的进油口 P(接液压泵或被控液压油路)和出油口 T(接油箱),阀体中开有阻尼孔和泄油孔。这种阀是利用进油口的液压力直接与弹簧力相平衡来进行压力控制的。液压油从油口 P 进入阀体孔内的同时,经阻尼孔进入阀芯底部,当作用于阀芯的向上的液压作用力较小时,阀芯在弹簧力的作用下处于下端位置,油口 P 与 T 不相通。当油压升高至使阀芯底端向上的液压力大于弹簧预调力时,阀芯上升,直到阀口开启,油口 P 与 T 相通,液压油液经出油口 T 溢流回油箱,使油口 P 的压力稳定在溢流阀的调定值。通过调压螺钉 5、调压弹簧 7 的预调力,即可调整溢流压力。经阀芯与阀体孔径向间隙泄漏到弹簧腔的油液,直接通过泄油孔 8 与溢流油液一并排回油箱(内泄)。由于直动式溢流阀是通过改变调压弹簧的预调力直接控制主阀进口压力,高压时所需调节力及弹簧尺寸较大,故多用于低压系统场合。

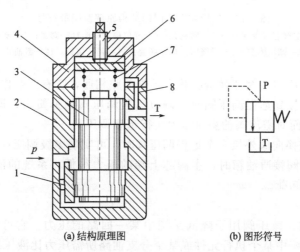

图 2-15 直动式溢流阀结构原理及图形符号图
1—阻尼孔;2—阀体;3—阀芯;4—阀盖;5—调压螺钉;
6—弹簧座;7—调压弹簧;8—泄油孔

② 先导式溢流阀 图 2-16 所示为先导式溢流阀的结构原理图及图形符号,它由先导阀(导阀芯 7 及调压弹簧 8)和主阀(主阀芯 2 及复位弹簧 4)两大部分构成,先导阀负责调压,主阀负责溢流。阀体 1 上开有进油口 P、出油口 T 和一个远程控制口 K,主阀内设有阻尼孔 3 和泄油孔 12,主阀与先导阀间设有阻尼孔 5。

这种阀的主阀启、闭受控于先导阀,即利用主阀芯上、下两端的压力差与弹簧相平衡进行压力控制。液压油从进油口P进入,通过阻尼孔3后作用在先导阀上,并经阻尼孔5流入主阀芯上端,同时进入主阀芯底端。当进油口的压力较低,先导阀上的液压作用力不足以克服调压弹簧8的作用力时,先导阀关闭,没有油液流过阻尼孔3,所以主阀芯上、下两端的压力相等,在复位弹簧4的作用下,主阀芯2处在最下端位置,溢流阀进油口P和回油口T不通,没有溢流。当进油口压力升高到先导阀上的液压力大于调压弹簧8的预调力时,先导阀打开,液压油即通过阻尼孔3,经先导阀和泄油孔12流回油箱。由于阻尼孔3的作用,使主阀芯上端的压力小于下端,两者出现压力差。当这个压力差作用在主阀芯上的力超过主阀弹簧力时,主阀芯打开,油液从进油口P流入,由出油口T流回油箱,实现溢流作用。用调压螺钉调节先导阀弹簧的预紧力,即可调节溢流阀的溢流压力。阻尼孔5可以消除主阀芯的振动,提高阀的平稳性。

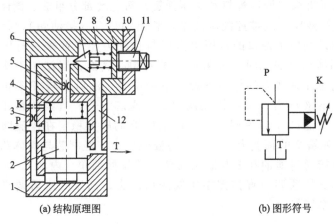

图 2-16　先导式溢流阀的结构原理及图形符号

1—阀体；2—主阀芯(滑阀)；3,5—阻尼孔；4—复位弹簧；6,10—阀盖；7—导阀芯(锥阀)；
8—调压弹簧；9—弹簧座；10—阀盖；11—调压螺钉；12—泄油孔

阀中远程控制口K与主阀芯弹簧腔和先导阀前腔相通,它有三个作用:

a. 当K通过油管接到远程调压阀时,调节远程调压阀的弹簧力,即可调节溢流阀主阀芯上端的液压力,从而对溢流阀的溢流压力实行远程调压;

b. 当K通过电磁换向阀外接多个远程调压阀时,可实现多级调压;

c. 当K通过电磁阀接通油箱时,主阀芯上端的压力很低,系统的油液在低压下通过溢流阀流回油箱,实现卸荷。

(4) 减压阀

① 减压阀的作用　减压阀用于降低系统中某一回路的压力。它可以使出口压力稳定,并且可调。当液压系统中某个执行元件或某个分支油路所需压力比液压泵供油压力低时,可通过在回路中串联一个减压阀的方法获得。

② 减压阀的分类　有直动式减压阀与先导式减压阀两类,并可与单向阀组合构成单向减压阀。

③ 直动式减压阀　通过输出的油液压力与弹簧预调力相比较,自动调节阀口的节流面积,使输出压力基本恒定。图 2-17 为直动式减压阀的结构原理图及图形符号,阀上开有三个油口:进油口 P_1、出油口 P_2 和外泄油口 L。来自高压油路的液压油从 P_1 口,经滑阀阀芯3的下端圆柱台肩与阀孔间形成常开阀口(开度 x),从 P_2 口流向低压

支路，同时通过流道 a 流入阀芯 3 的底部，产生一向上的液压作用力，该力与调压弹簧的预调力相比较。当输出压力低于阀的设定压力时，阀芯 3 处于最下端，阀口全开；当输出压力达到阀的设定值时，阀芯 3 上移，开度 x 减小，实现减压，以维持二次压力恒定。由于输出油口不随一次压力变化而变化，不同的输出压力可通过调节螺钉 7 改变调压弹簧 4 的预调力来设定。由于输出油口不接回油箱，所以外泄油口 L 必须单独接回油箱。直动式减压阀结构简单，只用于低压系统或用于产生低压控制油液，其性能也不如先导式减压阀。

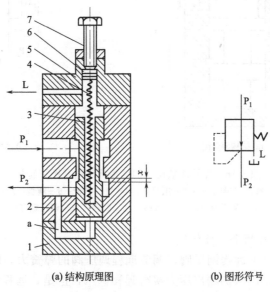

(a) 结构原理图　　　　(b) 图形符号

图 2-17　直动式减压阀的结构原理图及图形符号
1—下盖；2—阀体；3—阀芯；4—调压弹簧；
5—上盖；6—弹簧座；7—调节螺钉

④ 先导式减压阀　图 2-18 所示为先导式减压阀的结构原理图及图形符号。它由先导阀（导阀芯 7 及调压弹簧 8）和主阀（主阀芯 2 及复位弹簧 4）两大部分构成。主阀体 1 上开有两个主油口（入口 P_1 和出口 P_2）、一个远程控制口 K（遥控口）和一个外泄油孔 L。主阀内设有阻尼孔 3，主阀与先导阀之间设有阻尼孔 5。先导式减压阀的主阀口常开，开度 x 大小受控于先导阀。通过控制主阀节流口的通流面积大小，从而控制输出压力，使其基本恒定。工作时，高压液压油从 P_1 口流入，通过主阀口后经流道 a 进入主阀芯下腔，再经阻尼孔 3 进入主阀芯上腔，同时作用在导阀芯 7 上。主阀芯上、下压力差与主阀弹簧力平衡，调节调压弹簧 8 便改变了主阀上腔压力，从而调节了输出压力。当输出压力低于调压弹簧 8 的设定压力时，主阀芯 2 处在最下方，主阀口全开，即开度 x 最大，整个阀不工作，输出压力几乎与输入压力相等。当输出压力升高到先导阀上的液压力大于先导阀调压弹簧 8 的预调力时，先导阀打开，液压油就可通过阻尼孔 3，经先导阀和外泄油孔 L 流回油箱。由于阻尼孔 3 的作用，使主阀芯上端的液体压力小于下端。当此压力差作用在主阀芯上的力超过主阀弹簧力时，主阀芯 2 上移，开度 x 减小，以维持输出压力基本恒定。此时，整个阀处于工作状态：如果出口压力减小，则主阀芯 2 下移，主阀口开度 x 增大，主阀口阻力减小，亦即压降减小，使输出压力回升到设定值上；反之，则主阀芯上移，主阀口开度 x 减小，主阀口阻力增大，亦即压降增大，使输出压力下降到设定值。用调压螺钉调节先导阀弹簧的预紧力，就可调节减压阀的输出压力。阻尼孔 5 用来消除主阀芯的振动，提高其动作平稳性。

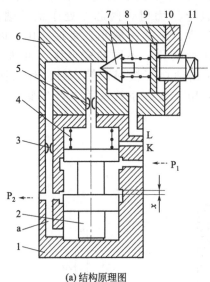 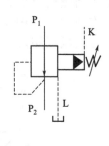

(a) 结构原理图　　　　　　　　　　(b) 图形符号

图 2-18　先导式减压阀的结构原理图及图形符号

1—主阀体；2—主阀芯（滑阀）；3,5—阻尼孔；4—复位弹簧；6—阀盖；7—导阀芯（锥阀）；
8—调压弹簧；9—弹簧座；10—阀盖；11—调压螺钉

阀中远程控制口 K 有两个主要作用。

a. 通过油管接到另一个远程调压阀，调节远程调压阀的弹簧力，即可调节减压阀主阀芯上端的液压力，从而对减压阀的输出压力实行远程调压，但是，远程调压阀所能调节的最高压力不得超过减压阀本身先导阀的调整压力。

b. 通过电磁换向阀外接多个远程调压阀，实现多级减压。

(5) 顺序阀

① 顺序阀的作用　顺序阀的主要作用是控制多个执行元件的先后顺序动作。通常顺序阀可看成二位二通液动换向阀，其开启和关闭压力可用调压弹簧设定。当控制压力达到或低于设定值时，阀可以自动打开或关闭，实现进、出口间的通断，从而使多个执行元件按先后顺序动作。

② 顺序阀的分类　顺序阀分为直动式顺序阀和先导式顺序阀两类。按照压力控制方式的不同，顺序阀分为内控式和外控式两类。顺序阀与单向阀组合可以构成单向顺序阀（平衡阀），可以防止立置液压缸及其工作机构因自重下滑。

③ 顺序阀的工作原理

a. 直动式顺序阀。图 2-19 所示为直动式内控顺序阀的结构原理图及图形符号。与溢流阀相似，阀体 3 上开有两个油口 P_1 和 P_2，但 P_2 不是接油箱，而是接二次油路（后动作的执行元件油路），故在阀盖 6 上的泄油口 L 必须单独接回油箱，而溢流阀既可内泄，也可外泄。为了减小调压弹簧 5 的刚度，阀芯（滑阀）4 下方设置了柱塞 2。系统工作时，系统压力（即一次压力）克服负载使液压缸 I 动作。如果液压缸 I 负载较小，P_1 油口的压力小于阀的调定压力，则阀芯 4 处于下方，阀口关闭。液压缸 I 的活塞左行到达其极限位置时，系统压力（即一次压力）升高。当经内部流道 a 进入柱塞 2 下端面，油液的液压力超过弹簧预调力时，阀芯 4 便上移，使一次液压油口 P_1 与二次液压油口 P_2 接通。液压泵的液压油经顺序阀口后克服液压缸 II 的负载，使其活塞向上运动，从而利用顺序阀

实现了 P_1 油口压力驱动液压缸Ⅰ和由 P_2 油口压力驱动缸Ⅱ的顺序动作。内控式顺序阀开启与否,取决于其进口压力,只有在进口压力达到弹簧设定压力时内控式顺序阀才开启。而调节进口压力可通过改变调压弹簧的预调力实现,更换调压弹簧即可得到不同的调压范围。

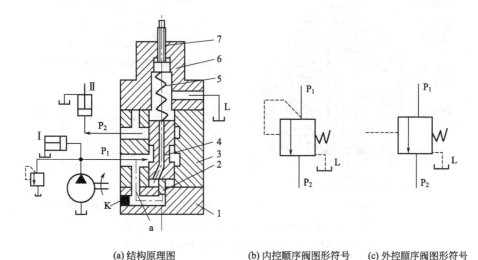

(a)结构原理图　　　　(b)内控顺序阀图形符号　　(c)外控顺序阀图形符号

图 2-19　直动式内控顺序阀的工作原理及图形符号
1—端盖;2—柱塞;3—阀体;4—阀芯;5—调压弹簧;
6—阀盖;7—调压螺钉;Ⅰ,Ⅱ—液压缸

b.先导式顺序阀。与先导式溢流阀相似,先导式顺序阀也是由主阀和先导阀两部分组成,只要将直动式顺序阀的阀盖和调压弹簧去除,换上先导阀和主阀芯复位弹簧,即可组成先导式顺序阀。先导式顺序阀的工作原理与先导式溢流阀的工作原理基本相同,只是顺序阀的出油口接负载,而溢流阀的出油口接油箱。图 2-20 所示是先导式顺序阀的图形符号。

c.单向顺序阀(平衡阀)　图 2-21(a)为直动式单向顺序阀(管式连接)的结构图,它由直动式顺序阀和单向阀两部分构成。其顺序阀部分的结构与工作原理和顺序阀相似,也为内控方式。通过改变底盖的安装方向,也可变为外控方式。单向阀的阀芯为锥阀结构。当液压油从进油口 P_1 流入,出油口 P_2 流出时,单向阀关闭,顺序阀工作;反之,当液压油从 P_2 流入,P_1 流出时,单向阀开启,顺序阀关闭。

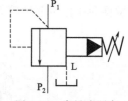

图 2-20　先导式顺序阀的图形符号

对于先导式顺序阀,通过增设可选单向阀,可构成先导式单向顺序阀。图 2-21(b)、(c)所示为先导式顺序阀的图形符号。

(6)压力继电器

① 压力继电器的作用　压力继电器是利用液体压力来启闭电气触点的液电信号转换元件,用于当系统压力达到压力继电器设定压力时发出电信号,控制电气元件动作,实现系统的工作程序切换。

② 压力继电器的分类　压力继电器通常由压力-位移转换的机构和电气微动开关两部分组成。按照压力-位移转换的机构不同,压力继电器分为柱塞式压力继电器、薄膜式压力继电器和弹簧管式压力继电器等类型。其中柱塞式压力继电器应用较为广泛。按照微动开关的

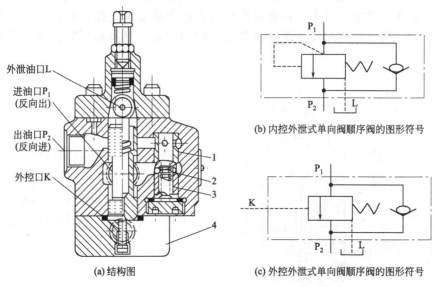

图 2-21 直动式单向顺序阀的结构图和图形符号
1—单向阀座；2—单向阀弹簧；3—单向阀芯；4—底座

结构不同，压力继电器分为单触点式压力继电器和双触点式压力继电器，其中单触点式压力继电器应用较多。

③ 压力继电器的工作原理

a. 柱塞式压力继电器。如图 2-22 所示，当从控制油口 P 进入柱塞 1 下端的油液的压力达到弹簧预调力设定的开启压力时，作用在柱塞上的液压力克服弹簧力，顶杆 2 上移，使微动开关 4 的触头闭合，发出相应的电信号。同样当油液压力下降到闭合压力时，柱塞 1 在弹簧力作用下复位，顶杆 2 则在微动开关 4 触点弹簧力作用下下移复位，微动开关也复位。调节螺钉 3 可调节弹簧预紧力，即压力继电器的启、闭压力。柱塞式压力继电器结构简单，但灵敏度和动作可靠性较低。

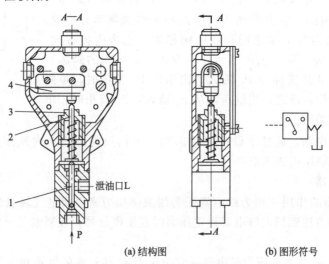

图 2-22 柱塞式压力继电器结构示意图
1—柱塞；2—顶杆；3—调节螺钉；4—微动开关

b. 薄膜式（又称膜片式）压力继电器。如图 2-23 所示，当控制油口 P 中的油液压力达到弹簧 10 的设定值时，液压力通过薄膜 2 使柱塞 3 上移，柱塞 3 压缩弹簧 10 至弹簧座 9 极限位置为止。同时，柱塞 3、钢球 4 和 6 水平移动，钢球 4 使杠杆 1 绕销轴 12 转动，杠杆的另一端压下微动开关 14 的触点，发出电信号。调节螺钉 11 可调节弹簧 10 的预紧力，即可调节发出信号的液压力。当控制油口 P 压力降低到定值时，弹簧 10 通过钢球 8 将柱塞 3 压下，钢球 6 通过弹簧 5 的力使柱塞定位，微动开关触点的弹簧力使杠杆 1 和钢球 4 复位，电路切换。薄膜式压力继电器的位移小、反应快、重复精度高。

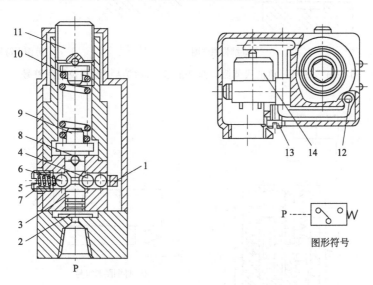

图 2-23　薄膜式（膜片式）压力继电器结构示意图
1—杠杆；2—薄膜；3—柱塞；4,6,8—钢球；
5,10—弹簧；7,11—调节螺钉；9—弹簧座；
12—销轴；13—连接螺钉；14—微动开关

4. 流量控制阀

（1）流量阀的作用　在液压系统中用来控制液体流量的阀统称为流量控制阀，简称为流量阀。它是靠改变控制口的大小调节通过阀的液体流量，以改变执行元件的运动速度。

（2）流量阀的分类　流量控制阀包括节流阀、调速阀和分流集流阀等。其中节流阀是结构最简单、应用最广泛的流量控制阀。

（3）流量阀的工作原理

① 节流阀的工作原理　图 2-24 所示为轴向三角槽式节流口型普通节流阀。阀体上开有进油口和出油口，阀芯端部开有轴向三角槽式节流通道，油液从进油口流入，经三角槽节流后从出油口流出，通向执行元件或油箱。通过外部调节机构使阀芯做轴向移动，即可改变节流口的通流面积，实现流量的调节。通过节流阀的流量通过调节节流口的通流面积获得。在通流面积调节好后，由于受工作负载变化（即节流阀出口压力）的影响，节流阀前后的压差也在变化，使流量不稳定，不能保证执行元件运动速度的稳定。因此，节流阀只能用于工作负载变化不大和速度稳定性要求不高的场合。

② 调速阀的工作原理　调速阀是为了克服节流阀因前后压差变化影响流量稳定的缺陷而发展的一种流量阀。普通调速阀由节流阀与定差减压阀串联复合而成，其中节流阀

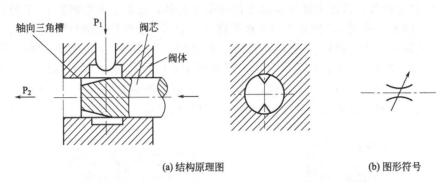

(a) 结构原理图　　　　　　　　　　　　(b) 图形符号

图 2-24　轴向三角槽式节流口型普通节流阀的结构原理及图形符号

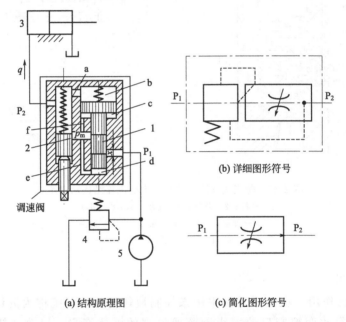

(a) 结构原理图　　　　　(c) 简化图形符号

图 2-25　调速阀的结构原理图和图形符号
1—减压阀；2—节流阀；3—液压缸；4—溢流阀；5—液压泵

用于调节通流面积（即通过流量），减压阀用于压力补偿，以保证节流阀前后压差恒定，从而保证通过节流阀的流量和执行元件速度的恒定。图 2-25 所示为调速阀的结构原理图和图形符号。在调速阀中，一般减压阀串接在节流阀之前。如图 2-25 所示，整个调速阀有两个外接油口，液压泵的供油压力即调速阀的进口压力 p_1 由溢流阀 4 调定后基本不变，p_1 经减压阀口降至 p_m，并分别经流道 f 和 e 进入 c 腔和 d 腔，作用在减压阀芯下端；节流阀阀口又将 p_m 降至 p_2，在进入液压缸 3 的无杆腔驱动负载的同时，通过流道 a 进入弹簧腔 b，作用在减压阀 1 阀芯上端，从而使作用在减压阀阀芯上、下两端的油液压力与阀芯上的弹簧力 F_S 相比较，产生压差 $\Delta p = p_m - p_2$。由于弹簧很软，且工作过程中减压阀芯位移很小，故可认为弹簧力 F_S 基本保持不变，所以节流阀压差 $\Delta p = p_m - p_2$ 也基本不变，从而保证了节流阀开口面积一定时流量的稳定，最终保证所要求的液压缸输出速度稳定，使其不受负载变化的影响。

(三) 液压缸

液压缸是液压系统的执行元件,是将输入的液压能转变为机械能的能量转换装置,它可以很方便地获得直线往复运动。它依靠压力油液驱动与其外伸杆相连的工作机构运动而做功。

1. 液压缸的分类

液压缸在工厂里经常称为油缸,是液压技术中应用最广的执行元件。液压缸种类繁多,一般按其结构特点分为活塞式、柱塞式和组合式三类;按作用方式又可分为单作用式和双作用式。常用液压缸的图形符号见表 2-5。

表 2-5 常用液压缸的图形符号

类型	活塞式液压缸		柱塞式液压缸	组合式液压缸	
	双杆活塞缸	单杆活塞缸		增压缸	双作用伸缩缸
图形符号					

2. 液压缸的工作原理

液压系统中常用液压缸为活塞式。变桨距风力发电机组中液压系统的液压缸有时采用差动连接,见图 2-26。差动连接是指把单活塞杆液压缸两腔连接起来,同时通入压力油。由于活塞两侧有效面积 A_1 与 A_2 不相等,便产生推力差。在此推力差的作用下,活塞杆伸出,此时有杆腔排出的油液 q_1 与泵供油 q 一起以 q_2 的流量进入无杆腔,增加了无杆腔的进油量,提高了无杆腔进油时活塞(或缸体)的运动速度。

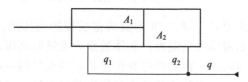

图 2-26 液压缸的差动连接示意图

3. 液压缸的性能特点

液压缸具有结构简单、工作可靠、使用维护方便的优点,在各类机械的液压系统中应用广泛。

液压缸的常用性能参数有压力、流量以及输出推力和运动速度。其中,液压缸的工作压力是由负载决定的液压缸实际运行压力;公称压力是液压缸能用以长期工作的压力;最高允许压力是液压缸在瞬间所能承受的极限压力。

(四) 液压辅助元件

液压系统中的辅助元件包括油管、管接头、蓄能器、过滤器、油箱、密封件、冷却器、加热器、压力表和压力表开关等。

1. 蓄能器

(1) 蓄能器的作用 蓄能器是液压系统中储存和释放液体压力能的装置。当系统的压力高于蓄能器内液体的压力时,系统中的液体充进蓄能器中,直到蓄能器内外压力相等;

反之，当蓄能器内液体压力高于系统的压力时，蓄能器内的液体流到系统中去，直到蓄能器内外压力平衡。蓄能器可作为辅助能源和应急能源使用，还可吸收压力脉动和减少液压冲击。

（2）蓄能器的分类　按储能方式不同，蓄能器主要分为重力加载式蓄能器、弹簧加载式蓄能器和气体加载式蓄能器三种类型。

重力加载式蓄能器是利用重锤的位能变化来储存、释放能量，常用于大型固定设备中。

弹簧加载式蓄能器是利用弹簧构件的压缩和变形来储存、释放能量，常在低压系统中作缓冲之用。

气体加载式蓄能器应用较多，利用压缩气体（通常为氮气）储存能量，主要有活塞式、囊式和隔膜式等结构形式，其中囊式应用最为广泛。图 2-27 所示为常用蓄能器的剖面图和图形符号。

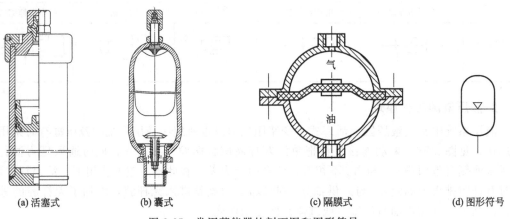

(a) 活塞式　　(b) 囊式　　(c) 隔膜式　　(d) 图形符号

图 2-27　常用蓄能器的剖面图和图形符号

（3）囊式蓄能器的结构原理　图 2-28 为囊式蓄能器的结构图，主要由壳体、囊、进油阀和充气阀等组成，气体和液体由囊隔离。壳体通常为无缝耐高压的金属外壳。囊用丁腈橡胶、丁基橡胶、乙烯橡胶等耐油、耐腐蚀橡胶作原料，与充气阀一起压制而成。进油阀是一个由弹簧加载的菌形提升阀，用来防止油液全部排出时气囊挤出壳体之外而损伤。充气阀用于蓄能器工作前为囊充气，蓄能器工作时则始终关闭。囊式蓄能器具有惯性小、反应灵敏、

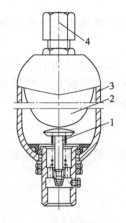

图 2-28　囊式蓄能器结构示意图
1—进油阀；2—囊；3—壳体；4—充气阀

尺寸小、重量轻、安装容易、维护方便等优点。

2. 过滤器

液压油中含有杂质是造成液压系统故障的重要原因。因为杂质的存在，会引起相对运动的零件急剧磨损、划伤，破坏配合表面的精度。颗粒过大的杂质甚至会使阀芯卡死。节流阀节流口以及各阻尼小孔堵塞，造成元件动作失灵，影响液压系统的工作性能，甚至使液压系统不能工作。因此，保持液压油的清洁是液压系统能正常工作的必要条件。

过滤器的作用是净化油液中的杂质，防止油液污染。

过滤器分为表面型、深度型和磁性三类。表面型过滤器有网式过滤器、线隙式过滤器；深度型过滤器有纸芯式过滤器、烧结式过滤器；磁性过滤器可将油液中对磁性敏感的金属颗粒吸附在上面，常与其他形式滤芯一起制成复合式过滤器。图2-29所示为过滤器的剖面图和图形符号。

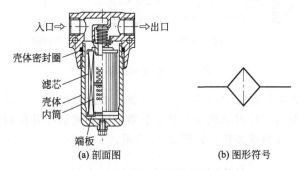

图2-29 过滤器的剖面图和图形符号

3. 油箱

油箱是液压油的储存器。油箱可分为总体式和分离式两种结构。总体式结构利用设备机体空腔作油箱，散热性不好，维修不方便。分离式结构布置灵活，维修保养方便。

油箱的作用如下：

① 储存一定数量的油液，以满足液压系统正常工作所需要的流量；

② 冷却油液，使油液温度控制在适当范围内；

③ 分离油液，在油箱中放置的油液可逸出空气，从而清洁油液。

油液在循环中还会产生污物，可在油箱中沉淀杂质。图2-30所示为油箱的剖面图和图

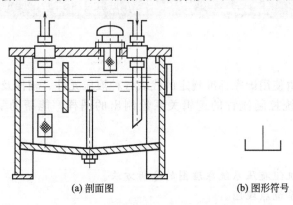

图2-30 油箱的剖面图和图形符号

形符号。

4. 热交换器

（1）冷却器　液压系统中的油液在系统中工作时，会使油液温度升高，黏度下降，泄漏增加。若长时间油温过高，将造成密封老化，油液氧化，严重影响系统正常工作。为保证正常工作温度，需要在系统中安装冷却器。液压系统中常用的冷却器均采用表面式换热器，有风冷式和水冷式两种。图 2-31 所示为管式水冷却器的剖面图和图形符号。

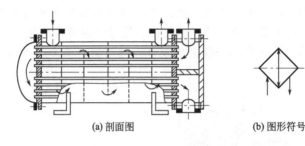

(a) 剖面图　　　　　(b) 图形符号

图 2-31　管式水冷却器

（2）加热器　液压系统在低温环境下油温过低，油液黏度过大，设备启动困难，压力损失加大并引起较大的振动。此时系统应安装加热器，将油液温度升高到合适的温度，风力发电场多用电加热方式进行油液加热。如图 2-32 所示。

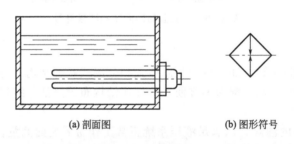

(a) 剖面图　　　　　(b) 图形符号

图 2-32　电加热器

任务二　液压系统原理图分析

一、任务引领

液压系统原理图由使用国家标准规定的代表各种液压元件、辅件及连接形式的图形符号组成，是按照液压系统控制流程的逻辑关系绘制出的图样，能帮助掌握液压系统的工作原理。

【学习任务要求】

1. 掌握风力发电机组液压系统原理图的分析方法。
2. 学会识读液压系统原理图。
3. 清楚风力发电机组液压系统图的组成元件。

【思考题】

1. 各类液压元件的图形符号是否认识？
2. 能否读懂液压系统图？如何来读？
3. 尝试阅读定桨与变桨风力发电机组液压系统简图。

二、相关知识学习

（一）概述

液压系统是由液压元件和液压回路构成的，用以控制和驱动液压机械完成所需工作的整个传动系统。

我国目前执行的液压图形符号标准是 GB/T 786.1—2009《液体传动系统及元件图形符号和回路图　第1部分：用于常规用途和数据处理的图形符号》，它规定了液压元件标准图形符号和绘制方法。

（二）液压系统原理图的分析方法

液压系统原理图中，各元件及其连接与控制方式均采用国家标准（GB/T 786.1）规定的图形符号绘出。对一个确定的液压系统进行分析，主要是识读液压系统原理图，其方法步骤如下：

① 了解液压机械（主机）的功能、结构、工作过程及对液压系统的主要要求；
② 查阅组成液压系统原理图中的所有元件及其连接关系，分析它们的作用及其组成回路的功能；
③ 分析液压系统工作原理（各工况下系统的油液流动路线）；
④ 归纳液压系统的特点。

分析液压系统时的注意事项如下。

① 应对液压泵、液压执行元件、液压控制阀及液压辅助装置等各种液压元件的结构原理有所了解。
② 可借助主机动作循环图和动作循环表或用文字，叙述其油液流动路线。
③ 分清主油路和控制油路。主油路的进油路起始点为液压泵压油口，终点为执行元件的进油口。主油路的回油路起始点为执行元件的回油口，终点为油箱（开式循环油路）或执行元件的进油口（液压缸差动回路）或液压泵吸油口（闭式循环油路）。控制油路也应弄清来源与控制对象。

（三）液压系统图阅读示例

图2-33为一简单液压系统工作原理图。当电动机带动液压泵运转时，液压泵从油箱经滤油器吸油，并从其排油口排油，也就是把经过液压泵获得了液压能的油液排入液压系统中。在图中所示状态下，即换向阀位于中位时，液压泵排出的油液经排油管、节流阀、换向阀P口、O口，最后流回油箱。

如果把换向阀手把推向左位，则该阀阀芯把P、A两口接通，同时，把B、O两口接通，液压泵排出的油液经P、A两口流至液压缸上腔；同时，液压缸下腔的油液经B、O两口流回油箱。这样液压缸上腔进油，下腔回油，活塞向下运动。当活塞向下运动到液压缸下端极限位置时，运行停止，然后可根据需要使溢流阀保压停止，或使活塞杆返回原位。

如果需要活塞杆向上运动返回原位，则应把换向阀手把推向右位，这时，P、B两口接通，液压泵排出的油液经P、B两口流至液压缸下腔；同时，液压缸上腔的油液经A、O两口流回油箱。这样液压缸下腔进油，上腔回油，活塞在下腔油压的作用下，连同活塞杆一起向上运动,返回原位。

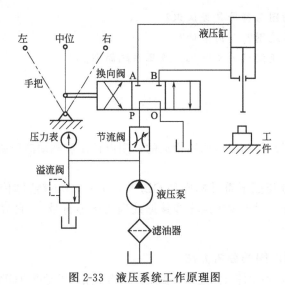

图 2-33 液压系统工作原理图

任务三 风力发电机组的液压系统认知

一、任务引领

风力发电机组的液压系统根据对桨叶的控制方式不同,可分为定桨距液压系统和变桨距液压系统。本任务简单介绍两种系统的工作原理和组成。

【学习任务要求】

1. 掌握定、变桨距风力发电机组液压系统的工作过程。
2. 学会识读定、变桨距风力发电机组液压系统原理图。
3. 清楚定、变桨距风力发电机组液压系统的组成元件。
4. 了解变桨距风力发电机组液压系统的调试内容。
5. 熟悉变桨距风力发电机组液压系统的维护项目。
6. 知道变桨距风力发电机组液压系统维护注意事项。

【思考题】

1. 液压系统在风力发电机组上什么地方使用?作用是什么?
2. 风力发电机组液压系统基本组成元件有哪些?定桨与变桨液压系统有什么不同?
3. 结合图纸分析定、变桨风力发电机组液压系统的动作过程。
4. 变桨距液压系统如何调试?依据是什么?
5. 变桨距液压系统需要做哪些维护?

二、相关知识学习

(一) 定桨距风力发电机组的液压系统

定桨距风力发电机组的液压系统实际上是制动系统的执行机构,主要用来执行风力发电机组的开、关机指令。通常它至少由两个压力保持回路组成，一路供给叶尖扰流器，另一路供给机械刹车机构。这两个回路的工作任务是使机组运行时制动机构始终保持一定压力。当需要停机时，两回路中的常开电磁阀先后失电，叶尖扰流器一路液压油被泄回油箱，叶尖动作；稍后，机械刹车一路液压油进入刹车液压缸，驱动制动钳，使叶轮停止转动。在两个回路中各装有两个压力传感器，以指示系统压力，控制液压泵站补充液压油和确定刹车机构的工作状态。

图 2-34 所示为某定桨距风力发电机组的液压系统工作原理图。该系统由三组回路组成：左侧是空气动力制动压力保持回路，中间为主传动制动回路，右侧为偏航系统制动回路。

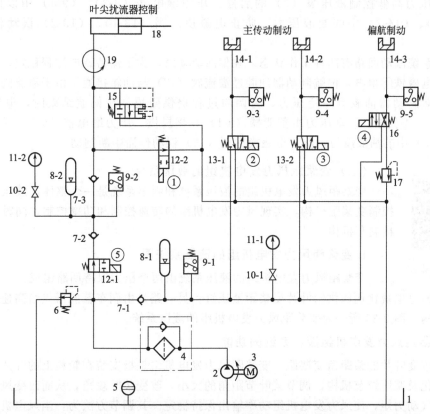

图 2-34　定桨距风力发电机组的液压系统工作原理
1—油箱；2—液压泵；3—电动机；4—滤油器；5—油位指示器；6—溢流阀；7—单向阀；
8—蓄能器；9—压力继电器；10—压力表开关；11—压力表；12,13,16—电磁换向阀；
14—制动器；15—突开阀；17—溢流阀；18—液压缸；19—旋转接头

当风力发电机组运行时，液压系统开机后，电磁换向阀（12-2）电磁铁①带电，液路断开。压力油经液压泵（2）、滤油器（4）、电磁换向阀（12-1）、单向阀（7-2）进入蓄能器（8-2），并通过单向阀（7-3）和旋转接头（19）进入控制叶尖扰流器液压缸。当蓄能器压力达到设定值时，压力继电器（9-2）动作，电磁换向阀（12-1）电磁铁⑤带电，液路断开，回路压力由蓄能器保持，并且液压缸上的弹簧钢索拉住叶尖扰流器，使之与叶片主体保持相一致的结合。

当风力发电机停车时，电磁换向阀（12-2）电磁铁①失电，控制叶尖扰流器液压缸油液经过电磁换向阀（12-2）流回油箱，使叶尖扰流器在离心力作用下偏离叶片主体相应的角度。溢流阀（6）用来限制系统最高压力。

在液压系统中还设有一个完全独立于控制系统、用于安全保护的紧急停机装置。在控制叶尖扰流器的油路上，并联了一个受压力控制可突然开启的突开阀（15）（突开阀在压力失去后也不能自动关闭）。作用在叶尖扰流器上的离心力与风轮转速的二次方成正比。风轮超速时，液压缸中的压力迅速升高，达到设定值时，突开阀被打开，压力油流回油箱，叶尖扰流器在离心力的作用下迅速脱离叶片主体，旋转90°成为阻尼板，使机组在控制系统或检测系统或电磁阀失效的情况下得以安全停机。

电磁换向阀（13-1）、（13-2）分别控制两个主传动制动器压力油的进出，从而控制制动器动作。该回路中工作压力由蓄能器（8-1）保持，压力继电器（9-1）根据蓄能器（8-1）的压力高低控制液压泵（2）的启停。压力继电器（9-3）、（9-4）用以监视制动器（14-1）、（14-2）中的油液压力，防止电磁换向阀（13-1）、（13-2）误动作而中断制动。

偏航系统制动回路有两种工作状态。在偏航驱动时，为了保持调向过程稳定，电磁换向阀（16）电磁铁④得电，偏航制动器油腔经溢流阀（17）与油箱接通。由于溢流阀（17）的作用，偏航制动器油腔有一定压力，为调向过程提供阻尼。在偏航结束时，电磁换向阀（16）电磁铁④失电，制动压力由蓄能器（8-1）直接提供。压力继电器（9-5）用以监视制动器（14-3）中的油液压力，防止电磁换向阀（16）误动作而中断制动。

（二）变桨距风力发电机组的液压系统

变桨距风力发电机组的液压系统和刹车系统是一个整体，液压系统主要控制变桨距机构，实现风力发电机组的转速控制和功率控制，同时也控制机械刹车机构。

1. 变桨距风力发电机组的液压系统图

变桨距液压系统

变桨距风力发电机组的液压系统由两个压力保持回路组成：一路是由变桨蓄能器通过电液比例阀供给叶片变桨距液压缸；另一路是由刹车蓄能器供给高速轴上的机械刹车机构。图2-35所示为变桨距风力发电机组的液压系统。

2. 变桨距风力发电机组液压系统的功能

（1）改变叶片的桨距角变桨距　变桨距风力发电机组是指安装在轮毂上的叶片可以通过风速的变化及桨距调节机构，调节桨叶节距角的大小，改变桨叶攻角，从而改变风力发电机组获得的气动力矩，使风力发电机组功率输出保持稳定。其调节方法为：当风电机组达到启动条件时，控制系统指令将桨距角调到合适的角度，改善启动条件；当转速达到一定时，再调节到0°，直到风力机达到额定转速并网发电。在运行过程中，当输出功率小于额定功率时，桨距角保持在0°位置不变，不做任何调节；当发电机输出功率达到额定功率以后，调节系统根据输出功率的变化调整桨距角的大小，使发电机的输出功率保持在额定功率。

（2）高速轴刹车的控制　当转速超越上限发生飞车时，发电机自动脱离电网，桨叶打开，实行软刹车，液压制动系统动作——刹车，使桨叶停止转动，调向系统将机舱整体偏转90°侧风，对整个塔架实施保护。

3. 图2-35所示变桨距风力发电机组液压系统的工作过程

（1）动力部分　动力部分由电动机（7）、液压泵（5）、油箱（1）及其附件组成。

液压泵由电动机带动。油液被液压泵抽出后，通过滤油器（10）和单向阀（11-1）进入蓄能器（16-1）。液压泵的起动和停止由压力传感器（12）的信号控制。当液压泵停止时，

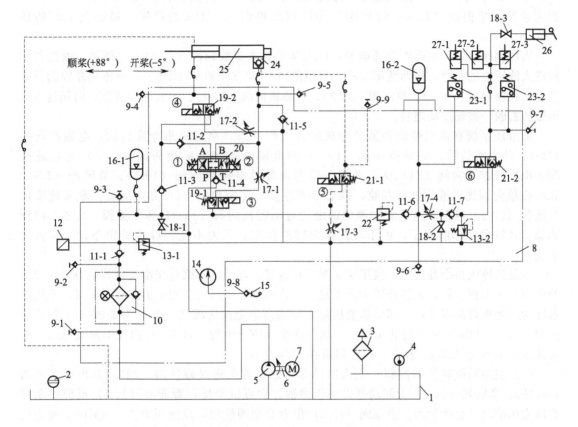

图 2-35 变桨距风力发电机组的液压系统

1—油箱；2—油位开关；3—空气滤清器；4—温度传感器；5—液压泵；6—联轴器；7—电动机；8—主阀块；9—压力测试口；10—滤油器；11—单向阀；12—压力传感器；13—溢流阀；14—压力表；15—压力表接口；16—蓄能器；17—节流阀；18—截止阀；19,21—电磁换向阀；20—比例阀；22—减压阀；23—压力继电器；24—液控单向阀；25—液压缸；26—手动活塞泵；27—制动器

系统由蓄能器保持压力。系统的工作压力设定为 13.0～14.5MPa，当系统压力降至 13.0MPa 以下时，液压泵起动，当系统压力升至 14.5MPa 时，液压泵停止。风机处在运行状态、暂停状态和停机状态时，液压泵根据压力传感器的信号而自动起停。在紧急停机状态时，液压泵会因电动机迅速断路而立即停止工作。

溢流阀（13-1）作为安全阀使用。截止阀（18-1）用于放出蓄能器中的油液。液位开关（2）可以在液位过低时报警。温度传感器（4）可以监测油温，当油温高于设定值时报警，当油温低于允许值时报警并停机。空气滤清器（3）用于向油箱加油和过滤空气。

(2) 变距机构的控制

a. 液压系统在风机运行和暂停时的工作状态　液压系统在风机运行和暂停时，电磁换向阀（19-1）的电磁铁③、电磁换向阀（19-2）的电磁铁④和电磁换向阀（21-1）的电磁铁⑤通电。压力油经过电磁换向阀（21-1）进入液控单向阀（24）的控制口，使液控单向阀可以双向通油。

当比例阀（20）电磁铁②通电时，压力油经过电磁换向阀（19-1）、比例阀、单向阀（11-2）、电磁换向阀（19-2）进入液压缸（25）的左腔，推动活塞右移，桨距角向

−5°方向调节（开桨）。液压缸右腔的油液通过液控单向阀、比例阀和单向阀（11-4）回到油箱。单向阀（11-4）的作用是为比例阀提供 0.1MPa 的背压，增加其工作的稳定性。

当比例阀（20）电磁铁①通电时，压力油经过电磁换向阀（19-1）、比例阀、液控单向阀进入液压缸的右腔，推动活塞左移，桨距角向＋88°方向调节（顺桨）。液压缸左腔的油液通过电磁换向阀（19-2）、单向阀（11-3）、电磁换向阀（19-1）、比例阀、液控单向阀进入液压缸的右腔，实现差动连接。

b. 液压系统在风机停机和紧急停机时的工作状态　当停机指令发出后，电磁换向阀（19-1）的电磁铁③、电磁换向阀（19-2）的电磁铁④和电磁换向阀（21-1）的电磁铁⑤失电，液控单向阀（24）反向关闭。压力油经过电磁换向阀（19-1）、节流阀（17-1）和液控单向阀进入液压缸的右腔，推动活塞左移，桨距角向＋88°方向运动。顺桨速度由节流阀（17-1）控制。液压缸左腔的油液通过电磁换向阀（19-2）和节流阀（17-2）回到油箱。在这种工作状态下，由于液控单向阀的作用，风力不能将叶片桨距角向−5°方向运动。

当紧急停机指令发出后，液压泵立即停止运行。叶片的顺桨功能由蓄能器（16-1）提供的压力油来实现。如果蓄能器压力油不足，叶片的顺桨由风的自变距力完成。此时，液压缸右腔的油液来自两部分：一部分从液压缸左腔通过电磁换向阀（19-2）、节流阀（17-2）、单向阀（11-5）和液控单向阀进入；另一部分从油箱经单向阀（11-5）和液控单向阀进入。顺桨速度由节流阀（17-2）控制，一般限定在 9°/s 左右。

（3）主传动制动器的控制　进入制动器的油液首先通过减压阀（22），其出口压力为 4.4MPa。蓄能器（16-2）为制动器提供压力油，它可以确保在蓄能器（16-1）或液压泵没有压力的情况下也能制动。溢流阀（13-2）作为安全阀使用，设定压力为 5.4MPa。截止阀（18-2）用于放出蓄能器中的油液。压力继电器（23-1）用以监视蓄能器中的油液压力，当蓄能器中的油液压力降到 3.4MPa 时，制动并报警。

当电磁换向阀（21-2）的电磁铁⑥断电时，减压阀的供油经单向阀（11-6）、节流阀（17-4）、单向阀（11-7）和电磁换向阀（21-2），蓄能器的供油经节流阀（17-4）、单向阀（11-7）和电磁换向阀（21-2），共同进入制动器液压缸，实现风机制动。节流阀（17-4）可以调节制动速度。

当电磁换向阀（21-2）的电磁铁⑥通电时，制动器液压缸中的油液经电磁换向阀（21-2）流回油箱，制动器松开。压力继电器（23-2）用以监视制动器中的油液压力，防止电磁换向阀（21-2）错误动作而中断制动。

液压系统备有手动活塞泵（26），在系统不能正常加压时，用于制动风力发电机组。

(三) 变桨距风力发电机组液压系统的调试

把风机设置为服务模式，并在控制器面板上选择"液压测试"。

1. 液压泵调试

① 在测点 M3 处安装数字压力表。
② 检查液压系统是否有泄漏。
③ 检查压力表和控制器显示屏的液压值是否相等，并在控制器显示屏上选择"Hyd. Auto"。
④ 打开/关闭可调式节流阀（编号 18.1），检查起动和停机时压力表和控制器显示屏的液压值是否在设定范围 180～200bar 内，当压力低于 180bar 时，液压泵起动，直到压力达

到 200bar，液压泵停止。

⑤ 在测点 M6 处安装数字压力表，检查刹车系统工作压力是否为 44bar，若低于该值，则停机检查。

2. 变桨蓄能器（16-1）的调试

① 测量变桨蓄能器（16-1）的压力，如不能维持变桨蓄能器（16-1）的压力在设定范围内，须停机检查。如认为有必要给变桨蓄能器充氮，则应将其充到额定值。

② 变桨蓄能器充氮后，用检漏喷雾器检查冲氮填充阀是否泄漏。若有泄漏，须处理后再进行冲氮并做检查。

3. 刹车蓄能器（16-2）的调试

① 测量刹车蓄能器（16-2）的压力，如不能维持刹车蓄能器（16-2）的压力在设定值，须停机检查。如认为有必要给刹车蓄能器充氮，则应将其充到额定值。

② 变桨蓄能器充氮后，用检漏喷雾器检查充氮填充阀是否泄漏。若有泄漏，须处理后再进行充氮并做检查。

4. 油箱油位检查

① 风机设置为停止或暂停状态。

② 通过油箱玻璃油位计检查油箱油位是否在玻璃油位计的 3/4 位置处，若不在，补充油量。

5. 安全阀的调试

① 根据安全阀动作压力进行调试。

② 检查安全阀的功能。

③ 检查完毕后，返回自动状态。

6. 液压装置的调试

① 进行开机/停机操作，检查系统压力是否保持在设定值范围。

② 用电压表测试电磁阀的工作电压是否保持在设定值范围。

7. 变桨系统调试

在进行变桨系统调试时，应先拆下变桨系统的安全固定锁，同时把风机设置为服务模式。

为消除风叶上的风载荷，下列测试必须在风机偏离主风向 90°的情况下进行。

变桨系统的变桨速率由控制器（VMP）计算得出。以 0°桨距角度为参考点，其控制电压和变桨速度的关系见图 2-36。

（1）比例阀的调试

① 在控制器面板上选择"调试模式"。

② 在控制器面板上选择不同的叶片桨距角度。

③ 在控制器面板上确定不同的叶片桨距角度对应的电压值。

④ 检查叶片桨距角度与电压值是否对应，如果超出范围，需调整位置传感器。

（2）变桨系统的测试　此测试目的是测试和标定变桨控制电压和变桨速度的关系。

① 正偏移测试

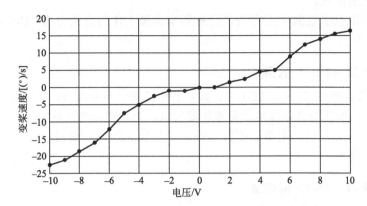

图 2-36　控制电压和变桨速度的关系

a. 在控制器面板上选择"正偏移测试"。
b. 确定控制电压。
c. 控制器面板上显示实际变桨速度（实际变桨速度必须在设定值范围内）。
d. 测试完成时，桨距角回到参考值。
e. 按〈Esc〉停止测试。

② 负偏移测试

a. 在控制器面板上选择"负偏移测试"。
b. 确定控制电压。
c. 控制器面板上显示实际变桨速度（实际变桨速度必须在设定值范围内）。
d. 测试完成时，桨距角回到参考值。
e. 按〈Esc〉停止测试。

③ 正弦测试

a. 在控制器面板上选择"正弦测试"。
b. 桨距角参考值以 60s 为周期按正弦规律变化，叶片桨距角在 −3°～83° 间有规则地变化。
c. 控制器面板上显示实际变桨速度与其参考值。
d. 检查叶片桨距角的变化是否平坦、有规则。
e. 按〈Esc〉停止测试。

④ 超速试验（VOG）

a. 进行超速试验（VOG）时，风速应大于 6.5m/s。
b. 将所有过速保护的设定值改为正常值的 2 倍，以免这些保护先动作。
c. 将发电机并网转速调至 3000r/min。
d. 调整好突开阀后，启动风力发电机组。当风力发电机组转速达到额定转速的 125% 时，空气动力刹车动作，使风轮转速迅速降低。
e. 读出最大风轮转速和风速值。
f. 试验正常时，将转速设置改为设定值。

（四）变桨距风力发电机组液压系统的维护

1. 油位、油质检查

① 油位的检查原则为开始运行 6 个月后进行一次检查，以后每年进行一次检查。油样

检查原则为每年须进行一次油样分析。

② 油位、油质检查时，风机应设置为停止或暂停状态。

③ 通过油箱玻璃油位计检查油箱油位是否在玻璃油位计的 3/4 位置处。若不在，补充油量。

2. 过滤器

① 过滤器的更换原则为每年更换一次或过滤器的压差大于规定值。

② 更换过滤器时，必须将过滤器内的油清空。

③ 安装新过滤器时，应打开可调式节流阀并使液压油泵连续工作 15s 以上，以及在关闭可调式节流阀情况下变桨两次，以排出系统中的空气。

3. 泄漏检查

原则上为每 6 个月检查一次系统的泄漏情况。

4. 液压泵检查

液压泵的检查原则为每年进行一次。

5. 安全阀检查

① 开始运行 3 个月后进行一次检查，以后每年进行一次检查。

② 启动液压泵。

③ 检查安全阀压力达到规定值时是否动作。若不动作，则需对安全阀进行调整，直至其合格为止。

6. 变桨蓄能器的检查

① 开始运行 3 个月和 6 个月后各进行一次检查，以后每年进行一次检查。

② 测量变桨蓄能器的压力，如不能维持变桨蓄能器的压力在设定范围内，须停机检查。

③ 变桨蓄能器充氮后，用检漏喷雾器检查充氮填充阀是否泄漏。若有泄漏，须处理后再进行充氮并做检查。

④ 变桨蓄能器充压时，应先打开可调式节流阀释放蓄能器的压力。当该压力降为零时，给蓄能器充压，在 20℃时。

7. 刹车回路压力的检查

① 刹车回路压力的检查原则为每年进行一次。

② 在测点 M6 处安装数字压力表。

③ 启动液压泵。

④ 检查数字压力表的读数是否为设计值，否则应调节可调式节流阀，直到压力表的读数为设计值。

8. 压力传感器的检查

① 压力传感器的检查原则为每年进行一次。

② 启动紧急停机状态。

③ 在测点处安装数字压力表。

④ 打开可调式节流阀，释放刹车蓄能器的压力。

⑤ 复位风机，缓慢关闭可调式节流阀。

⑥ 检查压力传感器的压力是否为规定值。否则，应调节开可调式节流阀，直到压力表的读数为（34±1）bar。

9. 刹车蓄能器的检查

① 开始运行6个月后进行一次检查，以后每年进行一次检查。

② 测量刹车蓄能器的压力，如不能维持刹车蓄能器的压力在设定范围内，须停机检查。如认为有必要给刹车蓄能器充氮，则刹车蓄能器压力的额定值为（34±1）bar。

③ 刹车蓄能器充氮后，用检漏喷雾器检查充氮填充阀是否泄漏。若有泄漏，须处理后再进行充氮并做检查。

④ 刹车蓄能器充压时，应先打开可调式节流阀释放蓄能器的压力。当该压力降为零时，给蓄能器充压，在20℃时，充压压力为（34±1）bar。

10. 压力传感器的检查

① 压力传感器的检查原则为每年进行一次。

② 启动紧急停机状态。

③ 在测点处安装数字压力表。

④ 缓慢打开可调式节流阀。

⑤ 复位风机，将制动设为"ON"。

⑥ 检查压力传感器的压力是否合乎规定。

11. 维护注意事项

① 在需要拆除或维修液压系统的零部件时，务必按下紧急停机按钮，停止液压泵的运行。

② 在需要拆除或维修液压泵系统的零部件时，务必通过开可调式节流阀给变桨蓄能器和刹车蓄能器卸压。

任务四　液压系统的调试、维护与检修

一、任务引领

调试是调整与试验的简称。调试的方法就是在试验的过程中进行调整，然后再试验、再调整，如此反复，直到液压系统的动作和控制功能满足设计要求为止。液压设备安装、循环冲洗合格后，要对液压系统进行必要的调整试验，使其在满足各项技术参数的前提下，按机组液压控制要求进行调整，并使其在极限载荷情况下也能正常工作。

【学习目标】

1. 掌握液压系统调试内容。

2. 熟悉液压系统调试步骤。

3. 清楚液压系统调试注意事项。

4. 了解液压系统故障诊断的一般原则。

5. 熟悉液压系统的维护项目。
6. 知道液压系统维护注意事项。

【思考题】

1. 液压系统调试前需要做哪些准备工作？用到哪些调试工具？
2. 调试过程中应注意哪些问题？对液压系统阀体如何整定？
3. 液压系统维护巡视项目有哪些？依据什么巡视标准？
4. 液压系统常见故障有哪些？分析原因并提出处理措施。

二、相关知识学习

（一）液压系统调试

1. 液压系统调试前的准备工作

（1）状态检查

① 需调试的液压系统必须循环冲洗合格。
② 液压驱动的主机设备全部安装完毕，运动部件状态良好并经检查合格。
③ 控制、调试液压系统的电气设备及线路全部安装完毕并检查合格。
④ 确认液压系统净化符合标准后，向油箱加入规定的液压油。加入液压油时一定要过滤，滤芯的精度要符合要求，并要经过检测确认。
⑤ 向油箱灌油。当油液充满液压泵后，转动联轴器，直至泵的出油口出油并不见气泡时为止。有泄油口的泵，要向泵壳体中灌满油。油箱油位应在油位指示器最低油位线和最高油位线之间。
⑥ 根据管路安装图，检查管路连接是否正确、可靠，选用的油液是否符合技术文件的要求，油箱内油位是否达到规定高度，根据原理图、装配图认定各液压元器件的位置。
⑦ 清除主机及液压设备周围的杂物。

（2）调试前的检查

① 根据系统原理图、装配图及配管图检查液压系统各部位，确认安装合理无误。检查并确认每个液压缸由哪个支路的电磁阀操纵。
② 液压油清洁度采样检测报告合格。
③ 电磁阀分别进行空载换向，确认电气动作正确、灵活，符合动作顺序要求。
④ 将泵吸油管、回油管路上的截止阀开启，泵出口溢流阀及系统中安全阀手柄全部松开，放松并调整液压阀的调节螺钉，将减压阀置于最低压力位置。
⑤ 流量控制阀置于小开口位置，调整好执行机构的极限位置，并维持在无负载状态。若有必要，伺服阀、比例阀、蓄能器、压力传感器等重要元件应临时与循环回路脱离。
⑥ 按照使用说明书要求，向蓄能器内充氮。节流阀、调速阀、减压阀等应调到最大开度。

2. 液压系统调试步骤

当液压系统组装、检查、准备完成后，应按试验大纲和制造商试验规范进行性能试验。试验项目如下：

① 进行系统的通路试验。检查其管路、阀门、各通路是否顺畅，有无滞塞现象。
② 进行系统空运转试验。检查其各部位操作是否灵活，表盘指针显示是否无误、准确、

清晰。用电压表测试电磁阀的工作电压。

③ 进行密封性试验。试验在连续观察的 6h 中自动补充压力油 2 次，每次补油时间约 2s。在保持压力状态 24h 后，检查是否有渗漏现象及能否保持住压力。

④ 进行压力试验，检查各分系统的压力是否达到了设计要求。打开油压表，进行开机、停机操作，观察液压是否能及时补充、回放，在补油、回油时是否有异常噪声。记录系统自动补充压力的时间间隔。

⑤ 必要时还要进行流量试验，检查其流量是否达到设计要求。

⑥ 进行与并网型风力发电机组控制功能相适应的模拟试验和考核试验。要求在执行变桨和机械制动指令时动作正确，检查其工作状况应准确无误、协调一致。在正常运行和制动状态，分别观察液压系统压力保持能力和液压系统各元件动作情况。连续考核运行应不少于 24h。变桨距系统试验的目的主要是测试变桨速率、位置反馈信号与控制电压的关系。

⑦ 当液压系统单机试验合格后，应在风力发电场进行风力发电机组的并网调试，检查液压系统是否达到机组的控制要求。分别操作风力发电机组的开机、制动、停机动作，观察叶尖、变桨和卡钳是否有相应动作。

⑧ 飞车试验。其目的是为了设定或检验叶尖空气动力制动机组液压系统中的突开阀，以确保在极限风速下液压系统的工作可靠性和安全性。一般按如下程序进行试验：

a. 将所有过转速保护的设置值均改为正常设定值的 2 倍，以免这些保护首先动作；

b. 将发电机并网转速调至 5000r/min；

c. 调整好突开阀后，启动风力发电机组，当风力发电机组转速达到额定转速的 125% 时，突开阀将打开，并将制动刹车油缸中的压力油释放，从而导致空气动力制动动作，使风轮转速迅速降低；

d. 读出最大风轮转速值和风速值；

e. 试验结果正常时，将转速设置改为正常设定值；

f. 试验数据应记录在验收资料要求的记录表中，并给出实验报告。

3. 液压系统整定方法

在整定液压系统各阀体压力值之前，首先检查液压油油位。按紧急停机键释放系统压力，并通过油位窗观察油位，油位必须在标志处以上，如果不是则需要加注液压油。

如果液压油位没有问题，方可对液压系统阀体进行整定。

各阀体调整的基本方法：松开顶丝或锁紧螺母，调节丝杆以调整动作压力，调整完成后重新拧紧顶丝或锁紧螺母。

（1）叶尖溢流阀的整定方法

① 手动键盘停机后，计算机柜维护开关扳至维护位置，机舱柜维护开关保持在正常位置。此时电磁阀处于得电状态，风力发电机组不能自启动，运行人员无法远程控制风力发电机组。

② 使用开口扳手松开溢流阀，调节螺栓上的锁紧螺母。使用六方扳手逆时针旋松调节螺栓，大约旋转 1/2 圈。

③ 拆下液压站接线盒端子接线，使液压系统持续建压，注意观察压力表的指针，观察叶尖压力的最高值。

④ 观察压力表，同时慢慢调整调整螺栓，直到压力表显示叶尖压力值等于要求的整

定值。

⑤ 如果调节过程中报出建压超时故障,在机舱柜执行复位操作,使液压系统建压,重复步骤④。

⑥ 调整完毕后在机舱柜进行复位操作,观察叶尖压力最高能稳定在多少。如果与要求的整定值不同,重复步骤④。

⑦ 调整完毕后,恢复接线,使液压系统停止工作。旋紧溢流阀的锁紧螺母。

⑧ 机舱柜维护开关扳至维护位置,再扳回正常位置,使叶尖释放掉过高的压力并重新建压。

(2) 偏航溢流阀的整定方法

① 在停机状态按控制面板进入测试程序。

② 在测试程序中接通电磁换向阀电源,使偏航油路完全卸压。

③ 卸下任意一个偏航闸的放气帽顶盖,将压力表头连接在放油口上,并确定密封可靠。

④ 退出程序并复位风力发电机组。

⑤ 系统压力正常后再次进入测试程序,接通电磁换向阀的电源,观察压力表头显示的偏航余压数值。

⑥ 如果需要对偏航余压进行调整,使用开口扳手松开溢流阀,调节螺栓上的锁紧螺母。使用六方扳手顺时针(偏航余压过小时)或者逆时针(偏航余压过大时)适度旋转调节螺栓,然后旋紧锁紧螺母。

⑦ 重复步骤④~⑥,直到偏航余压值在要求的范围内。

⑧ 完成调整后,在测试程序中接通电磁换向阀的电源,使偏航油路完全卸压。然后卸下压力表头,安装放气帽顶盖。

⑨ 退出测试程序并复位风力发电机组。

此整定方法至少需要三个工作人员相互配合,工作中需使用对讲机进行通信。

4. 液压系统调试注意事项

① 参加液压系统调试的工作人员必须经过专门的职业技能培训,并具有相应的职业资格证书。参加调试的人员应分工明确,统一指挥。调试前应熟悉并掌握风力发电机组生产厂向用户提供的液压系统使用说明书,其内容主要包括:

a. 风力发电机组的型号、系列号和生产日期;

b. 液压系统的主要作用、组成及主要技术参数;

c. 液压系统的工作原理与使用说明;

d. 液压系统正常工作条件和要求(如工作油温范围,油的清洁度要求,油箱注油高度,油的品种代号及工作黏度范围,注油要求等)。

② 将电脑控制器上的"维护开关"拨到"开"的位置。

③ 执行任何工作时至少有两人互相配合进行。

④ 在拆下阀体、旋转接头等液压元件前,要彻底地清洁这些元件与系统的连接部位,不要用棉布清洁,防止棉絮残留在液压元件上。

⑤ 在液压系统上工作时应戴防护手套和护目镜,因为液压油对皮肤有刺激作用。戴护目镜的目的是有油溅出时,可以保护眼睛以防止有油溅入。

⑥ 当维护工作或对刹车和液压系统等有关的工作完成后,在风机自动运行前必须仔细检查刹车系统。

⑦ 调试现场应有明显的安全设施和标志,并由专人负责管理。

（二）液压系统的维护

液压设备是本着长期无故障、长寿命运行的目的而设计的，它不需要太多的保养，尽管如此，保养对于获得无故障运行还是很重要的。实践经验表明，液压系统的故障有近80%是由于液压油中有杂质、维护人员的失误和液压油使用不正确引起的。

1. 维护巡视项目

液压系统的运行好坏直接影响风力发电机组的正常工作，巡视检查可以及时发现问题，使问题在萌芽状态得到处理，从而保证风力发电机组正常运行。

启动前的检查项目有：油位是否正常，行程开关和限位块是否紧固，手动和自动循环是否正常，电磁阀是否处在原始状态等。

每次巡视风力发电机组时，必须对液压系统进行检查及清洁。

在设备运行中监视工况具体检查的主要项目如下：

① 检查液压系统站体、阀体、管路及其他所有元件是否正常；

② 检查液压油位是否正常，油位低时加注液压油；

③ 检查过滤器是否堵塞，液压系统各阀体有无泄漏和损坏，管路是否有泄漏，各液压缸是否有泄漏；

④ 记录叶尖压力数值和系统压力数值，记录系统建压范围及建压间隔，检查中应随时记录检查结果。

对液压系统进行清洁时，需要清洁各阀体、过滤器、压力表、蓄能器、油箱箱体、电动机、连接管路、集油盘的灰尘和油污。

2. 液压系统的日常维护

（1）检查油况、更换液压油 液压系统的介质是液压油，一般采用专门用于液压系统的矿物油。液压系统的液压油应该与生产企业指定的牌号相符。

对于液压系统，油液的清洁十分重要。液压系统中的油液或添加到液压系统中的油液必须经常过滤，即使是初次用的新油也要过滤。不同品牌或型号液压油混合可能引起化学反应，例如出现沉淀和胶质等。液压系统中的油液改变型号之前，应该对系统进行彻底的冲洗，并得到生产企业同意。

液压油的使用寿命为矿物油8000h或至少每年更换一次。油品老化与一些运行参数有关，如温度、压力、空气湿度、环境中的灰尘等。首次试运行的油要立即更换，此后，如果油品未在实验室内做定期分析，则要按2000～4000h的时间间隔更换液压油。如果定期处理和分析液压油，则换油间隔可以相应地延长一些。液压油油况可从视觉检查中做出判断，如表2-6所示。若油况不好，应该按要求更换。

表2-6 液压油油况

现　象	杂　质	故障原因
黑色	油品氧化	过热，油不够，混入其他油
乳白色	水或泡沫	有水或空气浸入
水分离物	小	有水进入
气泡	空气	有空气或油少
悬浮或沉淀杂质	固体	有磨损物、脏物或老化
异味	产品老化	过热

(2) 检查、清洗、更换过滤器　过滤器堵塞时会发出信号，需要进行清洗。清洗时要确保电磁阀未通电。在拔下插头、卸下配件前，要清洁液压单元表面的灰尘，取出滤芯清洗。若滤芯损坏，必须更换。清洁过滤器后，应检查油位，必要时要加足油液。在没收到堵塞信号的情况下，至少每6个月清洗一次过滤器，在正常环境下每1000h清洗一次空气滤清器，在灰尘较大的环境下每5000h清洗一次空气滤清器。

第一次试运行后，必须立即更换过滤器，然后根据运行情况或运行小时更换过滤器。

(3) 监测储压罐充气压　监测充气压是很有必要的，特别建议在投运期进行定期测量。监测充气压可以用检测设备和充气设备检查充气压力，也可以用液压表计简单地检测。

(4) 调整阀门及压力　首次试运行前要调整压力控制阀、压力开关等。在运行初期要连续监测这些设定值，此后按一定的时间间隔监测。

(5) 排出液压油　按停机键，从油箱中排出旧的液压油。打开油箱底部的放油嘴，用一根油管连到容器内，把油排出。

(6) 加注液压油　首先需要按下紧急停机键，使机组处于停机状态；其次旋开空气过滤器，把漏斗插入注油管中，使用一个合适的油桶加注液压油。在加注液压油的过程中，要从油位窗上观察油位，直到达到规定的油位。加注液压油到规定油位后复位紧急停机键，同时按复位键两次复位控制系统。

(7) 检查液压泵电动机的旋向　按主控柜内的接触器启动液压泵电动机。用一个塑料条插入电动机的风扇来判断电动机的旋向，或者在电动机停止时目测电动机的旋向。电动机的旋向应与液压泵上标注的旋向一致。

(8) 故障排除和更换元件　大部分故障可以通过更换元件解决，通常由生产厂家来完成修理工作或更换新元件。如果用户有这方面的知识或有合适设备（如测试台架），自己也可以进行维修。维修前应阅读使用说明书和液压原理图。排除故障后，最主要的是查出故障发生的诱因，以防类似故障再次发生。

3. 维护注意事项

① 从事任何工作都需要至少两人相互配合。

② 凡是涉及在液压系统上的维护工作，必须戴防护手套，因为液压油对皮肤有刺激作用；必须戴护目镜，确保有油溅出时可以保护眼睛。

③ 在拆下管路、阀体、旋转接头等液压元件前，必须要对整个液压系统进行卸压，并确定系统中不存在液压压力后方可进行工作。恢复安装前，必须彻底地清洁这些元件及其与系统的连接部位，防止任何杂质进入液压系统油路中。

④ 清洁或维修液压系统过程中所使用的纱布或者卫生纸，必须装进垃圾袋，带回场区集中处理，严禁随意丢弃。

⑤ 清洁过程中需要使用汽油，必须严密注意防火。

⑥ 当维护工作完成后，或者涉及液压系统的工作完成后，在风力发电机组运行前必须彻底地检查风力发电机组的刹车功能。

（三）液压系统的故障及维修

1. 液压系统故障诊断的一般原则

正确分析故障产生原因是排除故障的前提，系统故障大部分并非突然发生，发生之前总有预兆，当预兆发展到一定程度时即产生故障。引起故障的原因是多种多样的，并无固定规律可循。统计表明，液压系统发生的故障约90%是由于使用管理不善所致。为了快速、准确、方便地诊断故障，必须充分认识液压故障的特征和规律，这是故障诊断的基础。

液压系统故障的诊断应遵循以下原则。

① 首先判明液压系统的工作条件和外围环境是否正常。然后需要搞清楚到底是风力发电机组机械部分还是电气控制部分故障，或是液压系统本身的故障。同时查清液压系统的各种条件是否符合正常运行的要求。

② 根据故障现象和特征确定与该故障有关的区域，逐步缩小发生故障的范围。检测区域内的元件情况，分析发生原因，最终找出具体的故障点。

③ 掌握故障种类进行综合分析，根据故障最终的现象，逐步深入找出多种直接或间接的可能原因。为避免盲目性，必须根据液压系统的基本原理，进行综合分析、逻辑判断，减少怀疑对象，逐步逼近，最终找出故障部位。

④ 故障诊断是建立在风力发电机组运行记录及某些系统参数基础之上的。利用机组监控系统建立液压系统运行记录，是预防、发现和处理故障的科学依据。建立设备运行故障分析表，是使用经验的高度概括总结，有助于对故障现象迅速做出判断。使用一定的检测手段，可对故障做出准确的定量分析。

⑤ 验证故障产生的可能原因时，一般从最可能的故障原因或最易检验的地方开始，这样可减少装拆工作量，提高检修速度。

2. 液压系统常见故障原因分析及维修

故障处理的步骤通常为故障查找和调整。对于大多数问题，是通过更换损坏部件的方法来解决的，然后损坏元件由厂家或厂家指定的代理来修理。对于有丰富的知识和适当的设备的用户来说，也可以自己修理损坏的元件。

成功地查找故障原因并及时维修，需要维护人员对各分离元件和整个系统的工作方式及结构有详细的了解，能用逻辑思维阅读电路图和系统图，同时掌握电路图、系统图和说明文件相关内容，了解测量点和系统中相关设备、阀门的工作过程和工作原理也是很有帮助的。电气元件及液压元件组合使用，常使故障查找遇到很多困难，这就需要电气专业人员和液压专业人员相互协作，共同查找故障。

（1）异常振动和噪声　振动和噪声来自两个方面：机械传动部件和液压系统自身。检测人员可用耳听、手摸的办法来初步判断振动、噪声发生的部位。有条件的可以用仪器监测振动与噪声情况。

液压系统产生振动、噪声的主要根源是液压泵和系统参数的不相匹配。虽然液压执行元件也产生噪声，但它的工作时间总是比液压泵短，其严重性也远不如液压泵。各类控制阀产生的噪声比液压泵也要低。如果发生谐振，往往也是由于系统参数匹配不合理引起的。

液压系统产生的振动、噪声大致有：液压泵的流量脉动噪声、气穴噪声、通风噪声、旋转声、轴承声、壳体振动声；电动机的电磁噪声、旋转噪声、通气噪声、壳体振动声；压力阀、电磁换向阀、流量阀、电液伺服阀等的液流声、气穴声、震颤声、液压冲击声；油箱的回油击液声、吸油气穴声、气体分离声和箱壁振动声；风扇冷却器的振动噪声以及由于压力脉动、液压冲击、旋转部件、往复零件等引起的振动向各处传播引起系统的共振。

① 液压泵引起的振动、噪声　若是由于电动机底座、泵架的固定螺钉松动，电动机联

轴器松动等引起，应对之加以紧固、调整；若是其他传动件出现故障，则应及时更换传动件。当液压泵出现噪声过大时，应重点检查密封圈是否损坏，滤油器是否堵塞。如果液压泵吸空，可听到低沉的"噗噗"声，同时伴随进油管振动，这时应将黄油或肥皂水涂在可疑处，检查是否漏气，若有漏气，应更换密封圈或清洗滤油器。当液压泵振动、噪声突然加大，则可能是液压泵突然损坏，应停机检修。

② 液压油引起的振动、噪声　应加强对油液的过滤，定期检查油液的质量，避免因油液污染引起振动、噪声和发热。同时定期检查油箱油位的高度，以免因油位低而吸入空气。

③ 各类阀体引起的振动、噪声　一是检查各类阀的密封圈是否有损伤，避免因漏气而出现振动、噪声；二是检查各阀的电磁铁是否失灵，若失灵则应及时更换或修理；三是检查各类阀的紧固螺钉是否松动，以免产生震颤声。

（2）液压系统漏油　漏油是液压系统最为常见的故障，又是最难以彻底解决的故障。这一故障的存在，轻则降低液压系统参数，污染设备环境，重则让液压系统根本不能运行。漏油有内漏和外漏两种情况。

内漏是指液压元件内部有少量液体从高压腔泄漏到低压腔。内漏量越大，元件的发热量就越大，此种情况可以通过手摸元件壳体的方法检查出来。要想控制内漏，需通过对液压元件进行调试，减少元件磨损量来实现；也可通过对液压元件的改进设计性维修，减少与消除内漏。

外漏的原因主要有以下几方面：

① 管道接头处有松动或密封圈损坏，应通过拧紧接头或更换密封圈来解决；

② 元件的接合面处有外泄漏，主要是由于紧固螺钉预紧力不够及密封环磨坏引起的，应增大预紧力或更换密封环；

③ 轴颈处由于元件壳体内压力高于油封的许用压力或是油封受损而引起外泄漏，可采取把壳体内压力降低或者更换油封来解决；

④ 动配合处出现外泄漏，应查找原因，及时更换油封或调节密封圈的预紧力；

⑤ 油箱油位计出现外漏油，应检查油位计状况，通过及时拆修油位计来解决。

无论是内漏还是外漏，都可能引起输出压力不足，严重时可能使液压系统发热、油箱油位下降、产生环境污染等，应引起维护人员的注意。

（3）液压系统油温过高　可能是由以下原因引起的：

① 系统内泄漏过大，同时会出现输出压力不足、油箱油位下降等现象，应及时查找漏点，进行堵漏，同时进行补油；

② 系统的冷却能力不足（没有冷却水或制冷风扇失效、冷却水的温度过高），应检查冷却系统工作状态，重点检查冷却水泵工作情况；

③ 在保压期间液压泵未卸荷；

④ 系统的油液不足，应检查油泵和油箱油位工作状态；

⑤ 冷却水阀不起作用，应更换冷却水阀；

⑥ 温控器设置过高，应调整温控器设定值；

⑦ 周围环境温度过高，系统散热条件不好，可能情况下加强通风效果或调节冷却能力。

液压系统发热，不论是哪种原因，都可以通过手感的方法来检查系统的发热部位。如液压泵、液压马达和溢流阀都是易发热的元件，只要用手碰触元件壳体，即可发现是否过热。当元件壳体温度上升到了65℃时，一般人手就不能忍受了。若手能放在元件的壳体上，就表明油温还在系统元件允许的最高温度以下；若人手不能忍受碰触元件壳体，那就表明油温太高了，应及时采取措施控制油温。在不影响系统工作情况下，对液压泵、液压马达通常可以采用对外壳冷却降温的措施控制其发热。

复习思考题

1. 液压系统的基本组成有哪些？各元件的作用是什么？
2. 说明液压泵的作用、类型及图形符号。
3. 液压泵的主要性能参数有哪些？
4. 解释下列名词：液压泵的理论流量、液压泵的实际流量、液压泵的额定流量、容积效率、机械效率、总效率。
5. 简述齿轮泵的工作原理和性能特点。
6. 简述齿轮泵常见故障现象、原因及排除方法。
7. 简述叶片泵工作原理并说明单作用叶片泵和双作用叶片泵工作过程。
8. 说明叶片泵的性能特点。
9. 简述叶片泵常见故障现象、原因及排除方法。
10. 简述柱塞泵的工作原理。
11. 简述柱塞泵性能特点。
12. 简述柱塞泵常见故障现象、原因及排除方法。
13. 简述液压阀的作用和分类。
14. 简述方向控制阀的作用和分类。
15. 简述普通单向阀的工作原理。
16. 简述液控单向阀的工作原理。
17. 简述换向阀的作用。
18. 简述滑阀式换向阀的工作原理。
19. 什么是滑阀式换向阀位数与通路数？
20. 简述压力控制阀的作用和分类。
21. 简述溢流阀的主要作用。
22. 简述减压阀的作用和分类。
23. 简述顺序阀的作用和分类。
24. 简述压力继电器的作用和分类。
25. 简述流量控制阀的作用和分类。
26. 简述节流阀、调速阀的工作原理。
27. 简述液压缸的作用和分类。
28. 液压系统中的辅助元件有哪些？
29. 简述蓄能器的作用和分类。
30. 简述过滤器的作用和分类。
31. 简述油箱的作用。
32. 简述热交换器的作用。
33. 简述识读液压系统原理图的步骤。
34. 分析液压系统时应注意哪些问题？

35. 结合图 2-33 说明液压系统工作过程。
36. 结合图 2-34 说明定桨距风力发电机组液压系统工作过程。
37. 变桨距风力发电机组的液压系统由哪两个压力保持回路组成？
38. 变桨距风力发电机组液压系统有哪些功能？
39. 变桨距风力发电机组液压系统调试主要项目有哪些？
40. 变桨距风力发电机组液压系统主要维护内容有哪些？
41. 变桨距风力发电机组液压系统维护时应注意哪些问题？
42. 液压系统调试前应做哪些准备工作？
43. 简述液压系统调试步骤。
44. 简述液压系统调试注意事项。
45. 液压系统维护巡视项目有哪些？
46. 液压系统日常维护项目有哪些？
47. 简述液压系统维护注意事项。
48. 简述液压系统故障诊断的一般原则。
49. 简述液压系统常见故障。
50. 液压系统漏油的主要原因是什么？
51. 液压系统油温过高的原因是什么？

学习情境二
课件

学习情境二
【随堂测验】

学习情境三
偏航系统调试与运行维护

【学习情境描述】

偏航系统是对风装置的重要组成部分,是风力发电机组特有的伺服系统。它具有两个作用:一是在可用风速范围内自动准确对风,在非可用风速范围下能够90°侧风;二是在连续跟踪风向可能造成电缆缠绕的情况下自动解缆。

【学习目标】

1. 了解偏航系统的基本结构。
2. 理解偏航系统的基本功能。
3. 理解和掌握偏航控制系统的运行原理。
4. 熟练掌握偏航驱动运行维护操作。
5. 熟练掌握液压偏航刹车装置运行维护操作。
6. 熟练掌握偏航轴承、电磁刹车装置检修操作。
7. 熟练掌握偏航系统传感器检修操作。
8. 熟练掌握风力发电机偏航系统的综合调试操作。

【本情境重点】

1. 偏航系统的结构组成及作用。
2. 偏航系统动作过程及运行原理。
3. 偏航系统定期维护内容及故障处理方法。

【本情境难点】

1. 偏航系统的动作原理。
2. 偏航系统的调试方法。

任务一　偏航系统的认知

一、任务引领

偏航系统的存在，使风力发电机能够运转平稳可靠，从而高效地利用风能，进一步降低发电成本，并且有效地保护风力发电机。偏航控制系统是风力发电机组电控系统的重要组成部分。

【学习目标】

1. 了解偏航系统的结构组成和各组成部分的功能特点。
2. 了解偏航系统的基本功能。
3. 掌握偏航系统的动作过程及运行原理。
4. 了解金风系列风力发电机组偏航系统的结构原理和运行过程。

【思考题】

1. 偏航系统有什么作用？满足什么条件可以进行偏航？
2. 偏航系统由哪些设备组成？各设备在偏航系统中起什么作用？
3. 描述偏航系统的动作过程并解释其运行原理。
4. 如何能做到准确偏航？

二、相关知识学习

（一）偏航系统基本介绍

对于不同类型的风力发电机组，采用的偏航装置也是不同的。

1. 尾舵对风

微小型风力机常用尾舵对风，将尾翼装在尾杆上，与风轮轴平行或成一定的角度。尾舵调向结构简单、调向可靠、制造容易、成本低。

尾舵面积 A' 与风轮扫掠面积 A 之间应符合如下关系：

$$A' = 0.16 A \frac{e}{l}$$

式中　e——转向轴与风轮旋转平面间的距离；

　　　l——尾舵中心到转向轴的距离。

尾舵调向装置结构笨重，因此很少用于中型以上的风力机。

2. 风轮对风

中小型风机可用侧风轮作为对风装置。当风向变化时，位于风轮后面的两个侧风轮（其旋转平面与风轮旋转平面相垂直）旋转，并通过一套齿轮传动系统使风轮偏转。当风轮重新对准风向后，侧风轮停止转动，对风过程结束。

3. 伺服电动机或调向电动机调向

大中型风力机一般采用电动的伺服或调向电动机来调整风轮并使其对准风向。这种风力机的偏航系统一般包括感应风向的风向标、偏航电动机、偏航行星齿轮减速器、回转体大齿轮等。其工作原理如下：风向标作为感应元件，将风向的变化用电信号传递到偏航电动机的控制回路，经过比较后处理器给偏航电动机发出顺时针或逆时针的偏航命令。为了减少偏航时的陀螺力矩，电动机转速将通过同轴连接的减速器减速后，将偏航力矩作用在回转体大齿轮上，带动风轮偏航对风，当对风完成后，风向标失去电信号，电动机停止工作，偏航过程结束。

总之，尾舵对风与侧风轮对风是在风力的作用下风轮自行调至迎风位置，这种方式称之为被动迎风。而由调向电动机将风轮调至迎风位置，则称为主动迎风。

并网型风力发电机组的偏航系统通常为主动偏航系统。主动偏航指的是采用电力或液压驱动完成对风、解缆动作的偏航方式，常见的有齿轮驱动和滑动两种形式。对于并网型风力发电机组来说，通常都采用主动偏航的齿轮驱动形式。

（二）偏航系统组成

偏航系统一般由偏航轴承、驱动装置、偏航制动机构、偏航计数器、扭缆保护装置、液压控制回路等组成。

偏航轴承与齿圈是一体的，根据齿圈位置不同，可分外齿驱动形式和内齿驱动形式两种，分别如图3-1(a)、(b)所示。

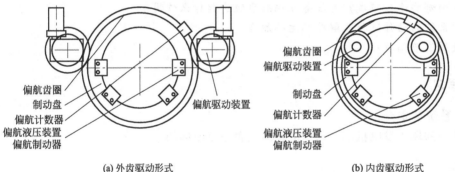

图 3-1　偏航系统结构图

偏航系统结构

偏航驱动装置可以采用电动机驱动或液压马达驱动，制动器可以是常开式或常闭式。常开式制动器一般是指有液压力或电磁力驱动时，制动器处于锁紧状态的制动器；常闭式制动器一般是指有液压力或电磁力驱动时，制动器处于松开状态的制动器。采用常开式制动器时，偏航系统必须具有偏航定位锁紧装置或防逆传动装置。两种形式相比较并考虑失效保护，一般采用常闭式制动器。

1. 偏航轴承

偏航轴承的轴承内外圈分别与机组的机舱和塔架用螺栓连接。偏航轴承可采用内齿或外齿形式。外齿形式是轮齿位于偏航轴承的外圈上，加工简单。内齿形式是轮齿位于偏航轴承的内圈上，啮合受力效果较好，结构紧凑。偏航轴承和齿圈的结构如图 3-2 所示。

2. 驱动装置

偏航驱动用在对风、解缆时，驱动机舱相对于塔筒旋转。驱动装置一般由驱动电动机或驱动马达、减速器、传动齿轮、轮齿间隙调整机构等组成，提供机组偏航的动力。驱动装置的减速器一般可采用行星减速器或蜗轮蜗杆与行星减速器串联，传动齿轮一般采用渐开线圆

学习情境三 偏航系统调试与运行维护

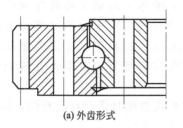

(a) 外齿形式

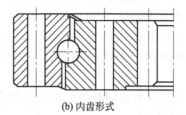

(b) 内齿形式

图 3-2 偏航轴承和齿圈结构图

柱齿轮。驱动装置的结构如图 3-3 所示。

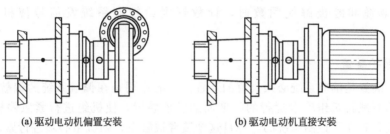

(a) 驱动电动机偏置安装　　　　　　　(b) 驱动电动机直接安装

图 3-3 驱动装置结构图

3. 偏航制动器

偏航制动器的功能是使偏航停止，同时可以设置偏航运动的阻尼力矩，使机舱平稳转动。偏航制动装置由制动盘和偏航制动器组成。制动盘固定在塔架上，偏航制动器固定在机舱座上。偏航制动器一般采用液压驱动的钳盘式制动器，其结构如图 3-4 所示。

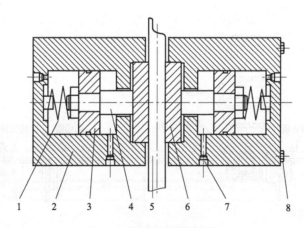

图 3-4 偏航制动器结构图

1—弹簧；2—制动器；3—活塞；4—活塞杆；5—制动盘；6—制动衬块；7—接头；8—螺栓

① 偏航制动器是偏航系统中的重要部件，制动器应在额定负载下，制动力矩稳定，在机组偏航过程中，制动器提供的阻尼力矩应保持平稳。

② 制动盘通常位于塔架或塔架与机舱的适配器上，一般为环状。制动盘的材质应具有足够的强度和韧性，如果采用焊接连接，材质还应具有比较好的可焊性。此外，在机组寿命期内制动盘不应出现疲劳损坏。制动盘的连接、固定必须可靠牢固。

117

③ 制动钳由制动钳体和制动衬块组成。制动钳体一般采用高强度螺栓连接，用经过计算的足够的力矩固定于机舱的机架上。制动衬块应由专用的摩擦材料制成，一般推荐用铜基或铁基粉末冶金材料制成，铜基粉末冶金材料多用于湿式制动器，而铁基粉末冶金材料多用于干式制动器。一般每台风机的偏航制动器都备有两个可以更换的制动衬块。

④ 制动器应设有自动补偿机构，以便在制动衬块磨损时进行自动补偿，保证制动力矩和偏航阻尼力矩稳定。

4. 偏航计数器

偏航计数器是记录偏航系统旋转圈数的装置。当偏航系统旋转的圈数达到设计所规定的初级解缆和终极解缆圈数时，计数器则给控制系统发信号使机组自动进行解缆。

5. 扭缆保护装置

扭缆保护装置是偏航系统必须具有的装置。它的作用是在偏航系统的偏航动作失效后，电缆的扭绞达到威胁机组安全运行的程度而触发该装置，使机组进行紧急停机。一般情况下，这个装置是独立于控制系统的，一旦这个装置被触发，则机组必须进行紧急停机。扭缆保护装置一般由控制开关和触点机构组成，控制开关一般安装于机组的塔架内壁的支架上，触点机构一般安装于机组悬垂部分的电缆上。当机组悬垂部分的电缆扭绞到一定程度后，触点机构被提升或被松开而触发控制开关。

大型风力发电机组的偏航系统一般采取的结构如图 3-5 所示。风力发电机组的机舱安装在回转支撑上，而回转支撑的内齿环与风力发电机组塔架用螺栓紧固相连，外齿环与机舱固定。调向是通过两台与调向内齿环相啮合的调向减速器驱动的。在机舱底板上装有盘式刹车装置，以塔架顶部法兰为刹车盘。

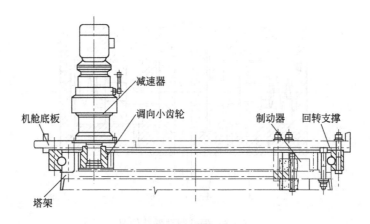

图 3-5　偏航系统结构图

（三）偏航系统运行原理

1. 基本功能

（1）偏航对风　偏航控制系统是一随动系统，通过风传感器检测风速和风向信息，满足偏航条件即执行偏航动作，见图 3-6。

当风速大于设定值时，如果机头方向与风向夹角超过设定角度，风力发电机组将执行偏航对风，当此角度到达设定角度之内时，风力发电机组停止偏航。

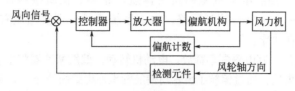

图 3-6　偏航控制系统框图

风力发电机组连续地检测风向角度变化，并连续计算单位时间内平均风向。风力发电机组根据平均风向判断是否需要偏航，防止在风扰动下的频繁偏航。

当偏航条件具备时，风力发电机组释放偏航刹车，偏航电动机动作执行偏航任务。

(2) 解缆顺缆　在实际运行工况中，风力发电机组会出现同一方向的偏航角度过大现象。偏航角度过大时，会造成电缆扭缆，因此在控制系统中设定了偏航系统小风自动解缆及强制解缆动作。

机舱向同一方向累计偏转 2~3 圈，若此时风速小于风力发电机组启动风速且无功率输出，则停机，控制系统使机舱反方向旋转 2、3 圈解绕；若此时机组有功率输出，则暂不自动解缆；若机舱继续向同一方向偏转累计达 3 圈时，则控制停机，解绕；若因故障自动解绕未成功，在扭缆达 4 圈时，扭缆机械开关将动作，此时报告扭缆故障，自动停机，等待人工解缆操作。

(3) 风轮保护　当有特大强风发生时，停机并释放叶尖阻尼板，桨距调到最大，偏航 90°背风，以保护风轮免受损坏。

当控制器发出正常停机指令后，风力发电机组将按下列程序停机：切除补偿电容器；释放叶尖阻尼板；发电机脱网；测量发电机转速下降到设定值后，投入机械刹车；若出现刹车故障则收桨，机舱偏航 90°背风。

当出现紧急停机故障时，执行如下停机操作：切除补偿电容器，叶尖阻尼板动作，延时 0.3s 后卡钳闸动作。检测瞬时功率为负或发电机转速小于同步转速时，发电机解列（脱网）。若制动时间超过 20s，转速仍未降到某设定值，则收桨，机舱偏航 90°背风。

2. 偏航系统动作过程及运行原理

(1) 各组成部分运行原理

① 风速仪　其风杯在空气流过时产生旋转。风速仪内部安装有光电子转速扫描装置，将风杯的转动转换成能够被控制系统识别的、与风速成一定比例的频率后输出。控制器检测风向标的输出频率，转换成对应的实时风速信息。

② 风向标　风力发电机组风向标依靠低惯性风标捕获风向，风标通过转轴和轴承连接至风向标内部的一个五位格雷码盘。格雷码盘将风向均匀地分解成多个扇形区域。风标摆动时，带动格雷码盘转动。光电子元件对格雷码盘进行扫描，并将得到的五位编码输入积分数模转换器，转换成模拟电流信号输出。模拟电流输出量与扫描的扇形数量成一定的比例关系。控制器根据采集的模拟电流信号计算出风向角度值。

③ 偏航接近开关　当金属物体在其检测范围内经过时，接近开关磁场会发生明显变化，内部电路会输出电压脉冲，通过检测脉冲数量或者脉冲频率就可以实现相应的计数、转速检测等功能。

偏航接近开关通过检测偏航时，经过它的偏航轴承外齿数量传送至控制器，转换成偏航角度值的变化。

④ 偏航驱动机构　偏航电动机主回路由偏航断路器、偏航接触器、热继电器及连接电缆组成。其主回路是一个正反转控制回路。电控系统通过分别接通左右偏航接触器，实现风力发电机组的左右偏航动作。

当偏航电动机得电后，其电磁刹车释放，电动机转动，偏航减速器将电动机的转动减速并将动作和转矩传递给偏航小齿轮，通过偏航小齿轮与偏航轴承外齿圈的啮合，实现机舱的偏航动作。

⑤ 偏航轴承及偏航刹车　偏航轴承外齿圈与偏航刹车盘固定，并通过螺栓安装在塔架顶端，内齿圈通过螺栓与机舱底板固定在一起。偏航闸也固定在底座上，通过其两侧闸片夹紧刹车盘，将机舱位置锁定。

(2) 偏航系统动作过程　风速仪及风向标连续地监测环境风速及风向，满足偏航条件时，风力发电机组执行自动偏航；或者风力发电机组执行自动解缆动作及其他人为偏航指令时，风力发电机组执行偏航动作。

偏航过程中风向标检测机舱与风向偏差角度，偏航接近开关记数偏航齿数。满足停止偏航条件或人为停止偏航后，偏航电动机失电，电磁刹车执行刹车锁定偏航传动，偏航闸进油刹车，风力发电机组停止偏航。

此过程中偏航角度变化及风向角度变化会实时显示在控制面板及中央监控软件界面上。

(3) 执行偏航的指令方式及优先级　风力发电机组偏航系统可以在多种指令形式下执行偏航动作。除上述提到的自动对风、自动解缆外，还拥有自动偏航侧风、控制面板手动偏航（键盘偏航）、机舱左右偏航开关偏航、中控远程偏航、中控偏航锁定等指令形式。

为了避免手动偏航导致的风力发电机组扭缆，设定手动偏航（键盘偏航、中控远程偏航）的最长偏航时间，超过设定时间风力发电机组自动停止偏航。

通过机舱左右偏航开关偏航时，应有人值守，防止风力发电机组持续偏航造成左右偏航开关被压下，安全链断开。

各偏航指令优先级从高到低排列如下：机舱左右偏航开关偏航、控制面板键盘偏航、中控远程偏航、侧风、解缆、自动对风。

(4) 偏航系统正常运行保护监测　为保证偏航系统正常稳定运行，风力发电机组对其设定了相应的保护监测措施。

① 偏航电动机过载保护　风力发电机组在偏航过程中容易出现偏航电动机过载现象。风力发电机组电控系统中设定了偏航电动机过载检测回路，此回路将偏航断路器、偏航热继电器辅助触点串联后接入检测模块。一旦检测回路任意一个节点断开，风力发电机组将报偏航电动机过载故障，风力发电机组正常停机。

② 偏航计数器故障　风力发电机组发出偏航指令后，经过设定的时间，偏航接近开关没有检测到偏航角度值的变化，风力发电机组就会报出偏航计数器故障。导致偏航过载的大部分原因也可能导致偏航计数器故障。

3. 风力发电机组偏航系统

各型号机组的偏航系统结构原理基本相同，下面以某公司生产的 750kW 机组偏航系统为例进行介绍。

风力发电机组偏航系统主要包括以下几个部分：两个偏航驱动机构、一个带外齿圈四点接触推力球轴承、偏航刹车及偏航保护。另外，风速仪、风向标、偏航接近开关、偏航计数器也归为偏航系统的组成设备。

(1) 风传感器及偏航接近开关　风速仪和风向标可统称为风传感器，安装在机舱后部避雷针支架左右两侧，分别用来连续地检测风速和风向，为风力发电机组执行偏航等动作提供风速及风向信息。

偏航接近开关记录偏航时经过的偏航轴承外齿齿数，通过控制器转换成偏航角度值的变化。

(2) 偏航驱动机构　共有两个，每个驱动机构均包括偏航电动机、偏航减速器、偏航小齿轮。它们的具体参数如下。

① 偏航电动机　其外形见图3-7。

偏航电动机　　　　　　图3-7　偏航电动机外观图

类型：三相异步电动机；额定功率：1.5kW；电压：690V；频率：50Hz；刹车：电磁刹车，弹簧作用；不锈钢刹车盘，表面镀铬。

② 偏航减速器

结构：四级行星结构；额定输入功率：1.5kW；传动比：748；工作制：S4（间歇工作）；使用寿命：20年；润滑方式：浸油润滑；齿轮润滑油：Mobilgear SHC XMP 320；输出轴偏心距：1mm。

③ 偏航小齿轮　其外形见图3-8。

图3-8　偏航小齿轮外形图

齿数：14；齿轮副中心距1189.44mm。

偏航驱动是风力发电机组执行偏航动作时的动力机构。偏航电动机作为原动机向偏航减速器输出转矩及转动，偏航减速器将输入转速降低后向偏航小齿轮输出转矩，使其转动。偏航小齿轮通过与偏航轴承外齿的啮合，推动机舱进行偏航。

(3) 偏航轴承

类型：带外齿圈四点接触推力球轴承；齿数：154。

偏航轴承采用的是四点接触球轴承。这种轴承的内圈（或者外圈）由两个半圈精确地拼接在一起，钢球与内外圈在四个点上接触，既加大了径向负荷能力，又能以紧凑的尺寸承受两个方向上的很大的轴向负荷。

某公司生产的 750kW 风力发电机组偏航轴承结构如图 3-9 所示。

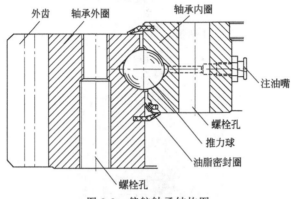

图 3-9　偏航轴承结构图

从图 3-9 中可以看到偏航轴承的剖面结构。偏航轴承的外圈通过螺栓固定在塔架顶端（外圈与塔架顶端之间固定有偏航刹车盘），内圈通过螺栓固定在机舱底座上。偏航驱动机构也固定在机舱底座上。当偏航小齿轮与偏航轴承外齿啮合时，带动机舱底座和偏航轴承内圈发生旋转，实现机舱的偏航动作。

为保证偏航小齿轮与内齿圈啮合良好，其啮合间隙 t 应为 $0.4\text{mm} \leqslant t \leqslant 0.8\text{mm}$。这个间隙在组装时已经调整好，在试运转或更换偏航零部件后，应对此间隙进行检查。

(4) 偏航刹车　偏航系统的刹车包括偏航电动机自带的电磁刹车、偏航刹车盘及由液压系统控制的偏航刹车闸。

① 电磁刹车　偏航电动机自带有电磁刹车装置。电磁刹车结构见图 3-10。

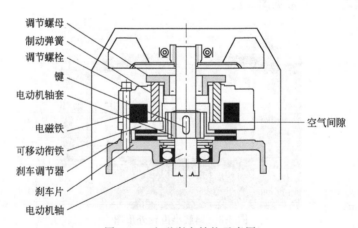

图 3-10　电磁刹车结构示意图

偏航电磁刹车机构用于在机组停止偏航时锁定偏航电动机，从而锁定偏航驱动。当偏航处于锁定状态时，制动弹簧便可移动衔铁紧压在刹车片上，此时偏航刹车机构的电磁铁与可移动衔铁之间的距离称为空气间隙。

电磁刹车本质上讲是一个电磁铁机构，其线圈电压由偏航电动机整流块提供。整流块安装在偏航电动机接线盒内，输入端接偏航电动机三相线电压（一般为 W 相），输出端接偏航刹车电磁铁线圈。当偏航电动机得电时，整流块同时得电并向电磁刹车电磁铁线圈输出直流电压，电磁铁将可移动衔铁吸起，闸盘被松开，刹车解除。

当偏航电动机失电时，整流块失电，电磁铁同时失电，可移动衔铁在制动弹簧作用下动作刹车，闸盘被压紧，从而锁定偏航传动。

② 偏航刹车闸及偏航刹车盘　偏航刹车闸采用液压盘式制动器，由液压系统进行控制，与偏航刹车盘配合，完成偏航刹车功能。

偏航刹车闸主要参数如下。

工作压力：	140～160bar	缸行程：	≥2mm
单台最大制动力：	122232N	摩擦片摩擦材料厚度：	≥6mm
单台最大制动力矩：	125899N·m		

某公司生产的 750kW 风力发电机组偏航系统共有 5 个偏航刹车闸，见图 3-11。当机舱需要偏航时，偏航闸回油释放，在溢流阀的作用下保持 20～40bar 的偏航余压。当机舱偏航结束需要刹车时，液压系统为其提供液压压力，使偏航闸片紧压在刹车盘上，提供足够的刹车力矩，执行偏航刹车。

偏航刹车闸

图 3-11　偏航刹车闸外观图

偏航刹车盘是一个固定在偏航轴承与塔架顶端之间的圆环。偏航闸及偏航刹车盘的规格、安装方式及尺寸如图 3-12 所示。

（5）偏航保护　风力发电机组偏航时，液压系统通过溢流阀保持偏航余压。偏航余压的存在可以使风力发电机组在偏航时，偏航闸与刹车盘间保持一定的阻尼力矩，大大减小偏航过程中的冲击载荷及振动，降低偏航系统及机舱其他设备可能受到的损害。

偏航余压是可以通过调整特定溢流阀来进行调节的。

（6）偏航计数器　在 750kW 风力发电机组中，偏航计数器是作为一个节点串入安全链的。它的作用是为了防止机舱同一方向偏航角度过大，导致机舱与底平台连接电缆发生扭缆。通常它也可以被认为是对电控系统连接电缆的一种保护措施。

偏航计数器拥有一个齿数为 10 的小齿轮，与偏航轴承的外齿相互啮合，通过一套传动机构将小齿轮的转动传递到凸轮上。偏航计数器拥有左、右偏开关各一个，每个开关

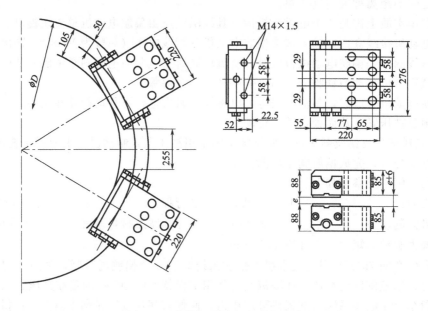

图 3-12 偏航闸及偏航刹车盘尺寸

内拥有常闭、常开触点各一个。其中常闭触点串联进安全链，常开触点接入检测回路。当风力发电机组同一方向偏航角度过大时，凸轮将左（右）偏开关压下，安全链断开，风力发电机组紧急停机；检测回路同时接通，风力发电机组报安全链断故障及左（右）偏开关动作。

上述各设备组成了风力发电机组的偏航系统，实现风力发电机组相关偏航动作的执行。

任务二　偏航系统维护与检修

一、任务引领

偏航系统是风力发电机组的重要组成部分，也是故障的高发区。做好偏航系统定期维护保养，是保证机组高效利用风能，维持机组安全稳定运行的前提条件。

【学习目标】

1. 熟练掌握偏航驱动运行维护操作。
2. 熟练掌握液压偏航刹车装置运行维护操作。
3. 熟练掌握偏航轴承、电磁刹车装置检修操作。
4. 熟练掌握偏航系统传感器检修操作。
5. 清楚安全操作规程。
6. 熟练使用维护用检修工器具。

【思考题】

1. 偏航系统定期检查维护的项目有哪些？
2. 偏航驱动以及刹车系统日常维护内容有哪些？试述其常见故障。

3. 阅读偏航刹车液压系统原理图并分析其工作过程。

4. 偏航系统需要用到哪些传感器？说明其安装位置和作用。

二、相关知识学习

（一）偏航系统的维护和保养

1. 每月定期检查维护的项目及要求

① 每月检查油位，包括偏航驱动减速器、偏航轴承齿圈润滑油箱。若低于正常油位，应补充规定型号的润滑油到正常油位。每月或每500h应向偏航轴承齿圈啮合的齿轮副喷规定型号的润滑油，添加规定型号的润滑脂，以保证齿轮副润滑正常。

每月还应检查各个油箱和各个润滑装置，不应有漏油现象。若发现有漏油现象，必须找出原因，彻底消除。

② 每月检查制动器壳体和机架连接螺栓的紧固力矩，确保其为机组的规定值。检查偏航驱动与机架的连接螺栓，保证其紧固力矩为规定值。

紧固螺栓松动，轻者造成噪声增大，重者会造成机件损坏。对于松动的紧固螺栓，应按规定的紧固力矩进行紧固。

③ 每月检查摩擦片的磨损情况及摩擦片是否有裂缝存在，并清洁制动器摩擦片。当摩擦片最低点的厚度不足2mm时，必须更换。检查制动器壳体和制动摩擦片的磨损情况，必要时也应进行更换。

④ 每月检查制动盘的清洁度，是否被机油和润滑油污染，以防制动失效。检查制动盘和摩擦片的工作状态，并根据机组的相关技术要求进行调整。

⑤ 检查是否有非正常的机械和电气噪声。机械磨损造成的间隙增大是非正常噪声的根源，而机械磨损的产生往往是由于润滑不良造成的。另外，密封不好和紧固螺栓松动也是造成非正常噪声的根源。应根据噪声源的产生部位、噪声频率，找出根源并予以根除。

⑥ 每月对液压回路进行检查，确保液压油路无泄漏。液压系统的工作压力能稳定在额定值，制动器的工作压力在正常的工作压力范围之内，最大工作压力为机组的设计值。

同时还必须检查偏航制动器制动和压力释放的有效性及偏航时偏航制动器的阻尼压力是否正常。

2. 定期检查维护项目及要求

① 每3个月或每1500h就要检查齿面是否有非正常的磨损与裂纹，检查轴承是否需要加注润滑脂。若需要，按技术要求加注规定型号的润滑脂。

② 运行2000h后，应使用清洗剂清洗减速箱，然后更换润滑油，检查轮齿齿面的点蚀情况，并检查啮合齿轮副的侧隙。

③ 每6个月或每3000h检查偏航轴承连接螺栓的紧固力矩，确保紧固力矩为机组设计文件的规定值。全面检查齿轮副的啮合侧隙是否在允许的范围之内。

（二）偏航驱动运行维护操作

1. 偏航驱动组成及运行原理

（1）偏航驱动机械结构原理　偏航驱动机构主要由偏航电动机、偏航减速器、偏航小齿轮及偏航控制电气回路组成。

偏航电动机一般使用三相交流电动机，根据机组型号不同，多使用两个或者两个以上偏航电动机，实际维护中根据其在机舱所处的位置，通常称为左偏航电动机、右偏航电动机。在偏航过程中两电动机转向是相同的。

偏航电动机输出轴与偏航减速器输入轴连接，传递动力。偏航减速器一般采用多级行星齿轮副结构进行减速传动，以减少体积。

经减速器减速后的转动和动力传递给偏航小齿轮，通过与偏航齿轮的啮合，带动机舱偏航。

(2) 偏航驱动电气控制原理　偏航电动机主回路由偏航断路器、偏航接触器、热继电器及连接电缆组成。其主回路是一个正反转回路，电控系统通过分别接通左、右偏航接触器，实现风力发电机组的左、右偏航动作。

当偏航电动机得电后，其电磁刹车释放，电动机转动，偏航减速器将电动机的转动减速并将动作和转矩传递给偏航小齿轮，通过偏航小齿轮与偏航轴承外齿圈的啮合，实现机舱的偏航动作。

图 3-13 为常见偏航电动机的主回路原理图。

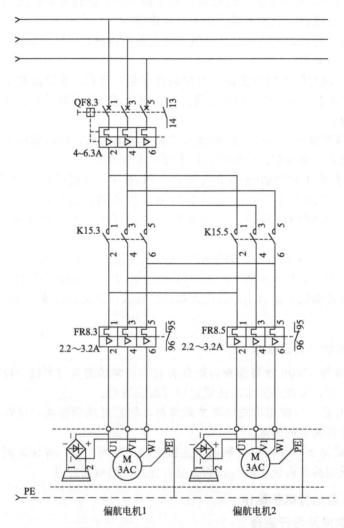

图 3-13　常见偏航电动机的主回路原理图

图 3-13 中，QF8.3 为偏航电动机断路器，13、14 为辅助触点；K15.3、K15.5 分别为左、右偏航接触器，其线圈由专门的模块控制供电，常闭辅助触点分别串联在对方线圈供电

电路上；FR8.3、FR8.5 为偏航电动机热继电器，95、96 为辅助触点；偏航电动机左侧为电磁刹车机构整流桥电路。所有辅助触点均串联接入偏航过载检测回路中，用以检测在偏航过程中是否发生过载现象。

动力电缆经过 QF8.3 后，分别连接左、右偏航接触器端子，两接触器电动机侧端子使用导线对应连接。**注意**：两接触器母线侧三相接线相序不同，电动机侧接线相序相同，以实现不同接触器吸合时偏航电动机转向不同。

当机舱需要向左偏航时，控制模块向 K15.3 线圈供电，主触点动作闭合，偏航电动机得电开始动作，机舱偏航；同时 K15.3 辅助触点断开，使得 K15.5 在任何情况下均不能吸合主触点，避免发生三相短路。

机舱右偏航原理与上述相同。

2. 偏航驱动组成部分日常维护

（1）偏航驱动装置的日常检查
① 偏航减速器油位检查。
② 检查偏航电动机、偏航减速器各处是否有漏油现象。
③ 检查运行时偏航电动机及偏航减速器是否有非正常的机械和电气噪声。
④ 检查偏航小齿轮表面润滑及生锈情况，检查齿轮面有无裂纹及破损。
⑤ 定期检查偏航驱动各紧固螺栓的紧固力矩是否符合要求，有无松动。
⑥ 检查偏航驱动各设备有无防腐漆脱落现象。
⑦ 定期使用塞尺等测量工具检查偏航齿轮啮合间隙大小。

（2）偏航驱动机构日常维护
① 偏航电动机　每次例行检查，均应使用纱布、汽油对偏航电动机进行仔细清洁，便于检查漏油、防腐漆脱落情况。

检查偏航电动机电缆线有无破损烧损现象，如有则立即更换，并进一步测量偏航电动机绕组绝缘。

机舱内手动偏航检查偏航电动机运行时有无不正常的机械和电气噪声，如有则必须立即对偏航电动机认真检查。

② 偏航减速器　每次例行检查，均应使用纱布、汽油对偏航减速器进行仔细清洁，便于检查漏油、防腐脱落情况。

每次检查均应通过偏航减速器油窗检查其油位，如低于油窗指示刻度，应立即加注规定的润滑油剂。

应定期检查偏航减速器内润滑油油色、油质、杂质，发现油色变色严重或存在大量杂质时应彻底更换润滑油。

偏航时应注意偏航减速器有无不正常的机械声音，如有应立即对偏航减速器进行检查。
偏航减速器表面防腐漆如有脱落，应立即进行防腐处理。
定期使用经过校准的工具按照规定的力矩值对偏航减速器与机舱底座连接螺栓进行紧固。
③ 偏航齿面　定期使用规定的润滑剂均匀喷涂，防止发生生锈及磨损。
检查中发现齿轮面存在裂纹或破损，应立即进行记录并视情况予以更换等处理。

3. 偏航驱动常见故障检查及处理

偏航驱动组成主要为大型机械、电气部件，常见偏航电动机电气故障及偏航减速器卡死等故障。实际工作可根据机组报告的偏航故障名称进行判定。

以下介绍偏航驱动机构常见的故障及处理方法。

(1) 偏航电动机运行中烧毁　一般偏航电动机烧毁，机组会报告偏航电动机过载故障。现场可检查偏航断路器、对应的偏航热继电器，其中一个应跳开。确定偏航电动机主回路确无电压后，可在热继电器电动机侧端子上使用兆欧表等电阻测量设备测量该电动机绕组间绝缘、绕组对地绝缘数值，应远低于规定值。此时需要更换偏航电动机。

更换偏航电动机时应仔细查找偏航电动机烧毁的原因，并进行处理，避免更换电动机后再次烧毁。

(2) 偏航减速器齿轮结构损坏卡死　可卸下偏航电动机散热风扇保护罩，手动抬起电磁刹车机构，旋转散热风扇，判断偏航齿轮减速器有无卡死现象，如有则进行更换。

(3) 啮合间距的调整　偏航减速器通过高强度螺栓固定在机舱底座上，其输出轴圆心与固定螺栓孔排布圆圆心并不重合，两个圆心之间的距离称为偏心距。该偏心距可以用来调整偏航大小齿轮之间的啮合间隙。一般偏航减速器固定螺栓法兰面上标示有偏心距调整箭头，可根据调整箭头调整偏心距。

更换偏航减速器之后，应重新测量啮合间隙。如不符合机组技术要求，可通过旋转偏航减速器法兰面重新安装螺栓进行调整。

(三) 液压偏航刹车装置运行维护操作

1. 偏航液压回路组成

偏航系统的液压盘式制动器通过管路及必要的液压阀件等与风力发电机组液压系统连接，通过液压系统进油管路提供的液压压力驱动制动器活塞，进行制动和松开，油路上设置有必需的阀件、仪表、辅助设备，通过与电控系统相互配合，使偏航系统的各项功能稳定有效实现。

以 750kW 风力发电机组偏航系统为例，分析偏航系统液压油路运行原理。图 3-14 为该机组液压系统偏航油路原理图，图中各元件均使用通用符号标识，其读图方法及要求参照液压系统相关规定。

① 油箱

容量：约 30L；油位计：显示油位；油位传感器：低油位发讯开关 1 个；开关触点形式为常开。

② 电动机

型号：M2QA90S4A；1.1kWB5IP55/400/690/50Hz；功率：1.1kW；电压：690V/50Hz；电流：1.6A；转速：1400r/min。

③ 油泵

类型：齿轮泵 SNP1-2.2/DC001F；工作流量：3.1L/min；工作压力：185bar。

④ 电磁换向阀 290

类型：WSEDO8130-04X-G24-Z4-N；三通针式电磁换向阀；电磁铁电压形式：DC（直流）；电磁铁的额定电压：24V；额定电流：1.04A；最大工作压力：350bar；最大流量：20L/min（要求无泄漏）。

⑤ 电磁换向阀 230

类型：WSM06020Z-01M-C-N-24DG；螺纹插装阀；最大工作压力：350bar；最大流量：40L/min（要求无泄漏）；电磁铁电压形式：DC（直流）；电磁铁额定电压：24V；额定电流：0.8A。

⑥ 溢流阀 140.1、140.2

类型：DB4E-062-CE0034.ENISO4126.4L.5.180 带有限压功能的螺纹插装阀；最大工

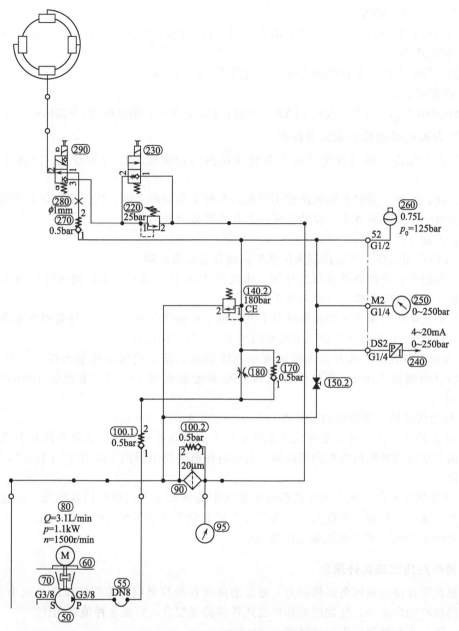

图 3-14 液压系统偏航油路原理图

作压力：180bar；调节形式：出厂前调整到位，用铅封。

⑦ 溢流阀 220（背压型）

类型：DB4E-01X-100V；最大工作压力：350bar（出厂前调整到 25bar）；调节形式：可用工具调节到适合的压力范围。

⑧ 节流阀 150.1、150.2、180

类型：DV5E-01X。

⑨ 压力继电器 240

类型：HDA4745-A-250-000 带有 DMS 精密传感单元。

连接形式有：机械连接——外螺纹连接；电气连接——3芯接头＋PE，DIN43650/ISO4400，含接头 ZBE01。

输出信号：二线制，4～20mA；供给电压：10～30V；压力范围：0～250bar。

⑩ 压力表 250

类型：带压力指示装置的压力计；测量范围：0～250bar。

⑪ 蓄能器 260

类型：SB0210-0，75E1/112A9-210AK；有效容积：0.75L；预充压力：125bar（260）。

2. 风力发电机偏航系统元件作用

（1）动力元件　风力发电机液压系统使用内啮合齿轮泵作为动力源，为油路提供动力源。

（2）执行元件　偏航系统油路使用偏航刹车闸作为制动元件，执行偏航刹车功能。该型号机组偏航刹车闸共有五个，安装在底座上并夹紧偏航刹车盘。

（3）控制元件

① 方向控制元件　方向控制阀包括单向阀和电磁换向阀。

单向阀起到逆止油路及保压的作用（单向阀100.1）。另外，单向阀还可以与其他元件并联，使之在单方向起作用（单向阀170）。

在风力发电机组液压系统偏航油路中共有两个电磁换向阀，分别是偏航刹车电磁换向阀290（失电进油）和偏航余压卸压电磁换向阀230（失电截止）。

② 压力控制元件　风力发电机组液压系统偏航油路中的压力控制元件，包括偏航溢流阀220（溢流值25bar，先导式溢流阀）和系统溢流阀140.2（溢流值180bar，直动式溢流阀）。

③ 压力传感器　系统压力传感器240（4～20mA，0～250bar）。

④ 流量控制元件　风力发电机组液压系统中的流量控制元件包括阻尼阀和节流阀，其中节流阀与单向阀并联组成单向调速阀。具体有偏航油路阻尼阀280和手阀150.2，均为可调节流阀。

⑤ 液压辅助元件　风力发电机组液压系统中的辅助元件主要包括蓄能器、过滤器、压力表、密封装置、管路、管接头等。具体有系统蓄能器260（充气压力125bar）、系统压力表250（0～250bar）和系统回油过滤器90。

3. 偏航液压回路运行原理

偏航液压油路由液压泵提供动力，通过油路及各种控制阀体控制液压压力大小及流向，由偏航闸执行动作命令，经偏航电动机与风传感器等配合，完成各种偏航动作。

（1）液压系统油路压力保持原理

① 系统压力保持　压力传感器（240）用来监测液压系统的系统压力。当系统压力降低到132bar以下时，计算机发出指令，液压泵开始工作建压，直到系统压力达到142bar，计算机发出指令，液压泵停止工作。

② 偏航闸制动　偏航闸的刹车压力由系统压力提供，溢流阀（220）用来调整偏航余压。220出厂设定值为25bar，在现场可根据实际情况调整在适合的范围之内。

风力发电机组处在偏航刹车状态时，电磁换向阀290是失电的，系统液压压力作用在偏航刹车闸上，使偏航闸抱紧刹车盘，提供刹车力矩。当风力发电机组需要偏航时，电磁换向阀290得电，液压压力释放，在溢流阀220作用下保持25bar的偏航余压。

电磁换向阀（230）用来释放偏航余压。

③ 油路过压保护 两个设定值为180bar的溢流阀（140.2）用来保护液压系统的压力不超过180bar。如果液压泵在系统压力达到设定值后没有停止工作，系统压力继续升高，当压力达到180bar时，溢流阀（140.2）打开，多余的压力通过溢流阀（140.2）流回油箱，系统压力不再升高。

④ 蓄能器在油路保压、稳压中的作用

a.蓄能器的稳压作用 执行元件的往复运动或者突然停止、控制阀的突然切换或者关闭、液压泵的突然启动或者停止，往往都会产生压力冲击。通常蓄能器安装在容易产生压力冲击的部位，缓和压力冲击，保证液压系统稳定安全运行。

b.蓄能器的保压作用 蓄能器在液压泵工作时储存液压压力。当液压泵停止工作后，蓄能器利用储存的压力为油路压力进行连续补充，从而使油路压力长时间保持在要求范围内，减少液压泵的工作次数。

（2）液压系统主要功能实现的动作过程

偏航刹车的释放过程为：290得电动作—阀芯换位，油路通断状态改变—偏航闸回油—偏航闸释放。

偏航刹车过程为：290失电动作—阀芯换位，油路通断状态改变—偏航闸进油，系统压力下降—液压系统建压—偏航闸刹车—系统压力正常。

在偏航闸释放时，首先是290得电动作，偏航闸内液压压力释放，经过设定时间1s后，偏航电动机得电动作。这主要是因为阻尼阀280的存在，使偏航闸回油减缓。这个设定时间可以保证偏航刹车闸已完全释放，防止偏航时发生偏航过载。

在开始偏航后，偏航刹车闸内液压压力仅有25bar左右。偏航结束后，290得电，偏航闸进油，系统压力会降低，所以偏航结束后，液压系统会为系统压力建压。

阻尼阀280可以使偏航闸的动作速度减缓，避免偏航闸刹车速度过快对系统造成过大的冲击载荷。

4.偏航制动器结构原理

大部分机组的偏航制动器控制油路为失效制动，即机组断电、紧急停机、系统失效等情况发生时，液压系统为偏航制动器提供液压压力，使制动器制动，锁定机舱。

偏航闸结构如图3-15所示，每个偏航闸均由上、下闸体两部分组成，通过高强度螺栓固定在机舱底座上，上、下闸体夹紧刹车盘。液压压力通过进油口注入偏航闸体内，推动活塞向刹车盘运动，紧在刹车盘上。当液压油通过进油口流回，压力变小时，偏航闸内弹簧机构将活塞推回，带动闸垫松开刹车盘。

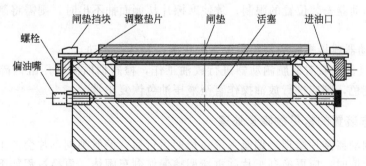

图3-15 偏航闸结构示意图

5. 偏航制动器及刹车盘的日常检查维护

（1）偏航制动器日常检查安装维护使用过程中的注意事项

① 检查偏航制动器本身有无漏油现象。

② 检查偏航制动器连接油路有无泄漏情况。

③ 检查偏航制动器有无防腐漆脱落情况。

偏航制动器的维护及保养

④ 在安装制动器之前，制动盘必须将油污清洗干净（可用工业酒精清洗），任何残留油污都将明显降低制动器摩擦片的摩擦系数，以致影响制动器的制动性能。

⑤ 摩擦片上禁沾油污，任何残留油污都将明显降低摩擦片的摩擦系数。

⑥ 制动器的排气阀在出厂前已紧固好，现场安装时，如需更换排气阀和进油口的方向，应确保更换方向后的排气阀和进油口接头与机体连接处密封可靠，不得漏油（必要时可更换新的紫铜垫并确保拧紧）。

⑦ 制动器的液压系统在组装或更改系统时，必须使用排气阀进行排气，确保系统内无空气（排气每年应重复几次，因为管路内的任何空气都将削弱系统功能）。

⑧ 在制动器安装时，要充液净化液压油缸。在净化过程中，特别注意严禁将油溅到制动盘上。

⑨ 排气阀排气结束后，安装排气阀保护帽时，注意不可将保护帽拧紧，以防止油液从排气阀内漏出（排气阀保护帽带上即可）。

⑩ 当摩擦片的摩擦材料厚度磨至小于规定值时，要及时更换摩擦片。

（2）定期维护内容

① 检查制动器在制动过程中不得有异常噪声。

② 检查制动器壳体和制动摩擦片的磨损情况，如有必要，进行更换。如有防腐漆脱落，应进行防腐处理。

③ 根据机组技术要求检查偏航制动器各项数据，如制动压力、制动余压、摩擦片厚度等，不符合技术要求应进行调整。

④ 定期清洁制动器摩擦片，以防制动失效。检查摩擦片厚度，当摩擦片的最小厚度不足 2mm 时，必须进行更换。

更换前要检查并确保制动器在非压力状态下。具体步骤如下：

a. 放松一个挡板，并将其卸掉；

b. 检查并确保活塞处于松闸位置上（核实并确保摩擦片也在其松闸位置上）；

c. 移出摩擦片，并用新的摩擦片进行更换；

d. 将挡板复位并拧上螺钉，不要忘记安装垫圈，螺钉的紧固力矩应符合规定值；

e. 当由于制动器安装位置的限制，致使摩擦片从侧面抽不出时，则需将制动器从其托架上取下。

⑤ 检查制动器连接螺栓的紧固力矩是否正确，是否有松动。

⑥ 定期通过偏油嘴对偏航制动器进行放油工作，检查偏航闸液压缸内碎屑情况，如偏航闸内液压油变色，则应进行放油操作直至液压油色恢复正常。

6. 偏航刹车装置的常见故障及处理

（1）偏航制动器闸片磨损　偏航系统在长期运行后，偏航闸刹车片会产生磨损。当刹车片厚度小于规定值时，应更换刹车片并重新调整偏航刹车闸体。更换过程如下：

① 旋松一个挡板，并将其卸掉；

② 检查并确保活塞处于松闸位置上（核实并确保摩擦片也在其松闸位置上）；

③ 移出摩擦片,并用新的摩擦片进行更换;
④ 将挡板复位并拧上螺钉,不要忘记装垫圈。
(2) 偏航闸体活塞油封部件漏油或者损坏　长期运行中的偏航闸体可能出现密封及活塞损坏的现象,需要进行更换。更换过程如下:
① 将制动器从其托架上取下(**注意**:制动器与液压站断开);
② 取下摩擦片;
③ 将活塞从其壳体中卸下;
④ 更换每一个活塞的密封装置;
⑤ 重新安装活塞,检查并确保它们在壳体里的正确位置;
⑥ 将制动器重新安装到托架上,并净化制动器。
(3) 偏航刹车盘变形、划痕、变色　检查中发现偏航刹车盘出现变形、划痕及裂纹,应立即更换刹车盘,同时检查所有偏航制动器是否完好,必要时予以更换。
应定期检查偏航刹车盘有无变色、生锈情况,并及时进行清理。
(4) 偏航余压调整方法
① 机组停机维护状态下按下机舱柜急停按钮,旋松液压站上所有手动卸压阀。
② 旋开偏航余压换向阀的卸压螺钉,手动按下偏航电磁阀阀芯,数秒后松开。此时偏航闸完全卸压。
③ 卸下任意一个偏航闸的放气帽顶盖,将压力表头连接在放油口上,并确定密封可靠。
④ 旋紧偏航余压换向阀的卸压螺钉,旋紧手动卸压阀,旋开机舱柜急停按钮。
⑤ 在机舱柜对风机进行复位,使液压系统建压。系统压力正常后,将维护开关扳至维护位置。
⑥ 在机舱柜执行偏航,观察压力表头指示的偏航余压数值。
⑦ 如果需要对偏航余压进行调整,首先停止偏航。使用开口扳手松开溢流阀调节螺栓上的锁紧螺母。使用六方顺时针(偏航余压过小时)或者逆时针(偏航余压过大时)适度旋转调节螺栓,然后旋紧锁紧螺母。
⑧ 重复步骤⑤~⑦,直到偏航余压值在要求范围内。
⑨ 按步骤①、步骤②的操作方法对偏航闸卸压,卸下压力表头。按步骤⑤的操作方法复位阀体,各开关复原。如有液压油渗漏,清理存在的油迹。
注意:以上操作至少由两人配合完成,操作过程中必须注意偏航时的安全和在液压系统上工作的安全。

(四) 偏航轴承、电磁刹车装置检修

1. 偏航轴承日常维护

偏航轴承承载机舱自重及偏航载荷,良好的维护和保养十分必要。其日常维护主要是滚道润滑油脂加注以及偏航齿面润滑保养。
① 偏航轴承内圈或外圈上均布数个注油嘴,定期使用油枪加注规定型号和润滑脂进行润滑。加注时应将旧油脂从排油口挤出为宜。
② 偏航齿面应定期使用规定的喷剂喷涂或使用润滑脂均匀涂抹。长时间停止运行的机组,必须对齿面做好保养措施。
③ 近年新设计和生产的机组一般加入了自动润滑系统。自动润滑系统由润滑泵、油分配器、润滑小齿轮、润滑管路线等组成,用于偏航轴承滚道及齿面的自动定期润滑,从而代替了人工润滑。

④ 检查轮齿齿面的磨损情况。

⑤ 检查啮合齿轮副的侧隙是否正常。

⑥ 检查是否有非正常的噪声。

⑦ 检查连接螺栓的紧固力矩是否正确。

⑧ 密封带和密封系统至少每12个月检查一次。正常的操作中，密封带必须保持没有灰尘。当清洗部件时，应避免清洁剂接触密封带或进入滚道系统。若发现密封带有任何损坏，必须通知制造企业。避免任何溶剂接触密封带或进入滚道内，不要在密封带上涂漆。

⑨ 每年检查一次轨道系统磨损现象，对磨损进行测量。当磨损达到极限值时，通知制造企业处理。

2. 偏航电磁刹车空气间隙调整

偏航电动机得电时，电磁刹车电磁铁同时得电，可移动衔铁被吸起，刹车片被松开，偏航电动机动作。

可移动衔铁与电磁铁之间的间隙称为空气间隙。正常情况下空气间隙要求为1～2mm。如果空气间隙过小，可移动衔铁被吸起时刹车片不能被完全松开，可能导致偏航电动机堵转过载。

电磁刹车气隙调整方法如下。

① 卸下偏航电磁刹车护罩，露出电磁刹车。

② 用塞尺测量空气间隙大小。如果空气间隙过小，则需要进行调整。

③ 使用六方调节调节螺栓，用塞尺进行测量，使空气间隙在要求的范围内。

④ 调整完毕后抬起电磁刹车释放手柄，转动偏航电动机轴，检查电动机旋转是否正常。

⑤ 检查正常后，使用开口扳手旋紧刹车调节器。旋转调节螺母，使制动弹簧被压缩，以便电磁刹车制动时能提供足够的刹车力矩。

⑥ 试偏航观察偏航是否正常。确认正常后安装防护罩及盖板。

3. 偏航电磁刹车常见故障

(1) 偏航电动机电磁刹车整流桥烧毁　该故障会导致机组偏航时电磁刹车机构保持刹车状态不动作，轻则导致偏航过载故障，重则使偏航电动机烧毁。

维护人员可在机舱内使用手动偏航开关进行短时偏航。注意偏航电动机启动瞬间偏航刹车机构有无吸合声音，如无声音则立即停止偏航，检查整流桥有无烧痕，或通过手柄抬起电磁刹车机构，同时执行偏航，测量其输出端有无直流电压。如果没有直流电压输出或者输出值达不到要求，可以更换整流桥。

(2) 电磁刹车气隙过小　检查刹车间隙是否符合规定，如不合规定则进行调整。

（五）偏航系统传感器检修

偏航系统设置了各种必要的传感器时刻监测风速风向信息、偏航系统状态、偏航系统运行数据等，保证偏航系统准确稳定运行。

偏航系统通过风速仪、风向标检测环境风速信息，判断机舱是否需要偏航；通过接近开关检测偏航动作，记录偏航速度和偏航角度值；通过偏航计数器判断机舱扭缆，自动停机。

1. 风传感器

风传感器包括风速仪和风向标。安装后，一般不需要对其进行特别的维护，可在日常巡视中检查如下项目：

① 检查避雷针支架是否牢固；
② 检查风速仪及风向标固定是否可靠；
③ 观察风速仪风杯及风向标的风杯转动是否顺畅；
④ 检查接线是否牢固、规范；
⑤ 检查风向标标记点是否正对机头方向。

另外，可以根据风力发电机组运行状态或者故障，判断风传感器是否需要检查。
① 机组机头正常运行方向明显与主风向有偏差，可检查风向标标记点是否正对机头。一般情况下，该现象可引起风速大功率小故障。
② 机组运行中检测风速明显低于周围机组或数据明显异常，可查看风向标的风杯是否卡住或风向标是否损坏。一般情况下，该现象会导致风速大功率小故障。
③ 机组报告风速仪故障或风向标故障时，应对风传感器进行检查。

2. 偏航接近开关

偏航接近开关维护量极小，基本不需要进行维护。一般日常巡视中可检查固定支架是否牢固，检测距离是否符合要求。

两个接近开关的信号变化是同步的，并且其开关状态可以在机组监控界面查看。如果偏航接近开关损坏，则机组偏航时会报告偏航接近开关故障或者偏航停止等类似故障。维护人员可通过控制界面的开关量状态或故障判断接近开关运行状态，从而进行维修。

3. 偏航计数器

偏航计数器作为记录偏航圈数或检测机舱扭缆的传感器，其调整值必须准确，否则将会出现圈数记录不准、扭缆检测错误等故障。

当机舱发生扭缆停机后，应拆卸下偏航计数器，同时手动执行解缆操作，直至顺缆。拆卸下计数器顶盖，通过旋转小齿轮来调整凸轮到中间位置或通过凸轮上的调整螺钉调整到正确位置后，重新安装偏航计数器，最后在控制系统中将偏航角度清零即可。

任务三　风力发电机组偏航系统的调试与故障处理

一、任务引领

偏航系统的调试在风力发电机试验时进行。偏航系统的调试与偏航系统的维修不同，此时偏航系统的机件均处于正常状态，只是由于装配不当或零部件的质量问题造成一些问题。出现故障后的调试必须考虑机件磨损及机件失效的影响。

【学习目标】

1. 了解偏航系统控制过程和控制逻辑。
2. 了解偏航系统运行前的调试准备和调试项目。
3. 掌握偏航系统的调试方法。
4. 掌握故障分析方法和处理措施。

【思考题】

1. 偏航系统调试条件、调试项目及调试及方法是什么？

2. 偏航系统常见故障有哪些？如何处理？

二、相关知识学习

（一）偏航系统控制

1. 偏航系统基本状态

作为风机的偏航系统，其主要作用就是根据风机运行工况，正确地调整机组的迎风方向。所以，无论在何种工况下，风机的偏航都离不开三种基本工作状态：顺时针偏航，逆时针偏航和停止偏航。

① 顺时针偏航：俯视风机，机舱顺时针方向旋转的偏航过程。
② 逆时针偏航：与顺时针偏航方向相反。
③ 停止偏航：机组偏航停止。

注意：顺时针偏航和逆时针偏航是相对而言的，是机组的两个不同方向的偏航过程。

2. 偏航控制系统控制过程分类

如何正确地处理风机运行过程中对偏航状态的需求，是偏航控制系统的关键所在。一般来讲，可以把偏航控制系统分为自动对风偏航、手动偏航及解缆偏航。

① 自动对风偏航：风机正常运行中主要的偏航控制方式，机组根据风向自动对风。
② 手动偏航：人为手动干涉风机偏航过程，根据操作者的需要进行风机偏航调整。
③ 解缆偏航：是偏航系统对机组电缆防止过度缠绕的一种保护程序。

3. 偏航系统控制过程处理

（1）偏航电动机及闸的动作　偏航系统硬件执行电路主要由偏航电动机、偏航液压闸、偏航电动机电磁闸、偏航角度传感器及偏航扭缆传感器等几部分组成。在执行启动偏航和停止偏航过程时，要求偏航电动机及闸的启动、停止有一定的先后顺序。为提高系统偏航时的安全系数，一般在偏航启动时先启动电动机再松闸，在偏航停止时先紧闸再停电动机。当然合理的电动机与闸之间动作的延时保护程序是必不可少的，需要根据不同硬件电路来设计。

（2）偏航系统控制逻辑　在偏航系统控制中，自动对风偏航、手动偏航、解缆偏航的程序是相互关联的，正确调用各个状态是处理偏航程序的关键。

① 手动偏航　需要人为干涉，主要应用在系统调试、检修时。在控制系统硬件电路中有相对独立的电路。在手动偏航执行时，偏航闸一般是需要完全释放的。在偏航过程中，系统故障信息会影响手动偏航程序的执行，以保护在人为干涉偏航时系统的安全。

② 自动对风偏航　在自动对风偏航过程中，偏航系统是完全由程序自动控制的，一般偏航液压闸未完全释放，会保持一定的压力。偏航状态随风向的变化而变化。

③ 解缆偏航　当电缆缠绕角度大于电缆缠绕安全角度时，解缆偏航程序执行。在解缆过程中，偏航液压闸一般都在完全释放状态，自动偏航角度一般设在360°（根据具体情况设定）。

风机在偏航时，驱动电动机得到主控命令进行正方向或反方向旋转。在旋转过程中，偏航角度、方向信息实时由偏航角度、方向传感器进行采集，将信息回馈到主控系统中，主控系统在得到这些信息时加以计算，与风向进行比较，当机舱方向在合理的风向偏差范围内，偏航系统将停止偏航。

（二）偏航系统运行前调试

为确保机舱偏航系统运行的安全可靠，在机组投入运行前必须对偏航系统进行调试。

1. 调试条件

① 参照电路图检查偏航电动机控制开关上的整定值。
② 偏航电动机的电源相序正确。
③ 偏航系统的油管连接完毕。
④ 偏航计数器接线完毕。
⑤ 风向标、风速计安装、接线完毕。
⑥ 严格按照试验项目进行试验并记录结果。

2. 调试项目

① 检查两偏航电动机的动作方向的一致性。
② 检查机舱内控制盘面上的偏航键执行功能及偏航动作与偏航键指示方向的一致性。
③ 检查地面控制器面板上的偏航键执行功能及偏航动作与偏航键指示方向的一致性。
④ 检查风向标指示偏航方向时，机舱的偏航动作正确性。
⑤ 测试偏航计数器解缆功能，检查偏航计数器解缆位置的设定（图3-16）。

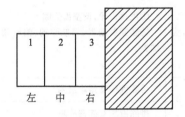
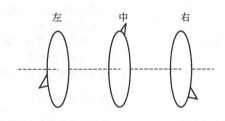

图 3-16　偏航计数器解缆位置设定示意图

⑥ 检查偏航刹车的功能及偏航刹车体内的压力及余压。
⑦ 采用压保险丝法检查两偏航减速器的齿侧隙（0.3～0.6mm）及其方向的一致性。
⑧ 测试偏航过程中的噪声。

3. 调试报告

① 记录两偏航电动机运输动作是否一致。
② 记录偏航键执行结果是否正确。
③ 记录风向标指示偏航时机组动作的正确性。
④ 记录机组偏航后两侧电动机齿侧隙及其方向的一致性。
⑤ 记录偏航停止后偏航系统中的压力。
⑥ 记录偏航过程中偏航系统中的压力。
⑦ 记录偏航计数器在不同方向上动作的执行结果。
⑧ 记录有无异常噪声。
⑨ 试验过程中发生的其他情况或意外要在备注中详细地记明。

4. 调试方法

① 操作控制柜内的两偏航控制接触器，检查在 CW 和 CCW 两个偏航方向上两偏航电

动机的动作方向及齿侧隙。

② 操作机舱内的偏航键和地面控制柜上的偏航键，检查 CW 和 CCW 键执行结果与风机的实际偏航方向是否一致。

③ 记录风机初始位置后，手动偏航机舱 360°，记录偏航时间，然后计算偏航速度（偏航前，给偏航轴承加注少量油脂，偏航过程中，将偏航轴承润滑油脂加足量）。

④ 拨动偏航计数器的不同位置开关，模拟不同扭缆故障，观测故障信号，并用中心位置开关复位故障。

5. 偏航系统常见故障及处理方法（表 3-1）

表 3-1 偏航系统常见故障及处理方法

序号	存在问题	故障现象	处理方法
1	齿圈齿面磨损	①齿轮副长期啮合运转 ②润滑油或润滑油脂严重缺失，使齿轮副处于干摩擦状态 ③相互啮合的齿轮副齿侧间隙中渗入杂质	①检查是否有漏油现象，加注规定型号的润滑脂，加规定型号的润滑油 ②清除齿间杂质
2	液压制动器工作压力低	有漏油现象	①管路接头松动或损坏 ②密封件损坏
3	异常噪声	①偏航驱动装置中油位过低 ②偏航阻尼力矩过大 ③齿轮副轮齿损坏或侧隙太大，齿轮副齿侧隙中有杂质 ④连接螺栓紧固不合格或松动	①更换齿轮，调整齿侧隙 ②紧固制动器、偏航驱动、偏航轴承的连接螺栓
4	偏航压力不稳	液压管路出现渗漏	排除液压管路渗透漏
		液压蓄能器的保压出现故障	排除液压蓄能器故障
		液压系统元器件损坏	更换损坏的液压元器件
5	偏航定位不准	风向标信号不准确	校正调准风向标信号
		偏航阻尼力矩过大或过小	偏航阻尼力矩调到额定值
		偏航制动力矩不够	偏航制动力矩调到额定值
		偏航齿圈与驱动齿轮的齿侧隙大	调整齿轮副的齿侧隙
6	偏航计数器故障	连接螺栓松动	紧固松动连接螺栓
		异物侵入	清除异物
		损坏；磨损	更换连接电缆

复习思考题

1. 偏航系统在机组中有什么作用？由哪几部分组成？各部分结构及运行原理是什么？
2. 偏航系统液压回路由哪些元件组成？整个偏航系统液压油路是怎样运行的？
3. 偏航系统中有哪些传感器？它们的原理和作用是什么？

4. 偏航系统如何实现正反转控制？
5. 偏航系统运行前主要调试内容是什么？
6. 偏航刹车机构主要由哪几部分组成？试说明偏航电磁刹车原理。
7. 偏航系统日常巡视检查项目有哪些？
8. 试写出偏航系统整体运行原理（包括风信息检测、偏航电气控制、液压油路控制）。
9. 偏航液压制动器工作压力低及有非正常噪声的故障表现及处理方法有哪些？
10. 偏航压力不稳、偏航定位不准及偏航计数器故障表现及处理方法有哪些？
11. 偏航系统每月定期检查和长期检查维护各有哪些项目及要求？

学习情境三
课件

学习情境三
【随堂测验】

学习情境四

风力发电机组电控系统调试与运行维护

【学习情境描述】

控制系统贯穿风力发电机组的每个部分，是风力发电系统的核心，其控制技术是风力发电机组的关键技术之一，其精确的控制、完善的功能将直接影响到机组的安全与效率。目前风力发电需要解决发电效率和发电质量的问题，这两个问题都和风力发电机组的控制系统密切相关。

【学习目标】

1. 了解风力发电机组的运行控制原理及系统的安全保护措施。
2. 理解风力发电机组电控系统的组成，各组成部分的结构、功能及特点。
3. 掌握风力发电机组电控系统调试方法。
4. 掌握风力发电机组电控系统运行维护内容及方法。
5. 掌握风力发电机组电控系统常见故障及处理措施。
6. 熟练掌握风力发电机组电控系统调试与维护工器具。
7. 清楚风力发电机组电控系统调试与运行维护操作规程和安全注意事项。

【本情境教学重点】

1. 风力发电机组运行控制原理（定桨距和变桨距）。
2. 安全保护系统保护措施。
3. 电控系统日常维护内容与检修方法。

【本情境教学难点】

1. 电控系统的调试方法。
2. 电控系统常见故障排查。

任务一　风力发电机组运行控制原理与安全保护系统的认知

一、任务引领

控制与安全系统是风力发电机组安全运行的指挥中心,控制系统的安全运行保证了机组的安全运行。因此,学习和掌握风力发电机组运行控制、安全保护等相关知识非常重要。

【学习目标】
1. 明确风力发电机组的控制目标和控制功能。
2. 理解风力发电机组控制系统的组成及控制过程。
3. 掌握风力发电机组安全运行的条件及要求。
4. 掌握风力发电机组启动、停机与并网、脱网条件及控制方法。

【思考题】
1. 安全保护系统在风力发电机组运行中的重要意义是什么?
2. 安全链动作的条件有哪些?
3. 风力发电机组启停、并网及脱网阶段的动作条件及动作过程是什么?

二、相关知识学习

(一) 控制思想

目前我国风电场运行的机组多数以定桨距失速型机组为主,但随着兆瓦级风力发电机组的投运,越来越多的变桨距风力发电机组取代了定桨距失速型机组,两种机组控制方法略有不同。

所谓失速型风力发电机组,就是当风速超过风力发电机组额定风速时,为确保风力发电机组功率输出不再增加,导致风力发电机组过载,通过空气动力学的失速特性,使叶片发生失速,从而控制风力发电机组的功率输出。所以,定桨距失速型风力发电机组控制系统的控制思想和控制原则以安全运行控制技术要求为主,功率控制由叶片的失速特性来完成。

风力发电机组的正常运行及安全性取决于先进的控制策略和优越的保护功能。控制系统应以主动或被动的方式控制机组的运行,使系统运行在安全允许的规定范围内,且各项参数保持在正常工作范围内。

控制系统可以控制的功能和参数包括功率极限、风轮转速、电气负载的连接、启动及停机过程、电网或负载丢失时的停机、扭缆限制、机舱时风、运行时电量和温度参数的限制。如风力发电机组的工作风速是采用 BIN 法计算 10min 平均值确定小风脱网风速和大风切出风速,每个参数极限控制均采用回差法,上行点和下行点不同,视实际运行情况而定。

变桨距风力发电机组与定桨距恒速型风力发电机组控制方法略有不同,即功率调节方式不同,它采用变桨距方式改变风轮能量的捕获,从而使风力发电机组的输出功率发生变化,最终达到限制功率输出的目的。

保护环节以失效保护为原则进行设计,当控制失败、内部或外部故障的影响导致出现危险情况引起机组不能正常运行时，系统安全保护装置动作，保护风力发电机组处于安全状态。在下列情况下系统自动执行保护功能：超速、发电机过载和故障、过振动、电网或负载丢失、脱网时的停机失败等。保护环节为多级安全链互锁，在控制过程中具有逻辑"与"的功能，而在达到控制目标方面可实现逻辑"或"的结果。

此外，系统还设计了防雷装置，对主电路和控制电路分别进行防雷保护。控制线路中每一电源和信号输入端均设有防高压元件，主控柜设有良好的接地并提供简单而有效的疏雷通道。

（二）风力发电机组运行控制

1. 自动运行的控制要求

（1）开机并网控制　当风速10min平均值在系统工作区域内，机械闸松开，叶尖复位，风力作用于风轮旋转平面上，风力发电机组慢慢启动。当发电机转速大于20%的额定转速持续5min，转速仍达不到60%额定转速，发电机进入电网软拖动状态，软拖方式视机组型号而定。

正常情况下，风力发电机组转速连续增高，不必软拖增速，当转速达到软切转速时，风力发电机组进入软切入状态；当转速升到发电机同步转速时，旁路主接触器动作，机组并入电网运行。

对于有大、小发电机的失速型风力发电机组，按风速范围和功率的大小，确定大、小发电机的投入。软切入控制方式的确定后面有详细介绍，但大发电机和小发电机的发电工作转速不一致，通常为1000r/min和1500r/min，在小发电机脱网、大发电机并网的切换过程中，要求严格控制，通常必须在几秒内完成控制。

（2）小风和逆功率脱网　小风和逆功率停机是将风力发电机组停在待风状态，当10min平均风速小于小风脱网风速或发电机输出功率低到一定值后，风力发电机组不允许长期在电网运行，必须脱网，处于自由状态。风力发电机组靠自身的摩擦阻力缓慢停机，进入待风状态。当风速再次上升，风力发电机组又可自动旋转起来，达到并网转速，风力发电机组又投入并网运行。

（3）普通故障脱网停机　机组运行时发生参数越限、状态异常等普通故障后，风力发电机组进入普通停机程序，机组投入气动刹车，软脱网，待低速轴转速低于一定值后，再抱机械闸。如果是由于内部因素产生的可恢复故障，计算机可自行处理，无须维护人员到现场，即可恢复正常开机。

（4）紧急故障脱网停机　当系统发生紧急故障，如风力发电机组发生飞车、超速、振动及负载丢失等故障时，风力发电机组进入紧急停机程序，机组投入气动刹车的同时执行90°偏航控制，机舱旋转偏离主风向，转速达到一定限制后脱网，低速轴转速小于一定转速后，抱机械闸。

（5）安全链动作停机　指电控制系统软保护控制失败时，为安全起见所采取的硬性停机——叶尖气动刹车、机械刹车和脱网同时动作，风力发电机组在几秒内停下来。

（6）大风脱网控制　当风速10min平均值大于25m/s时，风力发电机组可能出现超速和过载，为了机组的安全，这时风力发电机组必须进行大风脱网停机。风力发电机组先投入气动刹车，同时偏航90°，等功率下降后脱网，20s后或者低速轴转速小于一定值时，抱机械闸，风力发电机组完全停止。当风速回到工作风速区后，风力发电机组开始恢复自动对风，待转速上升后，风力发电机组又重新开始自动并网运行。

（7）对风控制　风力发电机组在工作风速区时，应根据机舱的控制灵敏度，确定每次偏航的调整角度。用两种方法判定机舱与风向的偏离角度，根据偏离的程度和风向传感器的灵敏度，时刻调整机舱偏左和偏右的角度。

(8) 偏转 90°对风控制风　风力发电机组在大风速或超转速工作时，为了使风力发电机组安全停机，必须降低风力发电机组的功率，释放风轮的能量。当 10min 平均风速大于 25m/s 或风力发电机组转速大于转速超速上限时，风力发电机组进行偏转 90°控制，同时投入气动刹车，脱网，转速降下来后，抱机械闸停机。在大风期间实行 90°跟风控制，以保证机组大风期间的安全。

(9) 功率调节　当风力发电机组在额定风速以上并网运行时，对于失速型风力发电机组，由于叶片的失速特性，发电机的功率不会超过额定功率的 15%。一旦发生过载，必须脱网停机。对于变桨距风力发电机组，必须进行变距调节，减小风轮的捕风能力，以便达到调节功率的目的，通常桨距角的调节范围在 -2°~86°。

(10) 软切入控制　风力发电机组在进入电网运行时，必须进行软切入控制，当机组脱离电网运行时，也必须软脱网控制。利用软并网装置可完成软切入/切出的控制。通常软并网装置主要由大功率晶闸管和有关控制驱动电路组成。控制的目的就是通过不断监测机组的三相电流和发电机的运行状态，限制软切入装置通过控制主回路晶闸管的导通角，以控制发电机的端电压，达到限制启动电流的目的。在发电机转速接近同步转速时，旁路接触器动作，将主回路晶闸管断开，软切入过程结束，软并网成功。通常限制软切入电流为额定电流的 1.5 倍。

2. 安全保护系统要求

由于风力发电机组的内部或外部发生故障，或监控的参数超过极限值而出现危险情况，或控制系统失效，风力发电机组不能保持在正常运行范围内运行，则应启动安全保护系统，使风力发电机组维持在安全状态。

(1) 安全保护内容
① 超速保护
a. 当转速传感器检测到发电机或风轮转速超过额定转速的 110% 时，控制器将给出正常停机指令。
b. 防止风轮超速，采取硬件设置超速上限，此上限高于软件设置的超速上限，一般在低速轴处设置风轮转速传感器，一旦超出检测上限，就引发安全保护系统动作。对于定桨距风力发电机组，风轮超速时，液压缸中的压力迅速升高，达到设定值时，突开阀被打开，压力油泄回油箱，叶尖扰流器旋转 90°成为阻尼板，使机组在控制系统或检测系统以及电磁阀失效的情况下得以安全停机。

② 电网失电保护　风力发电机组离开电网的支持是无法工作的。一旦失电，空气动力制动和机械制动系统动作，相当于执行紧急停机程序。这时舱内和塔架内的照明可以维持 15~20min。对由于电网原因引起的停机，控制系统将在电网恢复正常供电 10min 后，自动恢复正常运行。

③ 主电路保护　在变压器低压侧三相四线进线处设置低压配电断路器，以实现机组电气元件的维护操作安全和短路过载保护。该低压配电断路器应配有分动脱扣和辅助动触点。发电机三相电缆线入口处，应设有配电断路器，用来实现发电机的过电流、过载及短路保护。

④ 过电压、过电流保护　主电路、计算机电源进线端、控制变压器进线端和有关伺服电动机进线端，均应设置过电压、过电流保护措施。如整流电源、液压控制电源、稳压电

源、控制电源一次侧、变浆距系统、偏航系统、液压系统、机械制动系统、补偿控制电容都有相应的过电流、过电压保护控制装置。

⑤ 机械装置保护　振动传感器跳闸，表明出现了重大的机械故障，此时执行安全保护功能。

⑥ 控制器保护　主控制器看门狗定时器溢出信号，如果看门狗定时器在一定时间间隔内没有收到控制器给出的复位信号，则表明控制器出现故障，无法正确实施控制功能，此时执行安全保护功能。

⑦ 防雷设施及熔丝　主避雷器与熔丝、合理可靠的接地线可以为系统提供主避雷保护，同时控制系统应设有专门设计的防雷保护装置。在计算机电源及直流电源变压器一次侧，所有信号的输入端均设有相应的瞬时超电压和过电流保护装置。

⑧ 热继电保护　运行的所有输出运转机构，如发电机、电动机、各传动机构，都应有过热、过载保护控制装置。

⑨ 接地保护　由于设备因绝缘破坏或其他原因可能引起出现危险电压的金属部分，均应实现保护接地。如所有风力发电机组的零部件、传动装置、执行电动机、发电机、变压器、传感器、照明器具及其他电器的金属底座和外壳；电气设备的传动机构；塔架、机舱、配电装置的金属框架及金属门；配电、控制和保护用的柜（箱）的框架；交、直流电力电缆的接线盒和终端盒金属外壳及电缆的金属保护层和穿线的钢管；电流互感器和电压互感器的二次线圈；避雷器、保护间隙和电容器的底座、非金属护套信号线的1～2根屏蔽芯线，都要求保护接地。

（2）安全链保护

① 安全链功能简述　安全链是独立于计算机系统的软硬件保护措施，即使控制系统发生异常，也不会影响安全链的正常动作。采用反逻辑设计，将可能对风力发电机造成致命伤害的超常故障串联成一个回路：紧急停机按钮（塔底主控制柜）、发电机过速模块1和2、扭缆开关、来自变浆系统安全链的信号、紧急停机按钮（机舱控制柜）、振动开关、PLC过速信号、到变浆系统的安全链信号、总线OK信号。一旦其中一个节点动作，将引起整条回路断电，机组进入紧急停机过程，并使主控系统和变流系统处于闭锁状态。如果故障节点得不到恢复，整个机组的正常的运行操作都不能实现。同时，安全链也是整个机组的最后一道保护，它处于机组的软件保护之后。

发生下列故障时将触发安全链：风轮超速、机组部件损坏、机组振动、扭缆、电源失电、紧急停机按钮动作、发电机过转速、控制计算机发生死机等。

② 机组安全链的结构　如图4-1所示。从图可以看出，变浆系统通过每个变浆柜中的K4继电器的触点来影响主控系统的安全链，而主控系统的安全链是通过每个变浆柜中的K7继电器的线圈来影响变浆系统。变浆的安全链与主控的安全链相互独立而又相互影响。当主控系统的安全链上一个节点动作断开时，安全链到变浆的继电器-115K3线圈失电，其触点断开，每个变浆柜中的K7继电器的线圈失电触点断开，变浆系统进入紧急停机的模式，迅速向90°顺浆。当变浆系统出现故障（如变浆变频器OK信号丢失、90°限位开关动作等）时，变浆系统切断K4继电器上的电源，K4继电器的触点断开，使来自变浆安全链的继电器-115K7线圈失电，其触点断开，主控系统的整个安全链也断开。同时，安全链到变浆的继电器-115K3线圈失电，其触点断开，每个变浆柜中的K7继电器的线圈失电触点断开，变浆系统中没有出现故障的叶片的控制系统进入紧急停机的模式，迅速向90°顺浆。这样的设计使安全链环环相扣，能最大限度地对机组起到保护作用。

在实际的接线上，安全链上的各个节点并不是真正地串联在一起的，而是通过安全链模

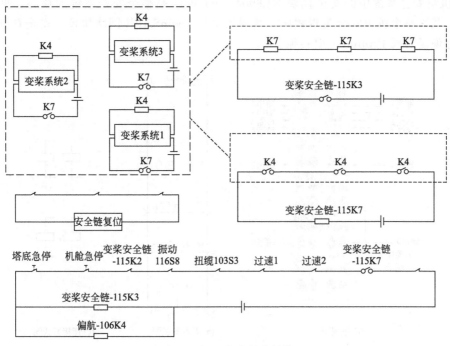

图 4-1 机组安全链的结构

块中"与"的关系联系在一起的（图 4-2），每个输入在逻辑上都是高电平 1，几个信号相"与"之后，其输出也必然都是高电平 1，但是只要有一个输入信号变成低电平 0，其输出也必然是低电平 0。逻辑上的输出实际上是通过安全链的输出模块来控制的。输入是由实际的开关触点和程序中的布尔变量共同实现的。实际的开关触点的开关状态由安全链模块的输入模块进行采集。程序中的布尔变量是按程序进行控制的。

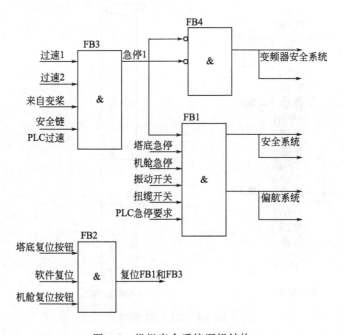

图 4-2 机组安全系统逻辑结构

③ 机组安全系统中的安全模块 KL6904 KL6904 是整个安全系统的核心，见图 4-3，其内部装载着整个机组安全逻辑程序，其通信采用 TwinSAFE 网络协议。安全系统的通信信号经过现场总线 Profibus-DP 传输。

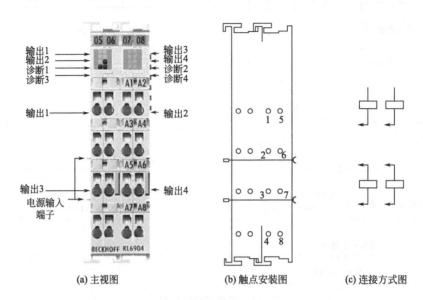

图 4-3 KL6904 模块

对于典型的安全功能可通过功能块实现。对于复杂的安全功能需求，可以通过功能块的 AND、OR 等逻辑运算来实现。

④ 安全系统的输入模块 KL1904 KL1904 是安全链数字输入模块，见图 4-4，它可以给外部传感器提供 24V DC 电源。KL1904 有 4 路失效保护输入。

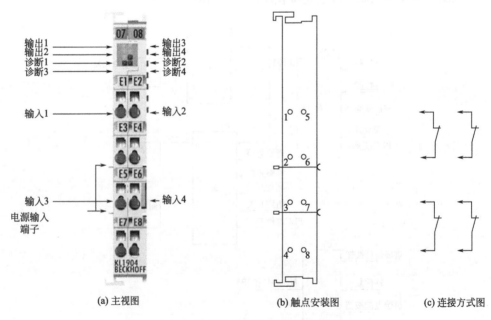

图 4-4 KL1904 模块

⑤ 安全系统的输出模块 KL2904 KL2904 是 4 通道安全链数字输出模块，见图 4-5，

它可以关断 24V DC、最大电流 2A 的执行机构。如果安全链检测到故障，它将自动关断。

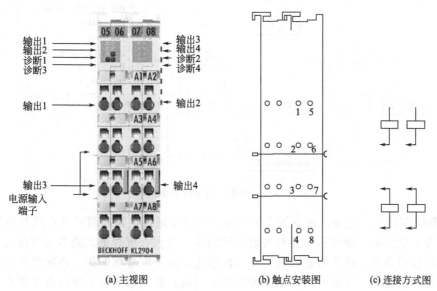

图 4-5 KL2904 模块

(3) 风力发电机组的防雷接地系统　风力发电机组都是安装在野外广阔的平原地区或半山地丘陵地带或沿海地区。风力发电设备高达几十米甚至上百米，导致其极易被雷击。雷电感应和雷电波的侵入是造成电气设备、控制系统和通信系统损坏的主要原因，因此分析雷电产生的原因，采取措施保证风力发电机组免受雷击，非常有必要。

统计数据表明，风电场因雷击而损坏的主要风电机组部件是控制系统和通信系统。其中雷击事故中的 40%～50% 涉及风电机组的控制系统，15%～25% 涉及通信系统，15%～20% 涉及风机叶片，5% 涉及发电机。

① 防雷保护的原理及方法　由于风机内部结构非常紧凑，无论叶片、机舱还是塔架受到雷击，机舱内的电控系统等设备都有可能受到机舱的高电位反击。在电源和控制回路沿塔架引下的途径中，也可能受到高电位反击。实际上，对于处于旷野之中的高耸物体，无论怎么样防护，都不可能完全避免雷击。因此，对于风力发电机组的防雷来说，应该把重点放在遭受雷击时如何迅速将雷电流引入大地，尽可能地减少由雷电导入设备的电流，最大限度地保障设备和人员的安全，使损失降低到最小的程度。

传统的防雷方法主要是直击雷的防护，参见 GB 50057—2010《建筑物防雷设计规范》，其技术措施可分接闪器、引下线、接地体和法拉第笼。其中接闪器包括避雷针、避雷带、避雷网等金属接闪器。根据建筑物的地理位置、现有结构、重要程度等，决定是否采用避雷针、避雷带、避雷网或其联合接闪方式。

德国防雷专家希曼斯基在《过电压保护理论与实践》一书中，给出了现代计算机网络的防雷框图，见图 4-6。

a. 外部防雷。主要指建筑物的防雷，一般是防止建筑物或设施（含室外独立电子设备）免遭直击雷危害，其技术措施可分接闪器（避雷针、避雷带、避雷网等金属接闪器）、引下线、接地体等，将绝大部分雷电流直接引入地下泄散。

b. 内部防雷。主要是对建筑物内易受过电压破坏的电子设备（或室外独立电子设备）加装过电压保护装置，在设备受到过电压侵袭时，防雷保护装置能快速动作，泄放能量，从而保护设备免受损坏。内部防雷又可分为电源线路防雷和信号线路防雷。

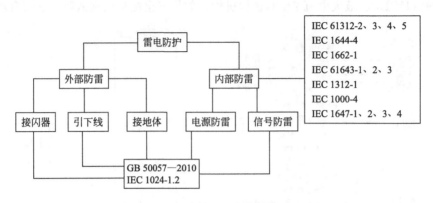

图 4-6　计算机网络防雷框图

- 电源线路防雷。电源防雷系统主要是防止雷电波通过电源线路对计算机及相关设备造成危害。为避免高电压经过避雷器对地泄放后的残压过大，或因更大的雷电流在击毁避雷器后继续毁坏后续设备，以及防止线缆遭受二次感应，应采取分级保护、逐级泄流的原则。一是在电源的总进线处安装放电电流较大的首级电源避雷器，二是在重要设备电源的进线处加装次级或末级电源避雷器。

- 信号线路防雷。由于雷电波在线路上能感应出较高的瞬时冲击能量，因此要求信号设备能够承受较高能量的瞬时冲击，而目前大部分信号设备由于电子元器件的高度集成化而致耐过电压、耐过电流水平下降，信号设备在雷电波冲击下遭受过电压而损坏的现象越来越多。

② 1500kW 机组防雷接地系统

a. 雷电保护区域的划分。大型风力发电机组根据相应标准并充分考虑雷电的特点，将风力发电系统的内外部分成多个电磁兼容性防雷保护区。其中，在叶片、机舱、塔身和主控室内外可以分为 LPZ0、LPZ1 和 LPZ2 三个区，如图 4-7 所示。

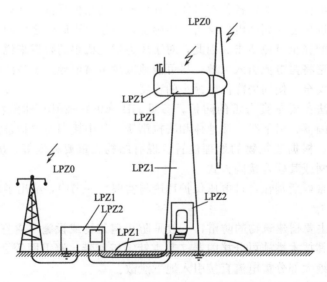

图 4-7　防雷保护区划分示意图

B、C、D 三级防雷器（SPD）保护水平的要求见表 4-1。

表 4-1　B、C、D 三级防雷器保护水平要求

防雷器	保护水平	防雷器安装等级	防雷器	保护水平	防雷器安装等级
B 级电源防雷器	<6kV	Ⅰ	C 级电源防雷器	<2.5kV	Ⅱ
B 级电源防雷器	<4kV	Ⅰ	D 级电源防雷器	<1.5kV	Ⅲ

B 级防雷器一般采用具有较大通电流的防雷器，可以将较大的雷电流泄放入地，达到限流的目的，同时将危险过电压减小到一定的程度。

C、D 级防雷采用具有较低残压的防雷器，可以将线路中剩余的雷电流泄放入地，达到限压的效果，使过电压减小到设备能承受的水平。

b. 雷电接收和传导途径。雷电在叶片表面接闪电极引导，由雷电引下线传到叶片根部，通过叶片根部传给叶片法兰，通过叶片法兰和变桨轴承传到轮毂，通过轮毂法兰和主轴承传到主轴，通过主轴和基座传到偏航轴承，通过偏航轴承和塔架最终导入接地网。

（三）风力发电机组控制系统的运行控制原理

1. 风力发电机组的控制目标

风力发电机组是实现由风能到机械能和由机械能到电能两个能量转换过程的装置，风轮系统实现了从风能到机械能的能量转换，发电机和控制系统则实现了从机械能到电能的能量转换过程。风力发电机组控制系统重点实现以下控制目标。

控制系统保持风力发电机组安全可靠运行，同时高质量地将不断变化的风能转化为频率、电压恒定的交流电送入电网。

控制系统采用计算机控制技术实现对风力发电机组的运行参数、状态监控显示及故障处理，完成机组的最佳运行状态管理和控制。

利用计算机智能控制实现对机组的功率优化控制，定桨距恒速机组主要进行软切入、软切出及功率因数补偿控制，对变桨距风力发电机组主要进行最佳尖速比和额定风速以上的恒功率控制。

大于开机风速并且转速达到并网转速的条件下，风力发电机组能软切入自动并网，保证电流冲击小于额定电流。

2. 控制系统主要参数

（1）主要技术参数

①主发电机输出功率（额定）P_e(kW)；②发电机最大输出功率 $1.2P_e$(kW)；③工作风速范围 4～25m/s；④额定风速 v_e(m/s)；⑤切入风速（1min 平均值）4m/s；⑥切出风速（1min 平均值）25m/s；⑦风轮转速 N(r/min)；⑧发电机并网转速(1000/1500+20)r/min；⑨发电机输出电压 $V±10\%$；⑩发电机发电频率(50±0.5)Hz；⑪并网最大冲击电流（有效值）<$1.5I_e$(A)；⑫电容补偿后功率因数 0.6～0.92。

（2）控制指标及效果

①方式：专用微控制器；②过载开关：<690V，660A；③自动对风偏差范围±15°；④风力发电机组自动启、停时间<60s；⑤系统测试精度≥0.5%；⑥电缆缠绕 2.5 圈自动解缆；⑦解缆时间 55min；⑧手动操作响应时间<5s。

（3）保护功能

①超电压保护范围连续 30s>$1.3U_e$(V)；②欠电流保护范围连续 30s<$1.3I_e$(A)；③风轮转速极限<40r/min；④发电机转速极限<1800r/min；⑤发电机过功率保护值连续 60s>$1.2P_e$(kW)；⑥发电机过电流保护值连续 30s>$1.5I_e$(A)；⑦大风保护风速连续 600s>

25m/s；⑧系统接地电阻＜4Ω；⑨防雷感应电压＞3500V。

3. 定桨距恒速恒频风力发电机组控制原理

（1）系统组成　以定桨距双速发电机型机组控制为例，其控制系统组成如图4-8所示。

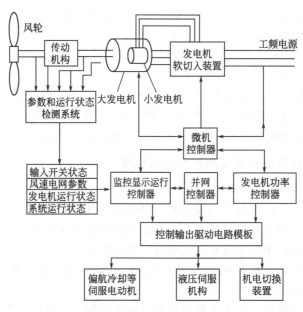

图4-8　控制系统组成框图

控制系统由微机控制器（包括监控显示运行控制器、并网控制器、发电机功率控制器）、运行状态数据监测系统、控制输出驱动电路模板（输出伺服电动机、液压伺服机构、机电切换装置）等系统组成。

控制系统输入信号系统监测的参数有三相电压、三相电流、电网频率、功率因数、输出功率、发电机转速、风轮转速、发电机绕组温度、齿轮箱油温、环境温度、控制板温度、机械制动闸片磨损及温度、电缆扭绞、机舱振动、风速和风向等。

为了得到系统运行的情况，系统还需监测各接触器的开关、液压阀压力状况、偏航运动和按键输入等情况。而控制系统输出控制的是并网晶闸管触发、相补偿、旁路接触器的开合、空气断路器的开合、空气制动、机械制动和偏航。这些控制输出都需要状态反馈，所以系统的输入量包括20多点模拟量、10点频率量、60多点开关量，它们主要为系统的模拟输入量：发电机和电网的三相电压、三相电流和发电机绕组温度、齿轮箱油温、环境温度、传动机构等旋转机构的热升温度；频率输入量有风轮转速、发电机转速、风速仪、风向仪、偏航正反向计数、扭缆正反向计数等；开关输入量主要有按键信号16个、制动闸片磨损、制动闸片过热、风向标0°、风向标90°、偏航顺时针传感、偏航逆时针传感、机舱振动、偏航电动机过载、旁路接触器状态、风轮液压压力信号（风轮转速过高时出现）、机械制动液压压力高、机械制动液压压力低、外部错误信号等。

系统的控制输出主要是控制各电磁阀、接触器线圈、空气断路器的开合。电磁阀和接触器侧的开合决定发电机的并网、变桨距和偏航电动机（顺时针和逆时针）的动作、软并网和软脱网控制、相位补偿的三步投切、空气制动及机械制动系统的动作等，还有系统的软并网和软脱网控制。

（2）控制系统工作原理　主开关合上后，风力发电机组控制器准备自动运作。

首先系统初始化，检查控制程序、微控制器硬件和外设、传感器来的脉冲及比较所选的操作参数，备份系统工作表，接着就正式启动。

启动的第 1 秒内先检查电网，设置各个计数器、输出机构初始工作状态及晶闸管的开通角。所有这些完成后，风力发电机组开始自动运行。

用于风轮的叶尖本来是 90°，现在恢复为 0°，风轮开始转动。

计算机开始时刻监测各个参数、输入，判断是否可以并网，判断参数是否超过极限，执行偏航、相位补偿、机械制动或空气制动。其中相位补偿的作用在于使功率因数保持在 0.95～0.99 之间。

其控制系统工作流程见图 4-9。

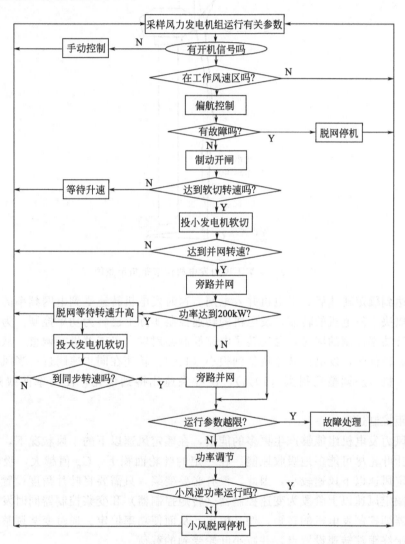

图 4-9　控制系统工作原理流程框图

4. 变桨距变速恒频风力发电机组控制原理

（1）变桨距风力发电机组的控制方式　风力发电机组的变桨距系统主要包含两种控制方式，即并网前的速度控制与并网后的功率控制。由于异步电机的功率与速度是严格对应的，功率控制最终也是通过速度控制来实现的。

变桨距风轮的叶片在静止时,节距角为90°,如图4-10所示,这时气流对叶片不产生力矩,整个叶片实际上是一块阻尼板。当风速达到启动风速时,叶片向0°方向转动,直到气流对叶片产生一定的攻角,风轮开始启动。风轮从启动到额定转速,其叶片的节距角随转速升高是一个连续变化的过程。根据给定的速度参考值调整节距角,进行速度控制。通过叶片的节距角在一定范围(0°~90°)变化,起到调节输出功率的目的,避免了定桨距机组在确定节距角后,有可能夏季发电低而冬季又超发电的问题。在低风速段,功率得到优化,能更好地将风能转化为电能。

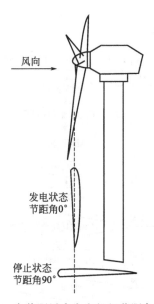

图 4-10　变桨距风力发电机组节距角示意图

当转速达到额定转速后,发电机并入电网。这时发电机转速受到电网频率的牵制,变化不大,主要取决于发电机的转差,发电机的转速控制实际上已转为功率控制。为了优化功率曲线,在进行功率控制的同时,通过转子电流控制器对发电机转差进行调整,从而调整风轮转速。当风速较低时,发电机转差调整到很小(1%),转速在同步速附近;当风速高于额定风速时,发电机转差调整到很大(10%),使叶尖速比得到优化,使功率曲线达到理想的状态。

(2) 变距控制过程

为了使风力发电机组能够产生更多的能量,在额定风速以下的小风状况下,要实现的主要目标就是让叶轮尽可能多地吸收风能。在一定的叶轮面积下,C_p 值越大,吸收的风能越多。由于额定风速以下风速较小,因此,没有必要变桨,只需要将叶片角度设置为规定的最小桨距角。额定风速以上阶段为变速控制器(转矩控制器)和变桨控制器同时发挥作用。通过变速控制器即控制发电机的转矩,使其恒定,从而使功率恒定。通过变桨调整发电机的转速,使得其始终跟踪转速设置点,并减小叶轮受到的载荷。

变距控制过程如图4-11所示,变距控制系统实际上是一个随动系统。变距控制器是一个非线性比例控制器,它可以补偿比例阀的死带和极限。变距系统的执行机构是液压系统,节距控制器的输出信号经D/A转换后变成电压信号控制比例阀(或电液伺服阀),驱动油缸活塞,推动变距机构,使叶片节距角变化。活塞的位移反馈信号由位移传感器测量,经转换后输入比较器。

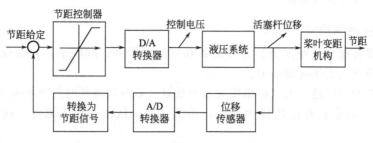

图 4-11 变距控制原理框图

新设计的机组大多采用变桨电动机驱动变桨机构,由接近开关及限位开关等组成的检测系统检测桨距变化。

(四) 控制安全系统安全运行的技术要求

1. 控制系统安全运行的必备条件

风力发电机组正常启动运行,必须同时具备如下要求。

① 风力发电机组开关出线侧相序必须与并网电网相序一致,电压标称值相等,三相电压平衡。

② 风力发电机组安全链系统硬件运行正常。

③ 调向系统处于正常状态,风速仪和风向标处于正常运行的状态。

④ 制动和控制系统液压装置的油压、油温和油位在规定范围内。

⑤ 齿轮箱油位和油温在正常范围。

⑥ 各项保护装置均在正常位置,且保护值均与批准设定的值相符。

⑦ 各控制电源处于接通位置。

⑧ 监控系统显示正常运行状态。

另外,在寒冷和潮湿地区,停止运行一个月以上的风力发电机组再投入运行前应检查绝缘,合格后才允许启动。

2. 风力发电机组工作参数的安全运行范围

(1) 风速 自然界风的变化是随机的、没有规律的。当风速在 3~25m/s 的规定范围工作时,只对风力发电机组的发电有影响,当风速变化率较大且风速超过 25m/s 以上时,则对机组的安全性产生威胁。

(2) 转速 风力发电机组的风轮转速通常低于 40r/min,发电机的最高转速不超过额定转速的 20%,不同型号的机组数字不同。当风力发电机组超速时,对机组的安全性产生严重威胁。

(3) 功率 在额定风速以下时,不做功率调节控制,只有在额定风速以上应做限制最大功率的控制。通常运行安全最大功率不允许超过设计值 20%。

(4) 温度 运行中风力发电机组的各部件运转将会引起温升。通常控制器环境温度应为 0~30℃,齿轮箱油温小于 120℃,发电机温度小于 150℃,传动等环节温度小于 70℃。

(5) 电压 发电电压允许的范围在设计值的 10%。当瞬间值超过额定值的 30% 时,视为系统故障。

(6) 频率 机组的发电频率应限制在 50Hz±1Hz,否则视为系统故障。

(7) 压力 机组的许多执行机构由液压执行机构完成,所以各液压站系统的压力必须监控，由压力开关设计额定值确定。

3. 系统的接地保护安全要求

（1）配电设备接地　变压器、开关设备和互感器外壳、配电柜、控制保护盘、金属构架、防雷设施及电缆头等必须接地。

（2）塔筒与地基接地装置　接地体应水平敷设。塔内和地基的角钢基础及支架要用截面为 25mm×4mm 的扁钢相连作接地干线，塔筒一组，地基一组，两者焊接相连，形成接地网。

（3）接地网形式　接地网以闭合型为好。当接地电阻不满足要求时，引入外部接地体。

（4）接地体的外缘　应闭合，外缘各角要制成圆弧形，其半径不宜小于均压带间距的一半。埋设深度应不小于 0.6m，并敷设水平均压带。

（5）变压器中性点　其工作接地和保护地线，要分别与人工接地网连接。

（6）避雷线　宜设单独的接地装置。

（7）电缆线路的接地　当电缆绝缘损坏时，电缆的外皮、铠甲及接线头盒均可能带电，要求必须接地。

如果电缆在地下敷设，两端都应接地。低压电缆除在潮湿的环境须接地外，其他正常环境不必接地。高压电缆任何情况都应接地。

（8）系统接地电阻　系统接地总电阻不应该超过 4Ω。

（五）控制与安全系统安装和维护的技术要求

1. 一般安全守则

维修前机组必须完全停止下来，各维修工作按安全操作规程进行。

工作前检查所有维修用设备仪器，严禁使用不符合安全要求的设备和工具。各电气设备和线路的绝缘必须良好，非电工不准拆装电气设备和线路。

严格按设计要求进行控制系统硬件和线路安装，全面进行安全检查。电压、电流、断流容量、操作次数、温度等运行参数应符合要求。

设备安装好后，试运转合闸前，必须对设备及接线仔细检查，确认无问题时方可合闸。

操作刀闸开关和电气分合开关时，必须戴绝缘手套，并要设专门人员监护。电动机、执行机构进行试验或试运行时，也应有专人负责监视，不得随意离开。如发现异常声音或气味时，应立即停止机器切断电源进行检查修理。

安装电机时，必须检查绝缘电阻是否合格，转动是否灵活，零部件是否齐全，同时必须安装接地线。

拖拉电缆应在停电情况下进行，若因工作需要不能停电时，应先检查电缆有无破裂之处，确认完好后，戴好绝缘手套才能拖拉。

带熔断器的开关，其熔丝应与负载电流匹配，更换熔丝必须先拉开闸刀开关。

电气元件应垂直安装，一般倾斜不超过 5°，应使螺栓固定在支持物上，不得采用焊接。安装位置应便于操作，手柄与周围建筑物间应保持一定距离，不易被碰坏。

低压电器的金属外壳或金属支架必须接地（或接零），电器的裸露部分应加防护罩。双头刀开关的分合闸位置上应有防止自动合闸的位置。

2. 运行前的检查和试验要求

① 控制器内是否清洁、无垢，所安装的电器其型号、规格是否与图纸相符，电气元件安装是否牢靠。

② 用手操作的刀开关、组合开关、断路器等，不应有卡住或用力过大的现象。

③ 刀开关、断路器、熔断器等各部分是否接触良好。

④ 电器的辅助触点的通断是否可靠，断路器等主要电器的通断是否符合要求。

⑤ 二次回路的接线是否符合图纸要求，线段要有编号，接线应牢固、整齐。

⑥ 仪表与互感器的变比与接线极性是否正确。

⑦ 母线连接是否良好，其支持绝缘子、夹持件等附件是否牢固可靠。

⑧ 保护电器的整定值是否符合要求，熔断器的熔体规格是否正确，辅助电路各元件的节点是否符合要求。

⑨ 保护接地系统是否符合技术要求，并应有明显标记。表计和继电器等二次元件的动作是否准确无误。

⑩ 用欧姆表测量绝缘电阻值是否符合要求，并按要求做耐压试验。

3. 控制与安全系统运行的检查

① 保持柜内电气元件的干燥、清洁。

② 经常注意柜内各电气元件的动作顺序是否正确、可靠。

③ 运行中特别注意柜中的开断元件及母线等是否有温升过高或过热、冒烟、异常的声音及不应有的放电等不正常现象。如发现异常，应及时停电检查，并排除故障，避免事故的扩大。

④ 对断开、闭合次数较多的断路器，应定期检查主触点表面的烧损情况，并进行维修。断路器每经过一次断路电流，应及时对其主触点等部位进行检查修理。

⑤ 对主接触器，特别是动作频繁的系统，应及时检查主触点表面。当发现触点严重烧损时，应及时更换不能继续使用。

⑥ 定期检查接触器、断路器等电器的辅助触点及电器的触点，确保接触良好。定期检查电流继电器、时间继电器、速度继电器、压力继电器等整定值是否符合要求，并做定期整定，平时不应开盖检修。

⑦ 定期检查各部位接线是否牢靠及所有紧固件有无松动现象。

⑧ 定期检查装置的保护接地系统是否安全可靠。

⑨ 经常检查按钮、操作键是否操作灵活，其接触点是否良好。

（六）风力发电机组停机脱网控制

风力发电机在自然环境未达到其并网条件或超出机组承受能力、发生故障或人为需要时，会执行停机动作，发电机脱网，叶轮停止。根据其停机形式，各分系统执行对应的动作，并保持规定的状态。

（1）风力发电机组运行状态　可以分为运行、暂停、停机、急停。

① 运行状态　风力发电机组无故障，环境风速满足启动条件，刹车机构松开，叶轮开始旋转或者机组已经并网发电的状态，称之为运行状态。

② 暂停状态　机组无故障、无手动停机，叶轮刹车机构处于刹车状态，机组静止或进行变桨、偏航对风的状态，称之为暂停状态。

③ 停机状态　机组发生一般故障或人为手动停机，机组所有刹车机构均处在刹车位置的状态，称之为停机状态。

④ 急停状态　机组发生致命故障或人为手动紧急停机，机组所有刹车均处在刹车位置，所有执行机构锁定，机组不执行任何动作的状态，称之为急停状态。

(2) 风机工作状态之间转变　风机各工作状态层次从低到高如下：急停、停机、暂停、运行。

提高工作状态层次只能一层一层地上升，而要降低工作状态层次可以是一层或多层。这种工作状态之间转变的方法是基本的控制策略，它的主要出发点是确保机组安全运行。如果风力发电机组的工作状态要往更高层次转化，必须一层一层往上升，用这种过程确定系统的每个故障是否被检测。当系统在状态转变过程中检测到故障，则自动进入停机状态。

当系统在运行状态中检测到故障，并且这种故障是致命的，那么工作状态不得不从运行直接到急停，这可以立即实现而不需要通过暂停和停止。

下面进一步说明当工作状态转换时，系统是如何动作的。

① 工作状态层次上升

a. 急停→停机。如果停机状态的条件满足，则：
- 关闭急停电路；
- 建立液压工作压力；
- 各执行机构恢复动作权利。

b. 停机→暂停。如果暂停的条件满足，则：
- 启动偏航系统；
- 对变桨距风力发电机组，接通变桨距系统压力阀或启动变桨电机控制系统。

c. 暂停→运行。如果运行的条件满足，则：
- 核对风力发电机组是否处于上风向；
- 叶尖阻尼板回收或变桨距系统投入工作；
- 根据所测转速，判断发电机是否可以切入电网。

② 工作状态层次下降　包括三种情况。

a. 紧急停机。也包含了三种情况，即停止→急停，暂停→急停，运行→急停。其主要控制指令为：
- 打开急停电路；
- 置所有输出信号于无效；
- 机械刹车作用；
- 逻辑电路复位。

b. 停机。包含了两种情况，即暂停→停机，运行→停机。

暂停→停机主要控制指令为：
- 停止自动调向；
- 打开气动刹车或变桨距机构回油阀（使失压）或启动变桨电动机控制系统。

运行→停机主要控制指令为：
- 变桨距系统停止自动调节；
- 打开气动刹车或变桨距机构回油阀（使失压）或启动变桨电动机控制系统；
- 发电机脱网。

c. 暂停。

- 如果发电机并网，调节功率降到零，后通过晶闸管切出发电机；
- 如果发电机没有并入电网，则降低风轮转速至零。

三、任务实施

① 通过模拟几种风速，观察并记录风机模型启动、停机、并网、脱网等动作过程。
② 归纳总结本任务实施过程中的操作要点和安全注意事项。
③ 思考风力发电机组运行过程中需要控制哪些参数和设备。
④ 思考风力发电机组控制系统需要对哪些设备进行日常维护。
⑤ 思考风力发电机组控制系统中各设备可能出现的故障。

任务二　风力发电机组电控系统的认知

一、任务引领

风力发电机组配备的电控系统以可编程控制器为核心，控制电路是由 PLC 中心控制器及其功能扩展模块组成，主要实现风力发电机正常运行控制、机组的安全保护、故障检测及处理、运行参数的设定、数据记录显示以及人工操作，配备有多种通信接口，能够实现就地通信和远程通信。

【学习目标】
1. 理解风力发电机组电控系统的基本组成及各组成部分的功能特点。
2. 理解变流电控系统功能和变流柜柜体布局。
3. 理解变流电控系统网侧与发电机侧控制原理。
4. 理解变桨电控系统的基本组成及功能特点。
5. 认识变桨电控柜的主要电气设备，了解其性能特点。
6. 理解主控系统的基本组成及功能特点。
7. 认识主控制柜、机舱控制柜主要的电气设备，了解其性能特点。
8. 理解风力发电机组监控系统的监测内容，认识常用的传感器，了解其性能特点。
9. 清楚风力发电机组电控系统采取的安全保护措施。

【思考题】
1. 简述电控系统的组成以及其在风力发电机组中核心作用。
2. 简述风力发电机组变流电控系统控制原理、变流柜柜体布局。
3. 简述风力发电机组变桨电控系统的基本组成及功能特点。
4. 简述变桨电控柜主要的电气设备及其性能特点。
5. 简述风力发电机组主控系统的基本组成及功能特点。
6. 简述主控制柜、机舱控制柜主要的电气设备及其性能特点
7. 简述风力发电机组电控系统监测的数据、所使用的传感器种类以及安装位置。
8. 简述风力发电机组电控系统采取的安全保护措施。
9. 简述风力发电机组电控系统所使用的操作工器具。
10. 简述风力发电机组电控系统操作规程和安全注意事项。

二、相关知识学习

（一）风力发电机组的电控系统概述

风力发电机组的电气控制系统由低压电气柜、电容柜、控制柜、变流柜、机舱控制柜、三套变桨柜、传感器和连接电缆等组成，电控系统包含正常运行控制、运行状态监测和安全保护三个方面的职能。

（1）低压电气柜　风力发电机组的主配电系统连接发电机与电网，为风机中的各执行机构提供电源，同时也是各执行机构的强电控制回路。

（2）电容柜　为了提高变流器整流效率，在发电机与整流器之间设计有电容补偿回路，提高发电机的功率因数。为了保证电网的供电质量，在逆变器与电网之间设计有电容滤波回路。

（3）控制柜　是机组可靠运行的核心，主要完成数据采集及输入、输出信号处理；逻辑功能判定；对外围执行机构发出控制指令；与机舱柜、变桨柜通信，接收机舱和轮毂内变桨系统信号；与中央监控系统通信，传递信息。

（4）变流柜　变流系统主电路采用交-直-交结构，将发电机输出的非工频交流电通过变流柜变换成工频交流电，并入电网。

（5）机舱控制柜　采集机舱内各个传感器、限位开关的信号；采集并处理叶轮转速、发电机转速、风速、温度、振动等信号。

（6）变桨柜　实现风力发电机组的变桨控制，在额定功率以上通过控制叶片桨距角使输出功率保持在额定状态。在停机时，调整桨叶角度，使风力发电机处于安全转速下。

正常运行控制包括机组自动启动，变流器并网，主要零部件除湿加热，机舱自动跟踪风向，液压系统开停，散热器开停，机舱扭缆和自动解缆，电容补偿和电容滤波投切以及低于切入风速时自动停机。

监测系统主要监测电网的电压、频率，发电机输出电流、功率、功率因数，风速，风向，叶轮转速，发电机转速，液压系统状况，偏航系统状况，风力发电机组关键设备的温度及户外温度等。控制器根据传感器提供的信号控制风力机组可靠运行。

安全保护系统分三层结构：计算机系统（控制器），独立于控制器的紧急停机链和个体硬件保护措施。微机保护涉及风力机组整机及零部件的各个方面，紧急停机链保护用于整机严重故障及人为需要时，个体硬件保护则主要用于发电机和各电气负载的保护。

电控系统又可分为变桨系统、变流系统、主控系统和监控系统四大子系统，各子系统的组成如图 4-12 所示。

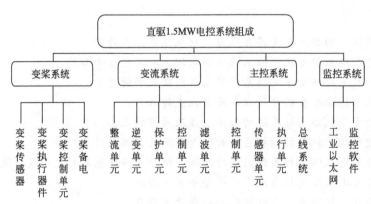

图 4-12　电控系统组成框图

（二）变流电控系统

风力发电机组的变流电控系统能够实现以下两个功能。

（1）能量转换功能　变流器在风机系统中的主要作用是把风能转换成适应电网的电能，反馈回电网。

（2）低电压穿越功能　随着国家电网公司对国内风机运行标准的提高，风力发电机要具备低电压穿越功能，在电网波动时，短时间能够正常运行，在一段时间内保证风机不脱网。

1. 变流系统硬件组成

现以1.5MW直驱风力发电机组为例，说明变流系统的硬件基本组成，其结构如图4-13所示。

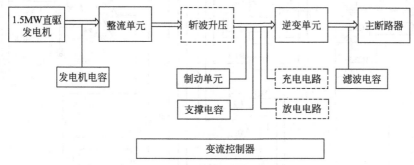

图4-13　变流系统硬件组成框图

由发电机发出的交流电，其电压和频率都很不稳定，随叶轮转速的变化而变化，经过电机侧整流单元（或称INU）整流，变换成直流电，再经过斩波升压，使电压升高到±600V，送到直流母排上；再通过逆变单元（或称AFE），把直流电逆变成能够和电网相匹配的形式送入电网。为了保护变流器系统的稳定，还设置了一个过压保护单元（CHOPPER），当某种原因使得直流母线上的能量无法正常向电网传递时，它可以将多余的能量在电阻上通过发热消耗掉，以避免直流母线电压过高造成器件的损坏。

需要注意的事项如下。

① 在闭合主断路器之前，需要给直流母排进行预充电，因为直流母排上带有大容量电容器，若不预充电，则在闭合主断路器时会对系统造成很大的电流冲击。

② 放电电路是在停机后用来给直流母排放电的，其实就是给连在直流母排上的电容器泄放电荷。

③ 当直流母线上的电压过高时，制动单元工作，释放直流母线上过多的能量，维持母线电压。

2. VERTECO变流系统主拓扑结构

VERTECO变流系统主拓扑结构如图4-14所示。变流器采用了可控整流的方式把发电机发出的电整流为直流电，通过网侧逆变模块把直流电变成工频交流电并入电网。其控制方式为分布式控制。这种方式和它的主电路拓扑结构相对应，即网侧和发电机侧各有独立的控制器，以网侧控制器为主控制器，通过控制器之间的联系进行相互信息的交换和控制。其他控制器为子控制器。

VERTECO变流回路主要由4个变频器和3个框架开关组成（一个在变流柜中作电网侧的主空气开关，另外两个在机舱内的接线柜中作发电机侧的空气开关），采用可控整流方

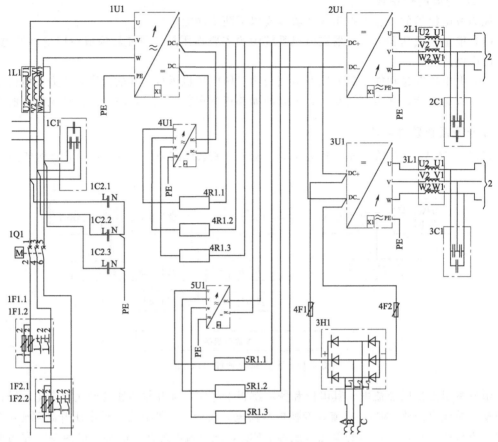

图 4-14 变流器系统原理图

式,即整流部分采用可控的 IGBT 整流(发电机侧的变频器作为整流器),核心部件为变频器。1U1 为电网侧逆变变频器,作用是将直流母线上的电能转换成为电网能够接收的形式并传送到电网上。2U1 和 3U1 为发电机侧整流变频器,作用是将发电机发出的电能转换成为直流电能传送到直流母线上。4U1 为制动/耗能变频器,是在因某种原因使得直流母线上的电能无法正常向电网传递或直流母线电压过高时,将多余的电能在电阻 4R1 和 5R1 上通过发热消耗掉,以避免直流母线电压过高造成器件的损坏。1Q1 为电网侧主空气开关,3H1 为高压整流块,3T1 为高压充电变压器,3K11 为充电控制接触器,电网侧 1C2 电容组为滤波电容组,1L1 为电网侧滤波电抗器。

VERTECO 变流器单元之间采用了光纤通信的交换数据,变频器和主控系统采用 PROFIBUS 总线的通信,除此以外变频器间又冗余了一条 CANBUS 总线。VERTECO 变流器的变频器采用并排安装的方式,变流系统控制过程如图 4-15 所示。

变流柜柜体整体布局如图 4-16 所示。

变流柜中采用的功率模块都是通用变频器,相互之间通过光纤/CAN 总线互连。从硬件上看,这些控制器的基本配置一致,从控制角度看,1U1 的控制器是变流器主要的控制核心,通过它变流器完成和 WTC 之间的信息和命令交互,同时完成对其他控制器的操作。

可以看到,1U1、2U1 及 3U1 之间通过光纤和 CAN 总线连接,而 4U1、5U1 之间及与其他控制器的连接通过 CAN 总线实现,这是因为 1U1、2U1 及 3U1 之间需要高速通信以满足系统正常运行所需,而制动功率模块的相应时间可以慢一些。

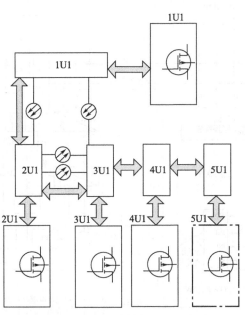

图 4-15 变流系统控制过程示意图

变流柜整体布局

图 4-16 变流柜柜体整体布局

3. 网侧控制原理

网侧功率单元的作用是将直流母线上的直流有功功率转换为 50Hz 交流有功功率，传送到电网上。其控制对象为直流母线电压。其控制原理框图如图 4-17 所示。

从图 4-17 中可以看到，网侧功率模块控制对象有电网电压和直流母线电压。这两个控制对象本质上分别代表网侧无功功率和有功功率。

一般来说，当网侧电压上升时，需要网侧模块提供感性无功功率；而当网侧电压下降时，则需要提供容性无功功率。

其中电网电压为可选项，实际系统中并没有这个功能，而以 WTC 给出的无功功率指令代替。根据这个无功指令，考虑到电网电压波动有限，则可以直接得到这个无功给定对应的无功电流，如下式所示：

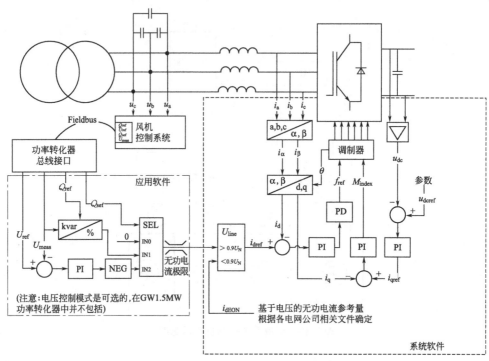

图 4-17 网侧功率模块控制原理框图

$$I_{dref} = \frac{Q}{U_s}$$

式中 I_{dref}——无功电流；
  Q——无功给定；
  U_s——电网电压。

有功功率是由发电机提供的，发电机发出的有功功率通过发电机侧功率模块转化为直流有功功率输送到直流母线上。而网侧功率模块则将直流母线上的有功功率转换为交流有功功率输送到电网上。

当直流母线上输入有功功率增加到大于通过网侧模块输送到电网上的有功功率时，将导致直流母线电压上升；而当直流输入有功功率下降到小于输送到电网的有功功率时，直流母线电压会下降。也就是说，直流母线电压的变化直接反映了发电机发出的功率的变化。网侧功率模块通过监测直流母线电压的波动，就可以得到输出有功电流的大小。

4. 发电机侧控制原理

发电机侧功率模块控制原理框图如图 4-18 所示。

从图 4-18 中可以看到，这里只给出了一套绕组对应的功率模块的控制框图。这是由于两套绕组在控制原理上是一致的，只是在控制的相位上有一定偏差。

另外，图中光电码盘实际上采用的是无速度矢量控制原理。通过这一控制方式，可以得到转子转速，从而得到转子磁场位置角 θ_r。通过核心算法，可以从发电机电枢电流及发电机参数推导得到转子磁场的旋转速度。

从图 4-18 上可以看到这里采用的是直接转子磁场定向控制。首先根据检测得到的转子磁场的旋转速度，积分得到转子磁场位置角 θ_r。根据这个位置角 θ_r，对检测得到的发电机定子电流进行三相静止坐标系到两相同步旋转坐标系的变换，得到转矩电流分量 i_q 和励磁

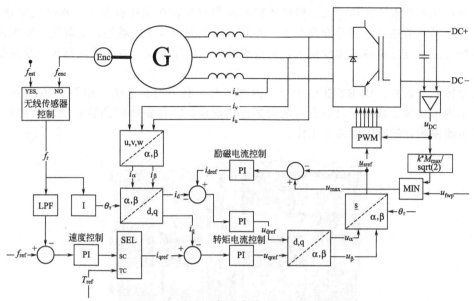

图 4-18　发电机侧功率模块控制原理框图

电流分量 i_d。这两个量作为电流闭环控制的反馈量。

转矩电流的参考给定有两个来源：

① 由转速参考给定与检测得到的转子速度进行比较，然后经过 PI 调节器得到转矩电流给定；

② 根据转矩给定直接得到转矩电流给定。

励磁电流的参考给定则比较复杂。首先根据直流母线电压推算出对应的定子最大端电压，将这个电压和前馈电压值比较，将其中较小者作为机端电压最大值。再将这个结果和电压给定进行比较，经过磁场控制器得到励磁电流给定。

注意：这里虽然用 PI 调节器的符号表示磁场控制器，但实际上与一般的 PI 调节器是有一定区别的。

在得到励磁电流/转矩电流的给定和反馈之后，通过电流调节器可以得到转矩电压/励磁电压的参考给定值 U_{dref}/U_{qref}。再根据转子磁场位置角 θ_r，对这两个给定进行两相同步旋转坐标系到三相静止坐标系的变换，得到发电机机端三相电压的给定。根据该三相给定，PWM 模块给出功率器件的驱动脉冲。

5. VERTECO 变流系统的柜体内部冷却

VERTECO 变流器元件散热是通过一套强制水冷系统实现的，见图 4-19。

图 4-19　VERTECO 水冷系统

水冷的优点是水的比热容大，同样体积的水和空气，在同样温升下，水吸收的热量大，同时，柜体采用散热管道铺设方式散热，有利于集中把热量排出塔架，也解决了塔架内部噪声大的问题。缺点是柜体结构较复杂，制造成本大。风冷方式优点是结构简单，缺点是散热效率低。

除水冷系统以外，VERTECO变流柜内部还有一套风冷却系统，如图4-20所示。可以在变流柜内形成风冷却循环以防止出现局部过热现象，并且柜体内还装有湿度监测传感器，以保障变流系统在适宜的湿度下工作。

图 4-20　风冷却系统

（三）变桨电控系统

1. 变桨电控系统基本功能

变桨控制系统实现风力发电机组的变桨控制，在额定功率以上通过控制叶片桨距角使输出功率保持在额定状态。

根据风机启动、变速、变桨、停机、维护等要求，由上位机PLC发送相应的桨距角调节命令，将三个叶片桨距角同步调节到所需的位置，在电网供电电压正常及风机处于自动变桨调节方式的情况下，每个叶片轴柜内的分布式I/O通过PROFIBUS总线，向上位机PLC发送相关状态信息及运行参数，并接受PLC发送的命令，可实现桨距角独立调节的功能。另外，变桨系统是目前系统唯一的停车机制，通过将桨叶迅速顺至停机位置来完成刹车。主控的所有停机指令，包括普通停机、快速停机和紧急停机，最后都是通过总线发给变桨系统来执行。机组的安全链的最后输出也是给变桨系统，任意一个安全链节点断开后，安全链系统送给变桨系统的高电平都会丢失，变桨系统会根据内部程序立即执行紧急停机。当风机处于维护状态时，提供手动变桨及其他安全维护及检修的功能。

变桨电控系统驱动原理如图4-21所示。

变桨系统内部电气及控制检测主要包括以下部分。

① 开关电源，将50Hz线电压400V（三相）交流电输入转换为60V直流电输出。

② 变桨变频器，将60V DC转换成三相频率可变的29V AC，通过变频变速调节变桨电动机。

③ 超级电容，储备电能。

④ A10自制模块，检测采集超级电容高低电压，判断是否正常。

⑤ BC3150总线端子控制器及Beckhoff模块，是带PLC功能的总线耦合器。变桨安全控制，采集状态信号，发出控制信号。

外部驱动及检测部分包括以下部分。

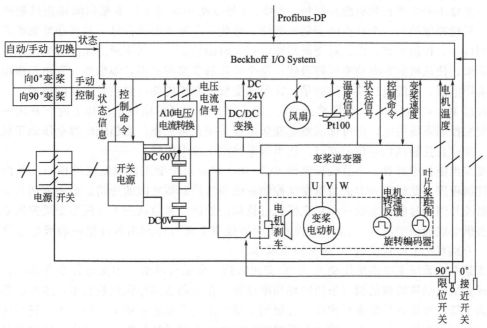

图 4-21 变桨电控系统驱动原理图

① 变桨电动机，驱动变桨减速器。
② 增量式和绝对式混合型的旋转编码器，检测变桨角度和变桨速度。
③ 温度检测（Pt100），检测温度。
④ 0°接近开关及 90°限位开关，检测叶片接近 0°以及到达 90°位置报警。

2. 变桨电控系统的拓扑结构

风力发电机组采用三套独立的变桨系统，如图 4-22 所示。动力线、DP 线、安全链线通

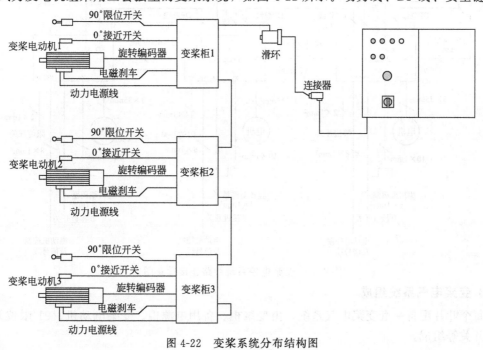

图 4-22 变桨系统分布结构图

过滑环连接 1 号变桨柜和机舱控制柜，2 号、3 号变桨柜通过 1 号变桨柜间接连接到机舱控制柜。机舱控制柜与三个独立的变桨柜通信，接收三个变桨柜的信号，并对变桨系统发送实时控制信号，控制变桨动作；对变流系统进行实时的检测，根据不同的风况对变流系统输出转矩要求，使风机的发电功率保持最佳；每个叶片的变桨控制柜，都配备一套由超级电容组成的备用电源，超级电容储备的能量，在保证变桨控制柜内部电路正常工作的前提下，足以使叶片以 10°/s 的速率，从 0°顺桨到 90°三次。当来自滑环的电网电压掉电时，备用电源直接给变桨控制系统供电，仍可保证整套变桨电控系统正常工作。当超级电容电压低于软件设定值，主控在控制风机停机的同时，还会报电网电压掉电故障。

变桨控制柜中都有一个总线控制器 BC3150，它是每个变桨控制系统的核心，其内部有变桨控制程序。此程序一方面负责变桨控制系统与主控制器之间的通信，另一方面负责变桨控制系统外围信号的采集处理和对变桨执行机构的控制。紧急状态下（例如变桨控制系统突然失去供电或通信中断），三个变桨控制柜中的控制系统可以利用各自柜内超级电容存储的电能，分别对三个叶片实施 90°顺桨停机动作。

变桨电控系统主电路采用交流-直流-交流回路，变桨电动机采用交流异步电动机，变桨速率或变桨电动机转速的调节采用闭环频率控制。在电动变桨距伺服控制中，主控制器给出位置命令值，与位置反馈进行比较，位置调节器的输出就是速度调节器的输入，进行比例积分，速度调节器输出转矩命令值，与反馈值比较后，差值送到转矩调节器中，输出就是转矩电流给定值，并且把电流指令矢量控制在与磁极所产生的磁通相正交的空间位置上，达到转矩控制。相比采用直流电动机调速的变桨控制系统，在保证调速性能的前提下，避免了直流电动机存在碳刷容易磨损、维护工作量大、成本高的缺点。

变桨电控系统线路连接如图 4-23 所示。

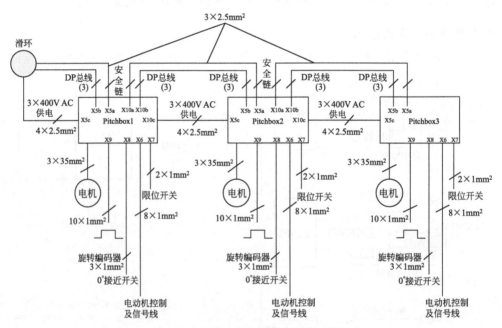

图 4-23 变桨电控系统线路连接示意图

3. 变桨电气系统组成

每个叶片配备一套变桨电气系统，由变桨柜、备用电源柜、变桨电动机、91°限位开关、接近开关等组成。

(1) 变桨柜内部组成　变桨柜外观如图 4-24 所示。内部由主开关、备用电源充电器、变流器、超级电容以及具有逻辑及算术运算功能的 I/O 从站、控制继电器及连接器等组成。变桨柜内部组成框图见图 4-25。

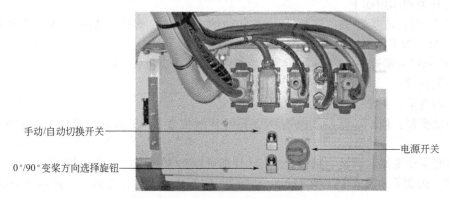

图 4-24　变桨柜外观图

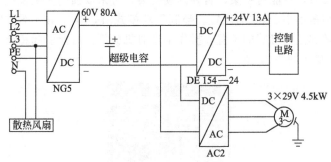

图 4-25　变桨柜内部组成框图

(2) 主要电气设备

① 主开关及转换开关　如图 4-26 所示。

图 4-26　主开关及转换开关

主开关作用如下。

a. 变桨控制柜内超级电容充电器 3×400V AC 电源输入控制。

b. 变桨电动机冷却风扇、散热器冷却风扇、柜体内加热器的 230V AC 电源输入控制。

c. 当开关断开后，整个变桨控制柜除了动力电源输入以及超级电容之外，其余所有电路均断电，变桨系统停止工作。

转换开关的作用如下。

a. 手动/自动转换开关：选择手动或自动的变桨操作模式。Auto（A）为自动模式；Manual（M）为手动模式。

b. 0°~90°变桨开关：Forward 朝 0°变桨；Backward 朝 90°变桨。

c. 变桨模式。

- 自动变桨：正常工作，程序控制。
- 手动变桨：调试、维护。只有当 2 只叶片的位置在 86°附近，第 3 只叶片才能朝 0°变桨。
- 强制手动变桨：调试、维护。3 只叶片都可以朝 0°变桨，不受 86°限制。

注意：强制手动模式中，叶片能在 -2°~95°桨距角范围内任意转动。而在非强制手动模式中，若要维护某一叶片，如叶片朝 0°方向变桨，其桨距角不能小于 5°，如叶片朝 90°方向变桨，当碰到限位开关后，不能再变桨，若要继续变桨，可采取强制变桨模式变桨，而其余两个叶片则要求转到桨距角不小于 86°的位置。强制手动模式时，叶片角度不被任何限定值控制或限制，这样叶片能转到任何可能的位置，操作不当对机械部件可能引起相当大的损害。

② 充电器　外观如图 4-27 所示。

图 4-27　充电器外观图

a. 额定输入 3×400V AC，额定输出 60V DC。

b. 在电网电压正常的情况下，超级电容充电及变桨控制柜所用的直流控制电均来自充电器。

c. 与充电器相关的信号如下。

- 充电器直流输出控制信号 ON/OFF：控制充电器是否输出 60V DC 电压，该功能主要用于测试变桨控制柜动力电源掉电时超级电容的性能。
- 充电器运行正常状态信号：由充电器本身控制的开关量信号，用于反映充电器动力电源输入是否正常。
- 充电器温度测量信号：由安装在充电器内部的 Pt100 铂电阻传感器测量。
- 充电器直流输出电流测量信号：由安装在充电器内部高频降压变压器副边回路中的电

阻测量，以方便控制高频降压变压器原边回路中的 IGBT 模块触发脉冲，以及充电器的最大输出电流。

③ 超级电容

a. 由 4 组超级电容能量模块串联组成，每组能量模块的额定电压为 16.2V，每个能量模块则由 6 只超级电容单体串联组成，每只超级电容单体的额定电压为 2.7V，额定电容值为 2600F，超级电容总的电容值为 108F。超级电容如图 4-28 所示。

图 4-28 超级电容外观示意图

图 4-29 逆变器外观示意图

b. 超级电容输出三个测量信号：超级电容温度，由 Pt100 铂电阻传感器测量；30V DC 及 60V DC 直流电压信号，实时监测串联的超级电容模块之间电压分配是否均匀；通过超级电容电压监测，可以判断电网电压是否掉电。

④ 逆变器 其外观见图 4-29。

a. 直流输入：由充电器的输出或超级电容供电，标称电压为 48V DC。

b. 交流输出：标称值为 3×29V AC。

c. 输入、输出引脚功能描述：

- D3、D5 旋转编码器提供的标准增量式反馈信号；
- E1 控制变桨速率的模拟输入信号；
- E2、E3 相互短接；
- E5、F4 自动变桨模式下变桨电动机刹车松、抱闸控制信号；
- E12 手动变桨模式下，叶片桨距角减小控制信号；
- E13 手动变桨模式下，叶片桨距角增大控制信号；
- F1 内部直流控制电源输入；
- F3、F9 控制变桨电动机刹车松、抱闸。

d. 在叶片桨距角未达到限位开关前提下，继电器 K2 线圈得电，变桨电动机刹车松闸条件：

- 手动变桨模式下，逆变器 E12 或 E13 为高电平输入；
- 自动变桨模式下，逆变器 E5、F4 为高电平输入；
- F6、F12：变桨电动机过载控制信号。

⑤ 继电器 其外观见图 4-30。

a. 继电器 K2：控制变桨电动机刹车松、抱闸，同时对变桨电动机冷却风扇 M2、散热器冷却风扇 M3 运行进行控制。

b. 继电器 K3：由限位开关控制。当叶片接触到限位开关时，继电器 K3 线圈失电，逆变器内部直流控制电源断电，变桨电动机刹车抱闸。

c. 继电器 K4：安全链控制继电器。由总线端子控制器 BC3150 检测变桨系统自身安全链信号是否正常，只有变桨系统安全链正常时，继电器 K4 的线圈导通，否则，继电器 K4

图 4-30 继电器外观示意图

的线圈将失电,由轮毂反馈给机舱的安全链信号是断开的。

d. 继电器 K5:用于控制变桨控制柜内部加热器 R0 的运行。继电器 K5 线圈得电,加热器工作,反之,加热器停止工作。

e. 继电器 K6:用于控制变桨控制柜内部冷却风扇 M4 的运行。继电器 K6 线圈得电,风扇工作,反之,风扇停止工作。

f. 继电器 K7:用于检测由机舱进入轮毂的安全链信号是否正常。继电器 K7 线圈得电,安全链正常,反之,安全链已断。

g. 继电器 K8:用于控制充电器 NG5 是否有直流电压输出。继电器 K8 线圈得电,NG5 停止直流输出,反之,NG5 输出正常。

⑥ DC/DC 变换器 将充电器或超级电容提供的 60V DC 变换为继电器及 Beckhoff 现场总线端子控制器、信号模块、SSI 接口模块等所需的 24V DC 电源。

⑦ 安全链 进入轮毂的安全链信号与变桨系统内部安全链信号之间彼此分开,见图 4-31,以方便紧急停机时故障原因的判定。

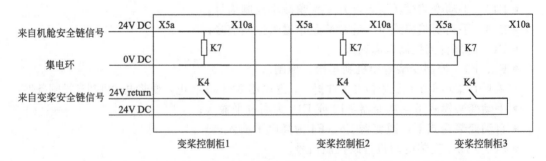

图 4-31 安全链信号连接示意图

⑧ BC3150 及连接模块 变桨控制柜中都有一个总线控制器 BC3150,它是每个变桨控制系统的核心,其内部有变桨控制程序。此程序一方面负责变桨控制系统与主控制器之间的通信,另一方面负责变桨控制系统外围信号的采集处理和对变桨执行机构的控制。紧急状态下(例如变桨控制系统突然失去供电或通信中断),三个变桨控制柜中的控制系统可以分别利用各柜内超级电容存储的电能,分别对三个叶片实施 90°顺桨停机动作。

"紧凑型"总线端子控制器 BC3150 比较小巧,而且经济,BC3150 通过 K-BUS 总线扩展技术,可连接多达 255 个总线端子。

KL1104 数字量输入端子从现场设备获得二进制控制信号,并以电隔离的信号形式将数据传输到更高层的自动化单元。每个总线端子含 4 个通道,每个通道都有一个 LED 指示其信号状态。

KL2408(正极变换)数字量输出模块将自动控制层传输过来的二进制控制信号以电隔离的信号形式传到设备层的执行机构。KL2408 有反向电压保护功能,其负载电流输出有过载和短路保护功能。每个总线端子含 8 个通道,每个通道都有一个 LED 指示其信号状态。

KL3404 模拟量输入端子可处理 $-10\sim10V$ 或 $0\sim10V$ 范围的信号。分辨率为 12 位,在电隔离的状态下被传送到上一级自动化设备。在 KL3404 总线端子中,有 4 个输入端为二线制型,并有一个公共的接地电位端。输入端的内部接地为基准电位。

KL5001 SSI 接口模块可直接连接 SSI 传感器。传感器电源由 SSI 接口提供。接口电路产生一个脉冲信号以读取传感器数据,读取的数据以字的形式传送到控制器的过程映像区中。各种操作模式、传输频率和内部位宽可以永久地保存在控制寄存器中。

KL4001 模拟量输出模块可输出 $0\sim10V$ 范围的信号。该模块可为处理层提供分辨率为 12 位的电气隔离信号。总线端子的输出通道有一个公共接地电位端。KL4001 是单通道型,适用于带有接地电位的电气隔离信号。它通过运行 LED 显示端子与总线耦合器之间的数据交换状态。

KL3204 模拟量输入端子可直接连接电阻型传感器。总线端子电路可使用二线制连接技术连接传感器。整个温度范围的线性度由一个微处理器来实现。温度范围可以任意选定。总线端子的标准设置为:Pt100 传感器,分辨率为 0.1℃。

(3) 变桨系统的软件部分 变桨程序为 BC3150 自带程序,通过控制字和组态跟主控通信,变桨程序主要由主控的控制字、电容电压与电流信号的监测、变桨控制字、变桨角度的采集计算、变桨速度的计算、旋转编码器信息的监测、运行中紧急停机条件的监测、变桨模式选择、输出设定、变桨系统中各种温度的监测等 10 个部分组成。变桨系统与主控系统协作完成变桨功率控制和机组安全保障。由主控给出变桨的设定角度,变流器设定扭矩值,并且根据变桨组态采集的变桨系统信息判断变桨系统故障等。变桨系统 BC3150 通过与主控程序通信,反馈变桨系统状态和执行主控传递的变桨命令。

通过变桨系统软件控制,风力发电机组变桨动作情况分析如下。

① 启动阶段 叶片从顺桨位置开始,直到叶轮转速增加到 9r/min 或 10r/min,风机开始发电。这个过程为变速、变桨过程。风机开始发电时叶片角度大小由风的状况决定,目前主控软件规定,在切入风速下,开始发电时叶片角度在 1.5°。

② 变速阶段 该阶段不会变桨。根据 GH 控制策略,在这个阶段,叶轮瞬间转速低于变桨转速设定值,同时风机输出功率瞬时值也低于风机额定输出功率,所以由 GH 控制策略计算出的变桨速率为负值。而此时叶片当前角度已经是风机运行过程中主控软件所规定的最小值,因此无法再继续减小叶片桨距角。

③ 恒速阶段 该阶段同样不会变桨。虽然叶轮瞬间转速达到变桨转速设定值,但由于风机输出功率瞬时值低于风机额定输出功率,所以由 GH 控制策略计算出的变桨速率依然为负值。而此时叶片当前角度同样是风机运行过程中主控软件所规定的最小值,因此无法再继续减小叶片桨距角。

④ 恒功率阶段 该阶段为变桨,但叶轮转速基本恒定阶段,叶片位置设定值或叶片变桨速率的设定值由 GH 控制策略根据叶轮转速、风机输出功率计算所得。

⑤ 停机阶段 在上述运行的各个阶段,无论是按停机按钮(主控柜上停机按钮、就地

显示屏上停机按钮、中央监控上停机命令），还是风机发生运行故障、阵风、小风、安全链故障，风机将根据上述不同情况，以不同速度朝 90°顺桨。

⑥ 风机变桨系统调试与维护阶段　在风机停机后，通过对连接到机舱控制柜控制手柄执行变桨操作，可以进行强制手动变桨操作，在超出－2°～90°的范围内变桨。

4. 变桨电控系统安全保护

主控通过变桨系统组态获取变桨系统运行过程中出现的故障。变桨系统故障诊断包括以下几个大项：温度、电容电压不平衡、变桨位置比较、旋转编码器、变桨位置传感器、变桨限位开关、变桨速度超限等故障。这些故障通过主控程序的分析，给出不同的停机指令，并且有一些可以在条件满足之后重新自动复位重启，但是有一些需要经过维护人员处理以后手动复位才能够重新运行。

主控 PLC 针对运行工况的变桨保护具体运行过程如下。

① 当风速持续 10min（可设置）超过 3m/s，风机将自动启动。叶轮转速大于 9r/min 时并入电网。

② 随着风速的增加，发电机的出力随之增加，当风速大于 12m/s 时，达到额定出力。超出额定风速，机组进行恒功率控制。

③ 当风速高于 22m/s 持续 10min，将实现正常刹车（变桨系统控制叶片进行顺桨，转速低于切入转速时，风力发电机组脱网）。

④ 当风速高于 28m/s 并持续 10s 时，实现正常刹车；当风速高于 33m/s 并持续 1s 时，实现正常刹车。

⑤ 遇到一般故障时，实现正常刹车。

⑥ 遇到特定故障时，实现紧急刹车（变流器脱网，叶片以 7°/s 的速度顺桨。其中正常刹车顺桨速度为 4°/s，快速刹车停机顺桨速度为 6°/s，紧急刹车停机顺桨速度为 7°/s）。

变桨程序中关于安全检测和执行主要是在出现灾难性故障的情况。例如作为检测桨距角位置测量的旋转编码器出现故障或者是它传递给主控的数据有错误，则主控系统和变桨变流器就不能得到桨片即时的位置或者变桨速度信息，这就相当于桨叶处于失控状态，很容易导致机组出现致命的危险，所以对旋转编码器的正常判断，可通过 0°接近开关、90°限位开关等多种故障数据进行判断。

运行中急停条件主要包括以下几项。

① 当出现任意两个叶片角度相差 3.5°时紧急停机。这种情况主要是限制各个叶片的变桨速率维持相近，不能差别过大。

② 任意一个叶片角度小于－2°时紧急停机。这种情况说明桨叶位置超出系统允许值，系统认为这是由于旋转编码器没有正常工作导致的。

③ 任意一个叶片角度大于 90°时紧急停机。这种情况说明桨叶位置超出系统允许值，系统认为这是由于旋转编码器没有正常工作导致的。

④ 90°限位开关被触发。这种情况说明桨叶位置超出系统允许值，系统认为这是由于旋转编码器没有正常工作导致的。

⑤ 计算的变桨速度绝对值大于 14°/s，这个数值已经远远超出旋转编码器真实的可能报出的值，说明是变桨程序得到的旋转编码器数值有误、可能被干扰等。

⑥ 桨片位置大于 6.5°的时候触发 0°接近开关。0°接近开关正常情况下只在桨叶处于 0°～5°的时候被触发。出现这个故障说明实际的叶片位置与旋转编码器的位置相悖，可能是旋转编码器信号故障，或者接近开关故障。

⑦ 桨片位置小于3.5°的时候未触发0°接近开关。本来3.5°是处于接近开关触发的范围，但是没有报，出现这个故障说明实际的叶片位置与旋转编码器的位置相悖，可能是旋转编码器信号故障，或者接近开关故障。

⑧ 变频器故障，将会导致变桨距功能的不可使能和控制。

⑨ 旋转编码器故障。任何旋转编码器的故障都将会使变桨位置信息、变桨速度不可正确获取。

⑩ 主控PLC给变桨发出紧急停机的请求。

⑪ 变桨BC3150模块损坏或者内部程序丢失，也执行紧急停机。

出现这些紧急停机条件，变桨程序执行紧急停机命令，桨叶以7°/s顺桨停机，并且报变桨内部故障。当变桨系统出现故障时，来自变桨安全链的信号消失，使安全链断开，保证叶片以及机组的安全。

（四）主控系统

1. 主控系统的基本功能

主控系统是整机控制的核心，可以分为两个子系统：常规控制系统、安全控制系统。

（1）常规控制系统　用来控制整个风机在各种外部条件下能够在正常的限定范围内运行。从功能上分为如下几种。

① 功率控制系统。机组功率控制方式为变速变桨策略的控制方式。风速低于额定风速时，机组采用变速控制策略，通过控制发电机的电磁转矩来控制叶轮转速，使机组始终跟随最佳功率曲线，从而实时捕获最大风能。当风速大于额定风速时，机组采用变速变桨控制策略，使机组维持稳定的功率输出。

② 偏航控制系统。采用主动对风控制策略，通过安装在机舱尾部的风向标、风向位置和偏航位置传感器反馈机舱位置夹角，决定是否偏航，从而实现实时调节风轮的迎风位置，使得机组实现最大风能捕获和降低载荷。

③ 液压控制系统。液压系统控制的目标是当液压系统压力低于系统启动压力设置值时，液压泵启动；系统压力高于停止液压泵压力设置值时，液压泵停止工作。另外，在偏航时给刹车盘施加一定的阻尼压力；当偏航停止时，偏航闸抱紧刹车盘，保持叶轮一直处于对风位置。

④ 电网监测系统。实时监控电网参数，确保机组在正常电网状况下运行。

⑤ 计量系统。实时检测机组的发电量，为经营提供依据。

⑥ 机组正常保护系统。实时监控整机的状态，如风速、温度、后备电源状态等数据。

⑦ 低压配电系统。为机组用电设备输送电源。

⑧ 故障诊断和记录功能。正确输出机组的当前故障，并记录故障前后的数据。

⑨ 人机界面。提供信息服务功能。

⑩ 通信功能系统。集成水冷系统、变桨系统、变流系统，从而实现协同控制，同时把机组信息实时上传到中央集控中心。机组控制系统结构图如图4-32所示。

（2）安全控制系统　安全系统是独立于风机正常控制系统外的状态监控系统。安装在风机上独立于正常控制系统外的传感器和执行机构，通过安全模块连成一个独立的系统。当这些传感器动作时，触发安全控制系统，安全系统一旦被触发，风机立即会停机，并且切断偏航系统接触器，风机停止偏航和自动启动，此时风机脱离正常控制系统，从而最大程度上保证风机的安全。

图4-33是一个安全控制系统组成的例子。

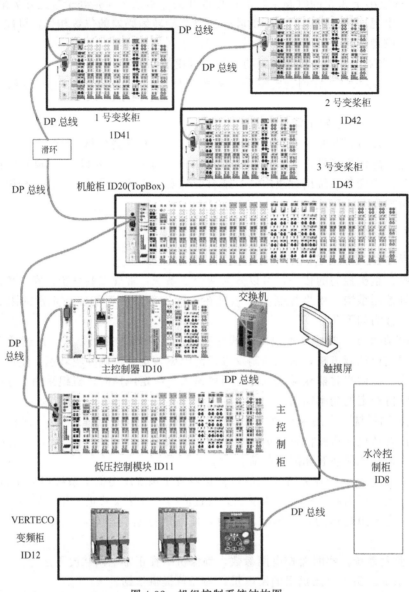

图 4-32　机组控制系统结构图

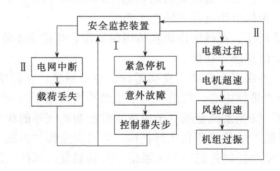

图 4-33　安全控制系统示意图

安全控制系统从功能上可分为如下几种。

① 扭缆保护功能。当机舱位置相对零度偏航位置大于90°时，急停风机。
② 过速保护功能。当风机转速大于额定转速的1.2倍时，急停风机。
③ 振动保护功能。当风机振动开关动作，急停风机。
④ 变桨故障保护功能。当风机变桨系统安全链系统动作，急停风机。
⑤ 急停功能。当风机机舱或塔底急停开关动作，急停风机。
⑥ PLC看门狗。当风机发生通信故障或者PLC系统失效时，安全系统动作，急停风机。

主控系统可以实现机组停机、待机、启动、并网、维护等几种状态的控制，启动并网流程如图4-34所示。

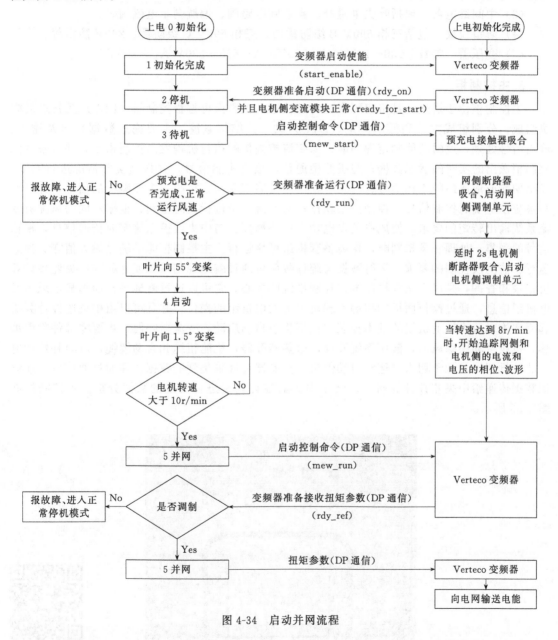

图4-34　启动并网流程

2. 配电柜

配电柜是风力发电机组的主配电系统，连接发电机与电网，为风力机组中的各执行机构提供电源，同时也是各执行机构的强电控制回路，通过反馈信号检测，对接触器、电动机、供电电源等执行机构进行状态监测。

配电柜主要元件如下。

（1）接触器　包括旁路接触器、大电动机接触器、左偏航电动机接触器、右偏航电动机接触器、液压油泵接触器、齿轮油泵接触器、齿轮油加热器接触器、发电机加热器接触器、齿轮油冷却电动机接触器、控制旁路以及发电机接触器等。

（2）断路器　包括主断路器（手柄）、偏航电动机断路器、液压泵断路器、齿轮油泵断路器、齿轮油冷却风扇断路器。

（3）中间继电器　包括叶尖电磁阀、高速闸电磁阀、偏航刹车电磁阀等。

（4）防雷模块　包括三相690V B级防雷器、三相690V C级防雷、230V防雷等。

（5）变压器　参数：230～20V AC，350V·A；690～230V AC，5000V·A。

3. 主控制柜

主控制柜位于塔底，是机组可靠运行的核心，主要由可编程控制器（PLC）及其扩展模块组成，分别组成主站和低压配电（LVD）站。其结构紧凑，主要完成数据采集及输入、输出信号处理，逻辑功能判定等功能；向变流控制柜的执行机构发出控制指令，并接收变流控制柜送出的实时的状态数据；与机舱柜通信，接收机舱信号，并根据实时情况进行判断，发出偏航或液压站的工作信号；与三个独立的变桨柜通信，接收三个变桨柜的信号，并对变桨系统发送实时控制信号，控制变桨动作；对变流系统进行实时检测，根据不同的风况对变流系统输出转矩的要求，使风机的发电功率保持最佳；与中央监控系统实时传递信息；根据信号的采集、处理和逻辑判断，保障整套机组可靠运行。主控制柜能够满足无人值守、独立运行、监测及控制的要求，运行数据与统计数值可通过就地控制系统或远程的中央监控计算机记录和查询，是风力发电机组电气控制系统的核心。它可以通过就地操作面板显示风力发电机组信息，通过操作面板的按键实现对风力发电机组的操作，并且可以由中央监控计算机远程实施对风力发电机组的基本控制，包括机组自动启动，变流器并网，主要零部件除湿加热，机舱自动跟踪风向，液压系统开停，散热器开停，机舱扭缆和自动解缆，电容补偿和电容滤波投切以及低于切入风速时自动停机。控制器存储采集到的数据，并通过通信设备连续把数据传递给中央监控计算机，以便于中央监控计算机进行其他的数据分析。主控制柜如图4-35所示。

图 4-35　主控制柜

主控制柜

4. 机舱控制柜

机舱控制柜如图 4-36 所示。柜内主要包括低压配电单元、发电机转速检测单元、风速、风向检测单元、TopBox I/O 子站和外围辅助控制回路。TopBox I/O 子站通过 Profibus DP 总线和塔底控制主站连接，其主要功能是采集和处理信号。它采集的信号包括液压站油位、润滑加脂、偏航计数、机舱左偏航、机舱右偏航、机舱维护、机舱启动、机舱停止、振动开关、环境温度、机舱温度、发电机绕组温度、风向、风速、发电机转速、叶轮转速、叶轮锁定、机舱加速度、发电机接触器。机舱柜内的各种 PLC 模块采集到的信号全部通过总线耦合器 BK3150 和 DP 总线传输给塔底主控制器，由主控器进行集中处理和管理，并由主控发出控制信号，使机舱中的元件动作，执行偏航和液压系统的控制动作。机舱控制系统的结构如图 4-37 所示。

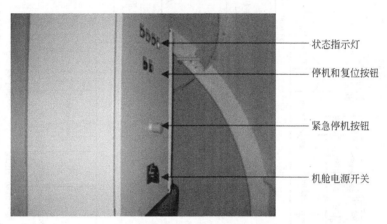

机舱控制柜

图 4-36　机舱控制柜

5. 主控系统 PLC 控制模块

PLC 控制器主要实现风力发电机组的过程控制、安全保护、故障检测、参数设定、数据记录、数据显示，其外观如图 4-38 所示。

CPU 模块见图 3-39。

CX1020 的标准配置包括一个 64MB 的 CF 卡以及两个以太网 RJ45 接口。这两个接口与一个内部交换机相连，用户可以在不使用额外以太网交换机的情况下创建线型拓扑结构。所有其他 CX 系列产品组件都可以通过设备两侧的 PC104 接口进行连接。可以在带有可视化功能或者不带可视化功能的情况下进行操作。另外，还提供了无源冷却模块。

6. 控制柜操作按钮

主控制柜操作面板按钮如图 4-40 所示。

（1）维护开关　风力发电机组停机后，将主控柜上的维护开关的位置（图 4-41）扳到 visit 或 repair 侧，风机都将进入维护模式，禁止中央监控计算机控制风力发电机组。

（2）紧急停机按钮　出现特殊情况时，按下紧急停机按钮。此按钮按下后安全链断开，机组在运行状态下将执行紧急停机。

（3）复位按钮　正常情况下，该转换开关置正常状态；当机组需要维护检修时，置维护/复位位置。

当置维护/复位时，为确保维护人员安全，机组自动释放叶尖，风力机组停止自动对风。

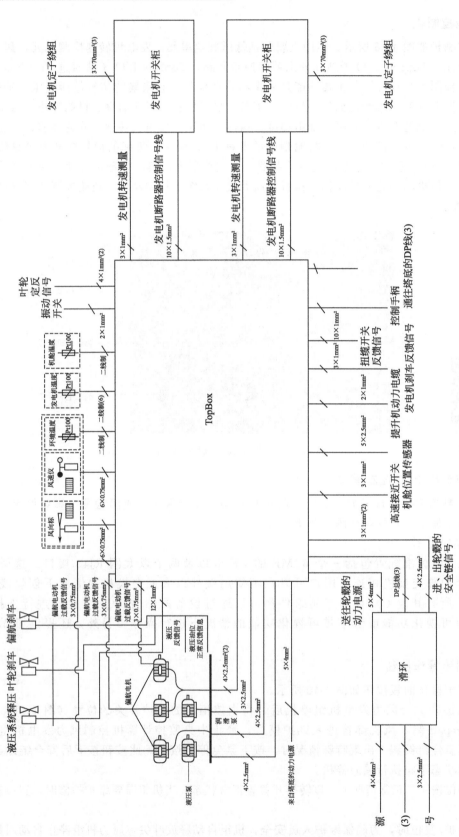

图 4-37 机舱控制系统结构图

图 4-38　PLC 控制器外观图

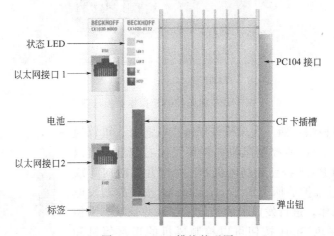

图 4-39　CPU 模块外观图

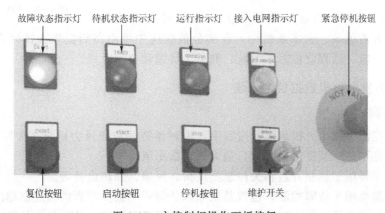

图 4-40　主控制柜操作面板按钮

图 4-41　维护开关位置

(4) 停机按钮　按下后系统执行正常停机过程。
(5) 启动按钮　按下后系统执行风机启动过程。

7. 机舱控制柜操作按钮

机舱控制柜上操作面板按钮如图 4-42 所示。包括紧急停机按钮、复位按钮、停机按钮等，与主控制柜相应按钮功能相同。

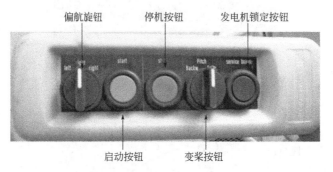

图 4-42　机舱控制柜操作面板按钮

(1) 机舱维护控制手柄　在风机处于维护状态时，可以通过维护手柄上的 Yaw 按钮控制风机向左还是向右偏航；可以通过维护手柄上的 Pitch 按钮控制风机的三个叶片同时向 0°或 90°变桨；可以通过维护手柄上的 Service brake 按钮控制发电机锁定液压闸的动作，进行发电机的锁定工作，并且维护手柄上的红色 Stop、绿色 Start 按钮可以控制风机的正常停机和启动。

图 4-43　偏航转换开关

(2) 左偏航/正常/右偏航转换开关　偏航转换开关见图 4-43，实现左右偏航。在本系统中，各部分偏航优先级由高到低依次排列为顶部机舱偏航、面板键盘偏航、远程监控系统偏航、侧风、解缆和自动对风。

（五）风力发电机组数据监测系统

1. 数据监测内容

(1) 温度监测　在风力机组运行过程中，控制器持续监测风力机组主要零部件的温度，同时控制器保存了这些温度的极限值（最大值、最小值）。

温度监测主要用于控制开启和关停泵类负荷、风扇、加热设备等。

这些温度值也用于故障检测，也就是说如果任何一个被监测到的温度值超出上限值或低于下限值，控制器将停止风力机组运行。此类故障都属于能够自动复位的故障，当温度达到复位限值范围内，控制器自动复位该故障并执行自动启动。

风力机组共监测 7 个温度值，包括齿轮油温度、发电机绕组温度、齿轮箱轴承温度、发电机前轴承温度、发电机后轴承温度、环境温度、机舱温度。

(2) 转速监测　叶轮转速和发电机转速是由安装在风力机组的低速轴和高速轴的转速传感器（接近开关）采集，控制器把传感器发出的脉冲信号转换成转速值。叶轮和发电机转速被实时监测，一旦出现过速，风力机组将停止运行。

(3) 电网监测　电网数据由电量采集模块检测，由控制器进行监控。电网数据检测分为 6 个方面。

① 电压　三相电压始终连续检测，电压值用于监视过电压和低电压。

② 电流　三相电流始终连续检测，电流值用来监视发电机切入电网过程。在并网过程中，电流检测同时用于监视发电机或晶闸管是否发生短路。在发电机并网后的运行期间，连续检测电流值以监视三相负荷是否平衡。如果三相电流不对称程度过高，风力机组将停机。电流检测值也用于监视一相或几相电流是否有故障。

③ 频率　连续检测电网频率，一旦检测到频率值超过或低于规定值，风力机组会立即停止。

④ 功率因数　连续监测三相平均功率因数。

⑤ 有功功率输出　三相有功功率是被连续检测的。根据各相输出功率测量值，计算出三相总的输出功率，用以计算有功电度产量和消耗。有功功率值还作为风力机组过发或欠发的停机条件。

⑥ 无功功率输出　三相无功功率是被连续检测的。根据各相输出功率测量值，计算出三相总的输出功率，用以计算无功电度产量和消耗。无功功率的大小决定投切电容的组数。

（4）高速闸释放信号　高速闸体上有一个传感器指示高速闸的状态（是否释放）。如果控制器发出松闸信号，但是在设定时间内没有接收到高速闸释放的反馈信号，风力机组将停机。

（5）闸块磨损信号　高速闸体上有一个传感器指示高速闸制动后刹车片是否磨损并将信号发送给控制器。如果出现刹车磨损，直到故障被排除后，控制器才允许重新启动风力机组。

（6）振动保护　振动保护仪安装在风力机组机舱控制柜中。当振动值大于设定值时，向控制器发出振动信号。

（7）变桨信息　监测变桨角度，监测变桨系统各设备运行状态。

（8）偏航信息　检测风速、风向信息，监测机舱位置信息、监测偏航系统运行中各项状态。

（9）液压系统信息　检测液压系统各功能油路状态，保证液压系统稳定运行。

2. 传感器

传感器的功能是把风力发电机组运行中的相关物理量进行测量，并根据测量结果发出相应信号，将信号传递到控制系统，作为控制系统发出控制指令的依据。

（1）转速传感器　转速传感器外观如图 4-44 所示。风力发电机组转速的测量点有三个：发电机输入端转速、齿轮箱输出端转速和风轮转速。传感器安装位置见图 4-45。

图 4-44　转速传感器

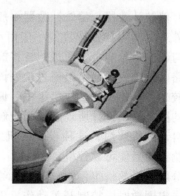

图 4-45　齿轮箱输出端转速传感器

转速测量信号用于控制风力发电机组的并网和脱网，还可用于启动超速保护系统。当风轮转速超过设定值或发电机转速超过设定值时，超速保护动作，风力发电机组停机。

风轮转速和发电机转速可以相互校验。如果不符，则提示风力发电机组故障。

（2）电感式接近开关　其外形如图4-46所示。

图4-46　电感式接近开关

电感式接近开关属于一种有开关量输出的位置传感器，通过一个高频的交流电磁场和目标体相互作用实现检测。接近开关的磁场是通过一个LC振荡电路产生的，利用金属物体在接近这个能产生电磁场的振荡感应头时，使物体内部产生涡流。这个涡流反作用于接近开关，使接近开关振荡能力衰减，内部电路的参数发生变化，由此识别出有无金属物体接近，进而控制开关的通或断。其中的线圈为铁氧体磁芯线圈，使得接近开关能够抗交流磁场和直流磁场的干扰。电感式接近开关安装位置见图4-47。

图4-47　电感式接近开关安装位置

（3）偏航计数器　偏航计数器一般是一个带控制开关的蜗轮蜗杆装置或是与其相类似的设备，外观见图4-48。计数器一般由小齿轮、蜗杆传动机构、凸轮、开关触点组成。自带小齿轮与偏航齿轮啮合，通过蜗杆将旋转传递给凸轮开关，凸轮压下开关触点，偏航计数器对应电路电信号改变，机组通过检测该信号执行相应动作。

在较老型号的风力发电机组中，偏航计数器是记录偏航系统旋转圈数的装置。当偏航系统旋转的圈数达到设计所规定的初级解缆和终极解缆圈数时，计数器则给控制系统发信号，使机组自动进行解缆。这种设计的机组中，偏航系统还必须加入扭缆开关，见图4-49，以保证机舱扭缆后能可靠停机。

部分新设计的机组偏航计数器已经不具备记录机舱偏航角度的功能，其功能简化成当机舱旋转一定圈数时，控制开关动作，机组紧急停机，避免扭缆。记录偏航圈数和角度的功能由接近开关记录。

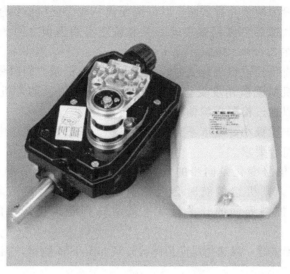

图 4-48 偏航计数器外观图

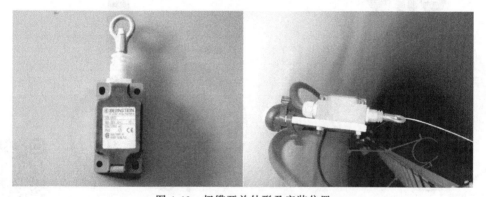

图 4-49 扭缆开关外形及安装位置

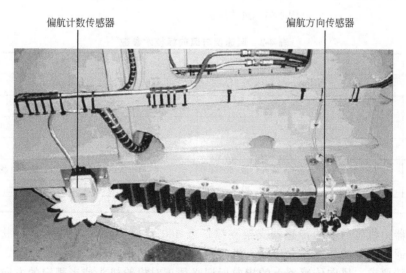

图 4-50 偏航计数传感器和偏航方向传感器安装位置

(4) 偏航方向传感器 偏航方向传感器安装位置见图 4-50，传感器安装于支架上，位于主机架正前方,一般为两个并排安装,其间隔距离一般保证机舱偏航时,偏航齿顶同时经过接近开关。调整背紧螺母可以调整接近开关和偏航齿圈齿顶之间的距离,为了采集到信号,这个距离应保持在 2.0~4.0mm。

机舱偏航,偏航齿顶经过接近开关时,接近开关动作记录,同时将电信号传递给控制系统,控制系统计算出机舱偏航角度变化,从而确定机舱位置。如果机组偏航中出现意外现象,偏航接近开关可以通过检测机舱偏航角度进行报警。

偏航接近开关维护量极小,基本不需要进行维护。一般日常巡视中可检查固定支架是否牢固,检测距离是否符合要求。

两个接近开关的信号变化是同步的,并且其开关状态可以在机组监控界面查看。如果偏航接近开关损坏,则机组偏航时会报告偏航接近开关故障或者偏航停止等类似故障。维护人员可通过控制界面的开关量状态或故障判断接近开关的运行状态,从而进行维修。

(5) 风速与风向传感器　风速与风向传感器外观如图 4-51 所示,相关技术参数见表 4-2。

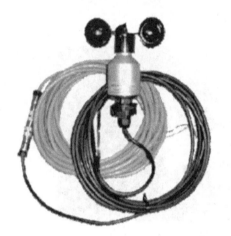
(a) 风速传感器

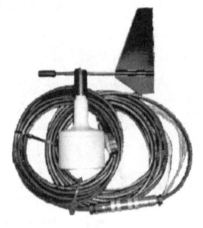
(b) 风向传感器

图 4-51　风传感器

风传感器

表 4-2　风速仪与风向标技术参数

技术项目	风向标	风速仪
测量范围	0°~360°	0.7~50m/s
精确度	<±2%	±2%FS
分辨率	5.6°	<0.02m/s
起始值	<0.7°	<0.7m/s
输出	0(4)~20mA,0°~360°,最大负载:600Ω	0(4)~20mA,0~50m/s,最大负载:600Ω
应用范围	温度:-30~+70℃;风速:0~60m/s	
电源	20~28V DC;450mA;9W	

风传感器由机舱后部的传感器支架支撑,可 360°范围测量,安装位置见图 4-52。信号及电源电缆通过中空的传感器支架穿入机舱,接入机舱柜模块接口。一般来说,风速传感器安装没有特殊要求,风向传感器上的指向标记必须正对机舱机头或者规定的方向,以保证检测的机舱偏离主风向角度准确。为防止结冰,风向传感器能根据环境温度采取适度的自动加热。

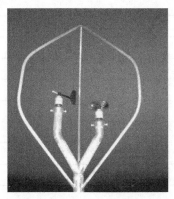

图 4-52 风速传感器与风向传感器安装位置

图 4-53 振动开关外形图

(6) 振动开关 为了检测机组的异常振动,在机舱上应安装振动开关,外形如图 4-53 所示。振动开关传感器由一个与微动开关相连的钢球及其支撑组成。异常振动时,钢球从支撑它的圆环上落下,拉动微动开关,引起安全停机。重新启动时,必须重新安装好钢球。机舱振动开关安装位置见图 4-54。机舱后部还设有桨叶振动探测器,过振动时将引起正常停机。

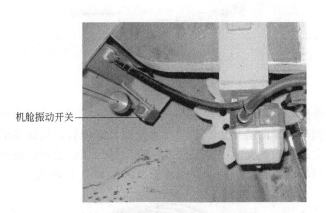

图 4-54 机舱振动开关安装位置

(7) 温度传感器 用于测量风力发电机组各点温度,以反映风力发电机组系统的工作运行状况。风机各测量点见表 4-3。温度过高时,引起风力发电机组退出运行,在温度降至允许值时,仍可自动启动风力发电机组运行。Pt100 温度传感器的如图 4-55 所示,利用导体铂的电阻值随温度的变化而变化的特性来测量温度。铂的电阻值和温度在其测量范围 $-200 \sim 500$℃ 内具有良好的线性关系。

表 4-3 风机温度测量点

序号	温度测量点	所用传感器	备注
1	A 轴承	Pt100	
2	B 轴承		
3	定子线圈(3 个)		
4	定子线圈(3 取 2)	PTC	

续表

序号	温度测量点	所用传感器	备注
5	油箱	Pt100	
6	高速轴 1♯ 轴承		
7	高速轴 2♯ 轴承		
8	齿轮箱进油口（冷却油）		
9	主轴轴承温度		主轴轴承箱
10	外部温度		机舱下面
11	机舱内部温度		机舱控制柜附近

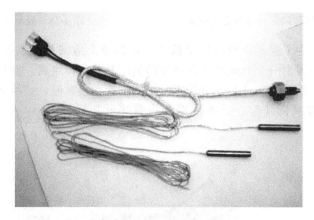

图 4-55 Pt100 温度传感器

（8）刹车磨损传感器 安装在齿轮箱刹车器上，只有在刹车被完全释放后，开关才能动作，微动开关指示刹车衬套的磨损。当刹车片磨损到一定值后，传感器给出一个信号，要求正常停机。如要再次运行，则要求手动复位，在该信号出现后还可以进行 3 次启动或 3 天运行，然后必须更换新的刹车衬套。刹车磨损传感器外形如图 4-56 所示。

图 4-56 刹车磨损传感器外形图

（9）机舱加速度传感器 主要用于检测机舱和塔架的低频振动情况，频率范围为 0.1～10Hz，可以同时测量 X 和 Y 两个方向上的振动加速度，加速度的测量范围为 $-0.5g$～

0.5g（g 为重力加速度，$g=9.81\mathrm{m/s^2}$），相对应的输出信号范围为 0～10V。

安装位置在机舱柜的中间，如图 4-57 所示。

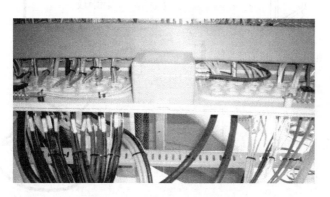

图 4-57　在机舱中的安装位置

（六）风力发电机组监控系统

风力发电机组监控系统一般分为中央监控系统和远程监测系统。具体的连接方式需要确定风机的排布位置及结合现场施工的便捷性制定。监控系统结构如图 4-58 所示。中央监控系统由就地通信网络、监控计算机、保护装置、中央监控软件等组成，便于风电厂人员集中管理和控制风机。远程监控系统由中央监控计算机、网络设备（路由器、交换机、ADSL 设备、CDMA 模块）、数据传输介质（电话线、无线网络、Internet）、远程监控计算机、保护系统、远程监控软件组成，便于远程用户实时查看风机运行状况、历史资料等。风机内部与中央监控的连接形式如图 4-59 所示。

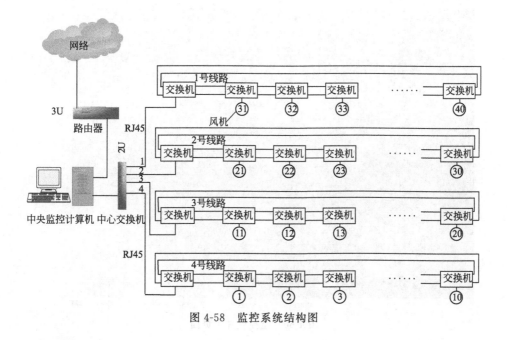

图 4-58　监控系统结构图

1. 就地通信网络

就地通信网络是通过电缆、光缆等介质将风机进行物理连接。对于介质的选择，依据风电场的地理环境、风机的数量、风机之间的距离、风机与中央监控室的距离、项目的投资以

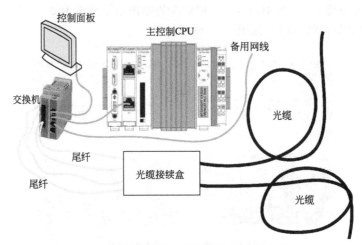

图 4-59　风机内部与中央监控的连接形式

及对通信速率的基本要求制定。网络结构支持链形、星形、树形等结构。

2. 中央监控软件

风机中央监控系统软件是风电场人员监测、控制风机，获取风机数据的平台。中央监控软件应具有以下主要功能。

（1）监测功能　可以实时监测风机的运行状态，监控软件主页面见图 4-60。

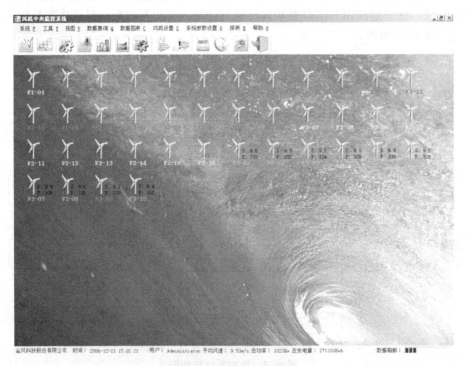

图 4-60　监控软件主页面

主页面可以直接显示每台风机的当前状态（正常、风机故障、通信故障）和每台风机数据信息。

监测信息包括风速、功率、叶轮转速、发电机转速、发电量、发电时间、外部功率、小风停机时间、小风故障时间、标准运行时间、总维护时间、偏航角、环境变量、风向角、发电机温度、总发电时间、总维护时间、无功电度（+）、总发电量、通电时间、总故障时间、无功电度（-）、消耗电量、风可利用时间、待机时间、定期检修时间、外部故障时间、机舱温度、A相电压、A相电流、B相电压、B相电流、C相电压、C相电流等状态量。

（2）控制功能

① 集中控制风电场所有风机的开机、停机、复位、偏航。

② 单独控制某台风机的开机、停机、复位、偏航等风机相关操作。

（3）记录存储功能

① 运行数据的存储　包括主要信息时间、风机状态、风速、有功功率、发电机发电量、发电机发电量时间、叶轮转速、发电机转速、偏航角度、系统压力、叶间压力、风向角、机舱温度、A相电压、B相电压、C相电压、A相电流、B相电流、C相电流、功率因数、无功电度等。以数据库文件方式进行存储，每台风机每天生成一个文件。

② 故障存储　每次风机出现故障时，都会进行记录。记录的内容包括故障发生时间、事件名称，以数据库文件进行存储。

以上数据具备打印功能，可以直接连接打印机打印出来。

（4）报警功能

① 声音报警　当风机出现故障时，触发声音报警或语音报警，值班人员可根据报警声得知现场风机发生故障，进行及时处理。

② 手机短信报警　通过配置短信模块，当风机出现故障时，可以通过相应的短信发送，将故障信息发送到定制的手机上。此功能可在有移动信号的任何地域使用。

（5）权限设置（保护）功能　系统采用了先进、简便的用户组、用户权限自定义功能完成系统功能权限的自定义与保护。用户可根据不同的操作需要，定义含有不同权限的用户组后添加属于此用户组的用户，系统会根据登录用户所含有的不同权限检索相应的功能。

（6）图形绘制功能　可以绘制每台风机的功率曲线、风速趋势图、关系对比图、风玫瑰图、风速-时间曲线，数据可以导出。同时在同一个坐标系中，可以显示该风机的具体采集数据，便于对比。

（7）报表功能　可以对单台或分组风机进行分时段报表、日报表、月报表、年报表的统计。报表内容包括发电量、发电时间、维护时间、故障时间、可利用率、平均风速、最大风速、平均功率、最大功率、标准运行小时等。

（8）打印功能　可以打印历史运行数据、故障记录、风机时段数据统计、风机日数据统计、风机月数据统计。

（9）系统日志记录、风机控制命令日志功能　系统日志记录功能可以记录用户登录以及具体的操作日志，便于管理人员查询值班人员查询操作记录。

风机控制命令日志功能可以查询现场操作人员对风机的控制、发送命令的具体操作记录。

（10）风机参数设置功能　在需要调整风机内部参数设置值时，可直接通过中央监控系统软件使用此功能进行取值与设置操作，无需到现场调整。

（11）风机校时功能　在需要调整风机内部时钟时，可以在中央监控系统软件中使用风机校时功能进行校对时钟。进行校对时，系统将根据中央监控系统计算机时间对选定风机进行校时，使得电场所有风机能够达到时钟同步。

中央监控系统标准配置清单见表4-4。

表 4-4 中央监控系统标准配置清单

	名 称	数量	单位	技术要求
中央监控系统	中央监控软件	N_1	套	兼容 Microsoft
	Windows XP	N_1	套	Microsoft
	杀毒软件	N_1	套	单机版
	监控计算机	N_1	台	主流配置台式机
	中心交换机	1	台	16(或 24)口交换机
	交换机	N_2+N_3	个	光电转换接口设备
	光纤尾纤	$8(N_2+N_3)$	根	光纤接头
	光纤终端盒	N_2+N_3	个	2 入 16 尾纤口
	光纤熔接	$8(N_2+N_3)$	点	
	PCI 网卡	N_1	个	
	光纤配线柜	1	个	
	上网设备	1	个	ISDN、ADSL 或 CDMA
	打印机	1	个	
	UPS 电源	N_1	个	

注：N_1 为中央监控计算机的数量，通常以 45 台风机为一个单元，配置一台监控计算机。N_2 表示风力发电机组数量。N_3 表示通信设计中决定风机链路数。

3. 远程监控系统

远程监控示意图见图 4-61。根据电力行业远程数据监控要求，确保数据的安全性，可以采用电力专网为传输介质。如果配有完善的网络路由器及防火墙，也可通过光纤、ISDN、ADSL、CDMA、GPRS 等连接 Internet，通过 VPN 实现远程监控，使远程监控机成为就地网络中的一台客户端，具备现场风机远程监控功能。软件系统管理人员可以通过权限设置，来确定远程客户具备权限（特别是对控制权限的约定），从而实现远程监测（监控）。

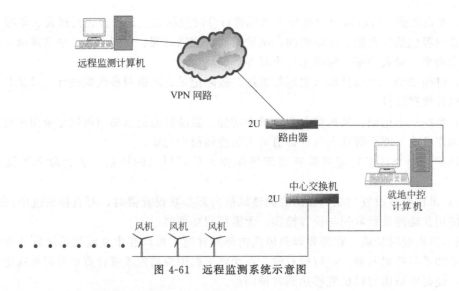

图 4-61 远程监测系统示意图

因为远程监控端安装系统与中央监控端一样，通过 VPN 实现网络连接，远程监控系统具有与中央监控完全一样的功能。

远程监控系统配置清单见表 4-5。

表 4-5　远程监控系统配置清单

名　　称	数量	单位	技 术 要 求
远程监控软件	1	个	兼容 Microsoft
监测计算机	N	个	主流配置的台式机
Windows XP	N_1	套	Microsoft
杀毒软件	N_1	套	单机版
上网设备	N_1	个	ISDN、ADSL 或 CDMA

注：N、N_1 表示远程监测点的数量。

4. 监控系统抗干扰的措施

抗干扰措施应从以下几方面着手。

① 在机箱、控制柜的结构方面　对于上位机来说，要求机箱能有效地屏蔽来自空间辐射的电磁干扰，尽可能地将所有的电路、电子器件均安装于机箱内。还应防止由电源进入的干扰，所以应加入电源滤波环节，同时要求机箱和机房内有良好的接地装置。

② 在通信线路方面　通过使用屏蔽电缆，可以保证信号传输线路有较好的信号传输功能，衰减较小，而且不受外界电磁场的干扰。

③ 在通信方式及电路方面　不同的通信方式对干扰的抵御能力也是不同的。一般来说，风电场中上、下位机之间的距离不会超过几千米，这种情况下经常采用串行异步通信方式，其接口形式采用 RS-485 接口电路。RS-485 串行通信接口电路适合于点对点、一点对多点、多点对多点的总线型或星形网络，它的信号发送和接收是分开的，所以组成双工网络非常方便，很适合于风电场监控系统。

（七）风力发电机组电控系统的防雷保护

对于电控装置的防雷设计，主要防范从架空线路遭雷击或线路远端雷击传导至风机的过电压和大的雷电流。基于此在配电柜主电缆进线端的主空气开关 690V 回路侧并联防雷器件，模块用电 220V 回路中同时串、并联不同的防雷器件，同时做好风机的接地系统。

1. 机舱部分防雷接地

在机舱顶部装有一个避雷针，见图 4-62 的 A 处，用于保护风速仪和风向标免受雷击。在遭受雷击的情况下，将雷电流通过接地电缆传到机舱上层平台，避免雷电流沿传动系统传导。

机舱上层平台为钢结构件，机舱内的零部件都通过接地线与之相连，接地线尽可能地短直，见图 4-62 中的 B。

为了预防雷电效应，应对处在机舱内的金属设备如金属构架、金属装置、电气装置、通信装置和外来的导体做等电位连接，连接母线与接地装置连接。汇集到机舱底座的雷电流传送到塔架，由塔架本体将雷电流传输到底部，并通过 3 个接入点传输到接地网。在 LPZ0 与 LPZ1、LPZ1 与 LPZ2 区的界面处应做等电位连接，如风向标、风速仪、环境温度传感器在机舱 TOPBOX 内做等电位连接。避雷针、机舱 TOPBOX、发电机开关柜等在机舱平台的接地汇流排上做等电位连接；主空开进线电缆接地线与控制柜、变压器、电抗器在塔底接地汇流排上做等电位连接等。

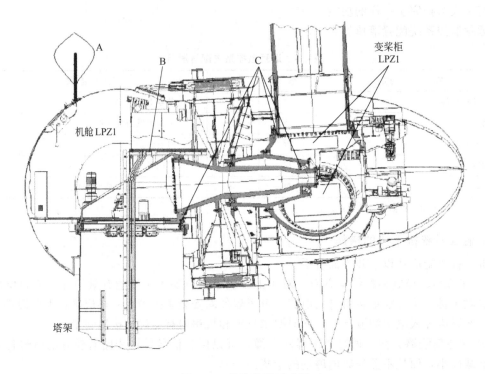

图 4-62　机舱接地示意图
A—避雷针；B—机舱上层平台；C—变桨轴承、发电机轴承、偏航轴承

2. 机组基础防雷接地

机组基础的接地设计符合 IEC 61024-1 或 GB 50057—2010 的规定，采用环形接地体，包围面积的平均半径不小于 10m，单台机组的接地电阻不大于 4Ω，使雷电流迅速流散入大地而不产生危险的过电压。

3. 电源系统防护

如果采用 690V/400V 的风力发电机供电线路，为防止沿低电压电源侵入的浪涌通过电压损坏用电设备，供电电路应采用 TN-S 供电方式，保护线路 PE 与电源中性线 N 分离。整个供电系统可采用三级保护原理，第一级使用防雷击浪涌保护器，第二级使用浪涌保护器，第三级使用终端设备保护器。由于各级保护器的响应时间和放电时间不同，需相互配合使用，供电电源系统的保护如图 4-63 所示。

4. PLC 防护

计算机柜内的 PLC 是控制系统的心脏，其对电涌的抗冲击能力较弱。由于其处在 PLZ2 区内，可在其变压器输出端并联加装 C 级防雷器（F2.3）VAL-MS 230 进行防护，通流量 40kA，响应时间 25ns。它同时起到对开关电源和 PLC 的保护作用。

在控制柜与机舱柜通信回路中，在信号输出端及 PLC 模块前端加装信号防雷模块 PT3-PB（F18.13，F20.4）防护，残余浪涌电流为 20kA，响应时间小于等于 500ns。

5. 通信信号线路的保护

对于经地埋并从室外（LPZ0 区）进入塔座内（LPZ1 区）的通信线路，必须在线路的

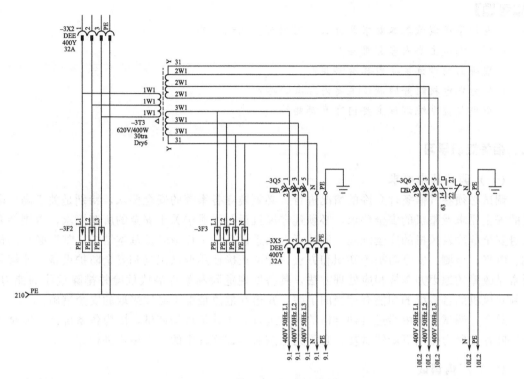

图 4-63 供电电源的保护电路

两端终端设备处安装信号防雷器。

对于在塔内的较长的信号线缆,在两端分别加装保护,以阻止感应浪涌对两端设备的冲击,确保重要信号的传输。

任务三　风力发电机组电控系统调试

一、任务引领

风力发电机组调试的任务是将机组的各系统有机地结合在一起,协调一致,保证机组安全、长期、稳定、高效率运行。调试分为厂内调试和现场调试两部分。

【学习目标】

1. 了解电控系统调试基本要求。
2. 掌握厂内调试主要内容,包括调试前的准备、调试项目、调试方法和调试具体步骤。
3. 掌握现场离网调试主要内容,包括调试前的准备、调试项目、调试方法和调试具体步骤。
4. 掌握风电机组并网调试主要内容,包括调试前的准备、调试项目、调试方法和调试具体步骤。
5. 掌握中央监控系统调试项目、调试方法和调试步骤。
6. 检查和分析调试过程中出现的故障,对故障正确进行处理。
7. 熟练掌握调试工具的使用方法。

【思考题】

1. 电控系统调试基本要求是什么？用到哪些调试工具？
2. 厂内调试主要内容有哪些？
3. 现场离网调试主要内容有哪些？
4. 风力发电机组并网调试主要内容有哪些？
5. 中央监控系统调试主要内容有哪些？

二、相关知识学习

（一）调试基本要求

调试必须在气候条件允许的情况进行，必须遵守各系统的安全要求，特别是关于高压电气的安全要求及整机的安全要求，必须遵守风机运行手册中关于安全的所有要求，否则会有人身安全危险及风机的安全危险。调试者应熟悉设备的工作原理及基本结构，掌握必要的机械、电气、检测、安全防护等知识和方法，能够正确使用调试工具和安全防护设备，能够判断常见故障的原因并掌握相应处理方法，具备发现危险和察觉潜伏危险并排除危险的能力。必须对风机的各系统的功能有相当的了解，知道在危急情况下必须采取的安全措施。

总之，调试必须由通过培训合格的人员进行。尤其是现场调试，因为各系统已经完全连接，叶片在风力作用下旋转做功，必须完全按照调试规程中的要求逐步进行。

（二）厂内调试

厂内调试是尽可能地模拟现场的情况，将系统内的所有问题在厂内调试中发现、处理，并将各系统的工作状态按照设计要求协调一致。由于厂内条件的限制，厂内调试分为两个部分：轮毂调试和机舱调试。

1. 轮毂调试

轮毂是指整个轮毂加上变桨系统、变桨轴承、中心润滑系统组成一个独立的系统。在调试时用模拟台模拟机组主控系统。调试的目的是检查轴承、中心润滑系统、变桨齿轮箱、变桨电动机、变桨控制系统、各传感器的功能是否正常（变桨部分针对变桨距机组，定桨距机组轮毂一般不需要调试）。

（1）调试准备　调试前必须确认系统已经按照要求装配完整，系统在地面固定牢固，系统干燥清洁，变桨齿轮箱与轴承的配合符合要求。

连接调试试验柜与轮毂系统，进行通电前的电气检查，确认系统的接地及各部分的绝缘达到要求，检查进线端子处的电压值、相序合格。只有符合要求后才能向系统送电。送电采用逐级送电，按照电路图逐个合闸各手动开关，并检查系统的状态正常。

（2）轮毂调试　用计算机连接轮毂控制系统，按照调试文件进行必要的参数修改。按照调试规程逐项进行调试工作，并做完整的记录。主要工作如下：

① 用手动及程序控制逐个活动三个变桨轴，检查各部分是否活动灵活无卡涩，齿轮箱、发电机、轴承是否润滑良好，没有漏油的现象。

② 检查变桨控制系统的状态是否正常，充电回路、过电流保护、转速测定等是否正常，并测试蓄电池充电回路的功能。

③ 逐个活动三个变桨轴，检查各轴的角度传感器、92°及95°限位开关、变桨电机、温度传感器等的工作是否正常，并进行角度校准。

④ 用主控制系统模拟器模拟各状态信号、指令信号等，检查变桨控制系统是否正确识

别并执行。

⑤ 用测试软件进行各刹车程序的功能测试，检查刹车程序执行过程中的各参数是否在正常范围内。

⑥ 进行危急停机程序的测试，此时应由蓄电池供电进行停机。检查刹车程序执行过程中的各参数是否在正常范围内。

⑦ 用测试软件进行长时间连续运行，重点检查中心润滑系统是否正常工作，各轴承、齿轮箱、电动机的润滑是否良好，有无漏油的现象发生；并检查记录电动机外部冷却风扇的启动温度是否符合要求，检查冷却风扇是否能够将电动机温度降低10℃以上。

⑧ 进行低温加热试验，用冷却剂冷却各温度传感器，检查各加热系统是否正常启动加热。

2. 机舱调试

机舱调试时，机舱内各部件、系统安装完毕，用变频电动机通过带驱动齿轮箱与发电机间的联轴器模拟机组的运行，用轮毂模拟器模拟轮毂变桨系统，变频器与发电机及主控系统、电网正常连接，模拟系统在现场的工作状态。

(1) 调试准备 调试前必须确认系统已经按照要求装配完整合格，系统在地面固定牢固，系统干燥清洁。

各润滑系统、液压系统充满油。各电气系统已经按照接线图接线正确。

按照调试电气检查规程进行通电前的电气检查，确认系统的接地、雷电保护系统及各部分的绝缘达到要求。

将所有手动开关打开，将进线供电开关合闸，检查变频器进线端子处的电压值、相序是否合格。只有符合要求后才能向系统送电。

(2) 机舱调试 送电采用逐级送电，按照电路图逐个合闸各手动开关，并检查系统的状态正常，检查主控制系统的供电电压幅值与相序符合要求。此时，主控制系统已经正常启动，使用密码登录系统。按照控制参数清单文件将主控制系统各控制参数修改后，复位控制系统。检查状态清单中各状态值是否正常，因为是装配后的首次调试，存在各种故障是正常的。此时，调试人员需要按照故障指示查找原因，逐步消除各故障，使控制系统显示正常。

按照调试规程要求逐步进行调试，并按照要求进行完整的记录。主要工作如下：

① 连接各辅助装置的电源，进行电压及相序的测量，分别激活齿轮箱油泵、液压系统油泵、主轴中心润滑系统、发电机轴承润滑泵，检查发电机的转向是否正常，出口压力是否达到要求。对液压系统，可能需要将油路中的空气逐步排除才能建立起要求的油压。按照电路图检查各开关的过流保护设定值是否正常，按照实际情况可以调整设定值。应检查齿轮箱润滑油压力是否达到要求，液压系统的压力是否达到要求。可以测试手动刹车功能是否正常。

② 通过修改齿轮箱冷却风扇、发电机冷却风扇的启动控制参数，检查转向是否正确。进行10min的连续运行，考核冷却风扇的振动、噪声是否符合要求。

③ 修改各加热器的启动控制参数，启动各加热器，测试各加热电流。

④ 取下主轴轴承处润滑进口连接管，启动主轴轴承中心润滑泵，使管路中的空气排出，直到各管子流出了润滑油脂后再连接轴承，向轴承注油。

⑤ 逐个启动各偏航电动机，检查偏航运动灵活、无卡涩。检查偏航运动的方向正确无误，并在主控制系统的状态菜单中检查角度、运动方向无误，检查调整过流保护开关的设定值。检查电气刹车功能是否正常无误。调整设定CW及CCW缠绕安全链开关触发，并检查

是否正确触发断开安全链。调整完后使机舱偏航到缠绕0°。

⑥ 连接变桨控制系统的供电，检查照明、信号等是否正常。

⑦ 逐个激活各安全链的开关，检查主控制系统已经正常识别，并执行紧急刹车程序。

⑧ 逐个激活各传感器，检查主控制系统已经正常识别。检查各传感器的功能正常。

⑨ 逐个激活各输出信号，检查继电器是否正常激活。

⑩ 检查各温度测量显示是否正常，必要时可以通过桥接Pt100检查温度显示是否正常。

⑪ 测试变频器与主控制系统之间的通信是否正常，用毫安表及软件测试力矩及功率因数和转速的设定值是否正常及是否被正确识别处理，必要时可以调整参数设定值。

⑫ 启动驱动电动机，低速约100r/min，检查各运行部件转动是否灵活、无卡涩。检查各转速信号是否正确显示，检查齿轮箱转速与发电机转速是否同步，齿轮箱转速与主轴转速比是否与齿轮箱速比相同。检查主控制系统测定的旋转方向是否与实际方向一致。

⑬ 修改各超速跳闸值，用发电机升速，检查到设定值停机信号是否触发。

⑭ 用电动机驱动系统到1200r/min左右，用调试软件启动变频器，测试调整发电机的励磁曲线值及相位同步值，观察发电机滑环接触是否良好，有无火花。

⑮ 退出变频器调试软件。用电动机驱动系统到1200r/min左右，测试机组是否能够自动并网，并用软件中的示波器录下并网的各参数曲线，检查相位差值是否符合要求，并保存数据文件。

⑯ 连接加热系统的电源，检查电压及相序是否符合要求。检查各温度测点的信号是否正确显示。

⑰ 通过软件修改加热系统的启停参数，检查加热器是否正常运行，检查各加热器出口的风向及是否为热风。检查各加热器是否按要求停止加热。

各项工作完成后，整理试验记录，检查是否有漏项及不合格项。提交完整的调试记录，厂内调试工作完成。

（三）现场离网调试

现场离网调试非常重要，尽管已经进行了厂内调试并合格，由于厂内调试条件的限制与现场的实际情况有差异，现场调试的情况与厂内不完全一样。非常重要的差别是机组的驱动由叶片进行，因此关于安全的要求必须完全遵守。

现场离网调试应完全按照机组的操作说明书的安全要求进行，特别注意的是关于极端情况下机组失去控制时，工作人员没有办法使机组安全停机的情况下，应遵守人身安全第一的原则紧急撤离所有人员。在雷暴天气、结冰、大风等情况下不能进行机组的调试。调试人员必须熟悉机组各部件的性能，知道在危急情况下所应采取的停机措施。熟悉所有紧急停机按钮的位置及功能。

现场不能吸烟，预防火灾的发生，知道在发生火灾等紧急情况下的逃生装置、通道。总之，现场调试必须由厂家经过培训合格的专业技术人员进行。严禁无权操作，严禁随意操作。必须由至少两人一组互相监视安全状态。

1. 调试前的准备

调试前检查机组的各部件已经正确安装无误，所有高强度螺栓均已经按照安装要求的力矩值紧固。按照安装质量检查手册逐项检查无误。

进行通电前的电气检查，完成电气检查表中的所有内容，确认各系统的接地、雷电保护系统的接地、各电缆的相间绝缘及对地绝缘等均达到要求。

确认箱式变压器的过流保护开关已经正确安装，测试调整无误。

将电气控制系统的所有手动开关打开。通过箱式变压器向机组送电。

在进线端子处检查电压值及相序是否符合要求。

按照电路图将变频器、轮毂变桨系统的 UPS 充电，保证充电 24h。

2. 机组电气检查

对机组防雷系统的连接情况进行检查，以及检查主控系统、变桨系统、变流系统、发电机系统等的接线是否正确，确认电缆色标与相序规定是否一致。

检查各控制柜之间动力和信号线缆的连接紧固程度是否满足要求。

确认各金属构架、电气装置、通信装置和外来的导体做等电位连接与接地。

检查母排等裸露金属导体间是否干净、清洁，动力电缆外观应完好、无破损。应对电气工艺进行检查确认。

对现场连接及安装的动力回路进行绝缘检查。

3. 机组上电检查

确定主控系统、变流系统、变桨系统等系统中的各电气元件已整定完毕。

按照现场调试方案和电气原理图，依次合上各电压等级回路空气开关，测量各电压等级回路电压是否满足要求。

上电顺序：水冷系统上电→主控系统上电→变流系统上电→机舱部分上电→变桨系统上电。按照以上顺序依次上电，每完成一个系统的上电时，等待 30s，如果系统未发生放电、冒烟、灼烧味、漏水现象，则可以继续进行下个系统的上电。

应对备用电源进行检查，测查充电回路是否工作正常。待充电完成后，检查备用电源电压检测回路是否正常。

4. 机组就地通信系统

（1）主控制器启动　对主控制系统的绝缘水平和接地连接情况进行检查。

机组通电，启动人机界面，检查各用户界面是否可正常调用。

建立人机界面与主控制器之间的通信，进行主控制器参数设定，保证每台机组的地址或网络标识不相互冲突。

将控制回路不间断电源置于掉电保持状态，手动切断供电电源，不间断电源应可靠投入运行。

（2）子系统和测量终端　检查主控制器和各个子系统通信是否正常，包括主控制器与功能模块之间的通信、主控制器与功率变流器之间的通信、主控制器与变桨变流器之间的通信、主控制器与偏航功率变流器之间的通信等。确认各个子系统通信中断后，主控制器能发出有效的保护指令。

检查各测量终端、风向标、位置传感器及接触器等是否处于正常工作状态。

5. 安全链

（1）急停按钮触发　按下紧急停机按钮，检查安全链是否断开以及机组的故障报警状态。

（2）机舱过振动　触发过振动传感器，检查安全链是否断开以及机组的故障报警状态。

（3）扭缆保护　触发扭缆保护传感器，检查安全链是否断开以及机组的故障报警状态。

（4）过转速　触发过转速保护开关，检查安全链是否断开以及机组的故障报警状态。

（5）变桨保护　触发变桨保护开关，检查桨叶是否顺桨、安全链是否断开以及机组的故障报警状态。

6. 发电机系统

对发电机的绝缘水平和接地连接情况进行检查。

检查发电机滑环与碳刷安装是否牢固可靠，滑道是否光滑，碳刷与滑道接触是否紧密。触发磨损信号，观察机组故障报警状态。

应对发电机防雷系统进行检查，触发电机避雷器，观察机组故障报警状态是否正确。

测量发电机加热器阻值是否在规定范围内。启动加热器，测量加热器电流是否在规定范围内，确保发电机加热器正常工作。

在有条件的情况下，应对发电机过热进行检查。模拟发电机过热故障，观察机组动作及自复位情况。

检查发电机冷却、加脂等系统的工作是否处于正常状态。

7. 主齿轮箱

检查齿箱油位是否正常，调节齿箱油位传感器，观察齿箱油位传感器触发时的机组故障报警状态。

检查齿轮箱防堵塞情况，调节压差传感器，观察压差信号触发时的机组故障报警状态。

检查齿轮箱润滑系统各阀门是否在正常工作位置；启动齿轮箱润滑油泵，观察齿轮箱润滑系统压力、噪声及漏油情况。

手动启动齿轮箱冷却风扇，观察其是否正常启动，转向是否正常。

测量齿轮箱加热器阻值是否在正常范围内，能否确保加热器正常运行。

8. 传动润滑系统

传动润滑系统包括变桨润滑、发电机润滑、主轴集中润滑及偏航润滑等。

检查传动润滑系统油位是否正常，启动传动润滑系统，观察润滑泵运行、噪声、漏油情况；调节传动润滑系统，观察润滑故障信号触发时，机组故障报警状态。

9. 液压系统

检查液压管路元件连接情况有无异常，调节各阀门至工作预定位置。

检查液压油位是否正常，确认液压油清洁度满足工作要求。模拟触发液压油位传感器，观察机组停机过程和故障报警状态。

启动液压泵，观察液压泵旋转方向是否正确，检查系统压力、保压效果、噪声、渗油等情况。检查液压站和管路衔接处，确保建压后回路无渗漏。

触发液压压力传感器信号，检查机组停机过程和故障报警状态。

检查制动块与制动盘之间的间隙是否满足要求。进行机械刹车测试，观察机组停机过程和故障报警状态。

手动操作叶轮刹车，叶轮电磁阀应迅速动作，对刹车回路建压，松闸后回路立即卸压。

10. 偏航系统

检查偏航系统各部件安装是否正常，机舱内作业人员应注意安全，偏航时严禁靠近偏航齿轮等转动部位。

应确定机舱偏航的初始零位置，调节机舱位置传感器与之对应；调节机舱位置传感器，使其在要求的偏航位置能够有触发信号。

顺时针、逆时针操作偏航，观察偏航速度、角度及方向、电动机转向是否与程序设定一致，偏航过程应平稳、无异响。

测试机组自动对风功能。手动将风机偏离风向一定角度，进入自动偏航状态，观察风机是否能够自动对风。

11. 变桨系统

（1）一般规定　变桨系统调试时，机组应切入到相应的调试模式。调试人员必须操作锁定装置将叶轮锁定后方可进入轮毂进行调试。

变桨系统调试必须由两名及以上调试人员配合完成，禁止单人进行操作。调试过程中各作业人员必须始终处于安全位置。轮毂外人员每次进入轮毂，必须经轮毂内变桨调试人员许可。

完成变桨调试后应将轮毂内清理干净，不得遗留任何杂物和工具，待所有人员离开轮毂后方可解除叶轮锁定。

对变桨系统、变流系统的绝缘水平和接地连接情况进行检查。

（2）手动变桨　在手动模式下，按照现场调试方案和电气原理图，依次合上变桨系统各电压等级回路空气开关（简称空开），测量各电压等级回路电压是否正常。

进行桨叶零位校准，使桨叶零刻度与轮毂零刻度线对齐，将编码器清零确定零位置。

进行桨叶限位开关调整，调整接近开关、限位开关等传感器位置，保证反馈信号可靠。

点动叶片变桨，应操作桨叶沿顺时针和逆时针方向各转一圈（操作桨叶沿0°～90°之间运行），观察桨叶的运行、噪声情况，运行过程应流畅、无异常触碰，并确认变桨电动机转向、速率、桨叶位置与操作命令是否保持一致。

断开主控制柜电源，检测备用电源能否使叶片顺桨。

应按照上述步骤对每片桨叶分别进行测试。

（3）冷却与加热　操作风扇启动，确认风扇动作可靠，旋向正确，无振动、异响。

操作加热器启动，检查能否正常工作。

（4）变桨保护　手动变桨至一定角度，触发叶片极限位置保护开关，检查叶片是否顺桨。

任一变桨柜断电，检查其他两个叶片是否顺桨。

断开任一变桨变流器通信线，检查所有叶片是否顺桨。

断开主控制器与变桨通信，检查所有叶片是否顺桨。

触发任一变桨限位开关，检查所有叶片是否顺桨。

断开机舱控制柜电源，检查所有叶片是否顺桨。

（5）自动变桨　手动变桨，观察风机是否能维持在额定转速，降低风机最高转速限值，观察风机是否能够自动收桨，降低转速。

恢复自动变桨模式，监测叶片变桨速度、方向、同步等情况。如发现动作异常，应立即停止变桨动作。

12. 温度控制系统调试

设置所有温度开关、湿度开关定值，包括机舱开关柜、机舱控制柜、变流柜、塔基控制柜、变桨控制柜等。

检查机组所有温度反馈是否正常，包括各控制柜内温度、发电机绕组及轴承温度、齿轮箱油温及轴温、水冷系统温度、环境温度、机舱温度等。

调整温度限值，观察加热、冷却系统是否正常启、停。

若机组具有机舱加热系统，应调整温度限值，观察加热系统是否正常启、停。

13. 离网调试结束

进入主控系统故障报警菜单，就地复位后，机组故障应已全部排除，结合调试方案，核对调试项目清单，检查是否有遗漏的调试项目。

与上电相反的顺序断电，清理作业现场，整理调试记录。

（四）风电机组并网调试

1. 并网调试准备

① 检查现场机组离网调试记录，核实调试结果是否达到并网调试的要求。

② 确认变桨、变流、冷却等系统的运行方式，各系统参数是否按机组并网调试要求设定，叶轮锁定装置是否处于解除状态。

③ 气象条件应满足并网调试要求。

④ 应对风电机组箱变至机组的动力回路进行绝缘水平检查。

⑤ 向风电场提交并网调试申请，同意后方可开展机组并网调试。

2. 变流系统调试

① 确认网侧断路器处于分断位置且锁定可靠。按照现场调试方案和电气原理图，依次合上变流器各电压等级回路空气开关，测量各电压等级回路电压是否正常。

② 将预设参数文件下载到变流器。

③ 将变流系统切入调试模式，通过变流器控制面板的参数设置功能，手动强制变流器预充电。母线电压应上升至规定值后解除预充电，母线电压应经放电电阻降至零。

④ 预充电测试成功后，解除网侧断路器锁定，通过变流器控制面板的参数设置功能，强制操作网侧断路器吸合与分断。断路器应动作可靠，控制器应收到断路器的吸合与分断的反馈信号。

⑤ 操作柜内散热风扇运行，确认风扇旋转方向正确。检查冷却系统工作是否正常。

⑥ 检查发电机转速、转向能否被变流系统正确读取。

3. 空转调试

① 设置软、硬件并网限制，使机组处于待机状态。观察主控制器初始化过程，是否有故障报警。如机组报故障未能进入待机状态，应立即对故障进行排查。

② 启动机组空转，调节桨距角进行恒转速控制，转速从低至高，稳定在额定转速下。

③ 观察机组的运行情况，包括转速跟踪、三叶片之间的桨距角之差是否在合理的范围之内，偏航自动对风、噪声、电网电压、电流及变桨系统中各变量情况。

④ 空转调试应至少持续 10min，确定机组无异常后，手动使机组停机，观察传动系统运行后的情况。

⑤ 在空转模式额定转速下运行，按下急停按钮来停止风机。观察风机能否快速顺桨，制动器是否能够正常制动。

⑥ 在空转模式额定转速下运行，降低超速保护限值（低于额定转速），风机应报超速故障并快速停机。测试完成后恢复保护限值。

4. 并网调试

（1）手动并网

① 设置软、硬件并网限制，在机组空转状态下，启动网侧变流器和发电机侧变流器，

使变流器空载运行,观察变流器各项监测指标是否在正常范围内。检查变流器撬棍电路,启动预充电功能,检测直流母线电压是否正常。

② 取消软、硬件并网限制,启动机组空转,当发电机转速保持在同步转速附近时,手动启动变流器测试发电机同步、并网,持续一段时间,观察机组运行状态是否工作正常。

③ 逐步关闭变流器,使叶片顺桨停机。

（2）自动并网

① 启动机组,当发电机转速达到并网转速时,观察主控制器是否向变流器发出并网信号,变流器在收到并网信号后是否闭合并网开关,并网后变流器是否向主控制器反馈并网成功信号。

② 观察水冷系统,确认主循环泵运转、水压及流量均达到规定要求。

③ 观察变桨系统,确认叶片的运行状态正常。

④ 并网过程应过渡平稳,发电机及叶轮运转平稳,冲击小,无异常振动。如并网过程中系统出现异常噪声、异味、漏水等问题,应立即停机进行排查。

⑤ 启动风机,观察一段时间内的风机运行数据及状态是否正常。

⑥ 模拟电网断电故障,测试风机能安全停机。停机过程机组应运行平稳,无异常声响和强烈振动。

5. 限功率调试

① 风机在额定功率下运行,通过就地控制面板,将功率分别限定为额定功率的一定比例,观察风机功率是否下降并稳定在对应的限定值。

② 功率试运行时间规定为72h,试运行结束后检查发电机滑环表面氧化膜形成情况,确保碳刷磨损状况良好及变桨系统齿面润滑情况正常。

6. 并网调试结束

① 机组在待机、启动、并网、对风、偏航、停机等状态或过程中无故障发生,并通过预验收性能考核。

② 整理调试记录,填写机组现场调试报告。

（五）中央监控系统调试

1. 与风电机组就地控制系统的联合调试

① 应对中央监控系统进行正确安装,并设置相应的权限。

② 检查主控制器与中央监控系统的通信状态是否正常。观察主控制器与中央监控系统通信中断后的保护指令和故障报警状态。

③ 在风电机组就地控制系统进行手动控制及自动控制,包括启动、关机、偏航等,观察中央监控系统监测的风电机组运行状态是否与实际相符。

④ 将机组切入调试模式,观察中央监控系统远程操作功能是否被屏蔽。

⑤ 将机组切入自动运行状态,通过中央监控系统远程操作机组,在机组就地控制系统观察机组对中央监控系统发出的控制指令响应的情况。

⑥ 使机组正常运转,通过中央监控系统查看机组的监控信息,包括基本数据显示、实时数据显示等。

2. 能量控制系统

对机组进行有功功率调节测试、无功功率调节测试及功率因数调节范围测试。

3. 统计及报表系统

① 观察中央监控系统获取累计值报表情况，查看报表内容是否满足要求。
② 观察中央监控系统获取日报表情况，查看统计数据是否满足要求。
③ 应模拟机组故障情况，查看中央监控系统故障统计情况及报警状态。

4. 调试结束

整理调试记录，编制综合自动化系统现场调试报告及风电机组中央监控系统现场调试报告。

注意：测试过程中，若机组出现异常噪声、烟味、灼烧味、放电、漏水现象，立即按下紧急停机按钮，待检查机组正常后方可继续并网测试。机组并网运行中在规定时间内无故障运行方可进行下一测试项目。

任务四　风力发电机组电控系统的维护与检修

一、任务引领

风力发电机组安全运行是依靠控制系统和与之配合的机械执行机构来完成的，只有经常进行维护和检修，才能保证控制系统的可靠性和安全性。目前技术条件下风力发电机组控制系统的无故障工作保障时间只能达到半年，这种情况下只有做好控制系统的维护与检修，才能提高风力发电机组的完好率，实现多发电的目标。

【学习目标】

1. 了解电控系统检查与维修主要内容。
2. 掌握电控系统各设备的检查内容、检查方法和检查标准。
3. 能正确分析检查过程中出现的问题，并进行处理。
4. 熟练掌握检查与维修工器具的使用。

【思考题】

1. 各种柜体检查的主要项目及内容是什么？
2. 电气元器件、线路的具体检查内容有哪些？
3. 变流器常见故障及处理方法有哪些？

二、相关知识学习

（一）电控系统概述

风力发电机组的电控系统由硬件和软件两大部分组成，硬件部分又分为强电和弱电两部分。弱电部分一般采用可编程序控制器或以计算机微处理器为核心的控制板，其工作在低电压、小电流状态，故障率很低。强电部分是指光电或磁电隔离接口以外的电器和连接导线，其工作在较高电压和大电流状态，所受电气及机械应力较大，因此故障多发生在这一部分。硬件强电部分的电气装置包括伺服电动机、空气断路器、交流接触器、继电器、熔丝、线路和接地保护装置。

例行巡视和定期检修是控制系统维护与检修的主要方式。参与控制系统维护与检修的人员必须具备相应的职业技能资质，并掌握进行控制系统维护与检修相关的安全要求。

(二) 电控系统检查与维修内容

1. 控制电路电气元器件检查

① 电气元器件的触头有无熔焊、粘连、变形，严重氧化锈蚀等现象；触头闭合分断动作是否灵活；触头开距、超程是否符合要求；压力弹簧是否正常。

② 电器的电磁机构和传动部件的运动是否灵活；衔铁有无卡住，吸合位置是否正常等。更换安装前应清除铁芯端面的防锈油。

③ 用万用表检查所有电磁线圈的通断情况。

④ 检查有延时作用的电气元器件功能，如时间继电器的延时动作、延时范围及整定机构的作用；检查热继电器的热元件和触头的动作情况。

⑤ 核对各电气元器件的规格与图样要求是否一致。

⑥ 更换安装接线前应对所使用的电气元器件逐个进行检查，电气元器件外观是否整洁，外壳有无破裂，零部件是否齐全，各接线端子及紧固件有无缺损、锈蚀等现象。

2. 控制线路的检查

① 检查线路有无移位、变色、烧焦、熔断等现象。

② 检查所有端子接线接触情况，排除虚接现象。

③ 用万用表检查，取下接触器的灭弧罩，用手操作来模拟触头分合动作，将万用表拨到 $R \times 1\Omega$ 电阻挡进行测量，接触电阻应趋于 0Ω。

不该连接的部位若测量结果为短路（$R = 0\Omega$），则说明所测两相之间的接线有短路现象，应仔细逐相检查导线排除故障。应该连接的部位若测量结果为断路（$R \to \infty$），应仔细检查所测两相之间的各段接线，找出断路点，并进行排除。

④ 完成上述检查后，清点工具材料，清除安装板上的线头杂物，检查三相电源，在有人监护下通电试车。

a. 空运转试验。首先拆除负载接线，合上开关接通电源，按下启动按钮，应立即动作，松开按钮（或按停止按钮），则接触器应立即复位。认真观察主触头动作是否正常，仔细听接触器线圈通电运行时有无异常响声。应反复试验几次，检查控制器件动作是否可靠。

b. 带负载试车。断开电源，接上负载引线，装好灭弧罩，重新通电试车。按下启动按钮，接触器应动作，观察电动机或电磁铁等负载启动和运行的情况，松开按钮（或按停止按钮），观察电动机或电磁铁等负载能否停止工作。试车时若发现接触器振动且有噪声，主触头燃弧严重，电动机或电磁铁等负载"嗡嗡"响而启动不起来，应立即停机检查，重新检查电源电压、线路、各连接点有无虚接，电动机绕组或电磁铁等负载有无断线，必要时拆开接触器检查电磁机构，排除故障后重新试车。

3. 熔断器的检查与维修

① 检查熔体管外观有无损伤、变形、开裂现象，瓷绝缘部分有无破损或闪络放电痕迹。检查有熔断信号指示器的熔断器，其指示是否保持正常状态。

② 熔体有氧化、腐蚀或破损时，应及时更换。

③ 熔断器上、下触点处的弹簧是否有足够的弹性，接触面是否紧密。检查熔体管接触是否良好，有无过热现象。

④ 因熔体长期处于高温下可能老化，因此尽量避免安装在高温场合。熔断器环境温度必须与被保护对象的环境温度基本一致，如果相差太大，可能会使保护动作出现误差。

⑤ 检查导电部分有无熔焊、烧损、影响接触的现象。
⑥ 应经常清除熔断器上及夹子上的灰尘和污垢,可用干净的布擦拭。
⑦ 更换熔芯时应检查熔体的额定电流、额定电压与设计要求是否相同。

4. 继电器和接触器的检查与维修

继电器和接触器是控制电路通断及控制通断时间、温度、顺序、电压、电流、速度、转矩等参数的控制电器,在风力发电机组控制系统中使用数量很大。定期做好维护工作,是保证继电器和接触器长期、安全、可靠运行,延长使用寿命的有效措施。

(1) 定期外观检查

① 消除灰尘,先用棉布蘸少量汽油擦洗油污,再用干布擦干。如果铁芯锈蚀,应用钢丝刷刷净,并涂上银粉漆。

② 定期检查继电器和接触器各紧固件是否松动,特别是紧固压接导线的螺钉,以防止松动脱落造成连接处发热。若发现过热点后,可用整形锉轻轻锉去导电零件相互接触面的氧化膜,再重新固定好。检查接地螺钉是否紧固牢靠。

③ 各金属部件和弹簧应完整无损,无形变,否则应予更换。

(2) 触头系统检查

① 动、静触头应清洁,接触良好。若有氧化层,应用钢丝刷刷净。若有烧伤处,则应用细油石打磨光亮。动触头片应无折损,软硬一致。

② 检查动、静触头是否对准,三相是否同时闭合,应调节触头弹簧使三相一致。测量相间或线间绝缘电阻,其阻值不低于 $10 M\Omega$。

③ 继电器触头磨损深度不得超过 $0.5mm$,接触器触头磨损深度不得超过 $1mm$,严重烧损、开焊脱落时必须更换触头。对银或银基合金触点有轻微烧损、触面发黑或烧毛,一般不影响正常使用,但应进行清理,否则会促使接触器损坏。若影响接触时,可用整形锉磨平打光,除去触头表面的氧化膜,但不能使用砂纸。

④ 更换新触头后应调整分开距离、超越行程和触头压力,使其保持在规定范围之内。

⑤ 检查辅助触头动作是否灵活,触头有无松动或脱落,触头开距及行程应符合规定值。当发现接触不良又不易修复时,应更换触头。

(3) 铁芯检查

① 定期用干燥的压缩空气吹净继电器和接触器堆积的灰尘,灰尘过多会使运动系统卡住,机械破损增大。当带电部件间堆积过多的导电尘埃时,还会造成相间击穿短路。

② 应清除灰尘及油污,定期用棉纱蘸少量汽油或用刷子将铁芯截面间油污擦干净,以免引起铁芯噪声或线圈断电时接触器不释放。

③ 检查各缓冲零件位置是否正确齐全。

④ 应检查铁芯铆钉有无断裂,铁芯端面有无松散现象。

⑤ 检查短路环有无脱落或断裂,若有断裂会引起很大噪声,应更换短路环或铁芯。

⑥ 检查电磁铁吸力是否正常,有无错位现象。

(4) 电磁线圈检查

① 一般使用数字式万用表检查线圈直流电阻,仅对电压线圈进行直流电阻测量。继电器电压线圈在运行中有可能出现开路和匝间短路现象,进行直流电阻测量便可发现。

② 定期检查继电器和接触器控制回路电源电压,并调整到一定范围之内。当电压过高时线圈会发热,吸合时冲击大。当电压过低时吸合速度慢,使运动部件容易卡住,造成触头拉弧熔焊在一起。

③ 电磁线圈在电源电压为线圈额定电压的 85%～105%时应可靠动作，若电源电压低于线圈额定电压的 40%，应可靠释放。

④ 检查线圈有无过热或表面老化、变色现象，若表面温度高于 65℃，即表明线圈过热，可能破坏绝缘引起匝间短路。若不易修复，应更换线圈。

⑤ 检查引线有无断开或开焊现象，线圈骨架有无磨损、裂纹，是否牢固地装在铁芯上，若发现问题必须及时处理或更换。

⑥ 运行前应用绝缘电阻表测量绝缘电阻，看是否在允许范围内。

（5）接触器灭弧罩检查

① 检查灭弧罩有无裂损，严重时应更换。清除罩内脱落杂物及金属颗粒。

② 对栅片灭弧罩检查是否完整或烧损变形、严重松脱、位置变化，若不易修复应及时更换。

（6）继电器和接触器在运行中的检查

① 通过的负载电流是否在额定值之内。

② 继电器和接触器的分、合信号指示是否与电路状态相符。

③ 接触器灭弧室内是否有因接触不良而发出放电响声。灭弧罩有无松动和裂损现象。

④ 电磁线圈有无过热现象，电磁铁上的短路环有无脱出和损伤现象。

⑤ 继电器和接触器与导线的连接处有无过热现象，通过颜色变化可以发现。

⑥ 接触器辅助触头有无烧蚀现象。

⑦ 绝缘杆有无裂损现象。

⑧ 铁芯吸合是否良好，有无较大的噪声，断电后是否能返回到正常位置。

⑨ 是否有不利于接触器正常运行的因素，如振动过大、通风不良、导电尘埃等。

5. 配电柜的检修

控制系统的运行与维修及应急照明一般都要通过机组配电柜获得电能。为了保证正常用电，对配电柜上的电器和仪表应经常进行检查和维修，及时发现问题和消除隐患。对运行中的配电柜，应做以下检查。

① 配电柜和柜上电气元器件的名称、标志、编号等是否清楚、正确，柜上所有的操作手柄、按钮和按键等的位置与现场实际情况是否相符，固定是否牢靠，操作是否灵活。

② 配电柜上表示"合""分"等信号灯和其他信号指示是否正确（红灯亮表示开关处于闭合状态，绿灯亮表示开关处于断开位置）。

③ 刀开关、断路器和熔断器等的接点是否牢靠，有无过热、变色现象。

④ 二次回路线的绝缘有无破损，并用绝缘电阻表测量绝缘电阻。

⑤ 配电柜柜上有操作模拟板时，模拟板与现场电气设备的运行状态是否对应一致。

⑥ 清扫仪表和电器上的灰尘，检查仪表和表盘玻璃有无松动。

⑦ 巡视检查中发现的缺陷，应及时记入缺陷登记本和运行日志内，以便排除故障时参考分析。

6. 变桨控制柜检查

（1）变桨控制柜检查项目

① 检查控制柜外观。

② 检查接线是否牢固。

③ 检查文字标注是否清楚。

④ 检查电缆标注是否清楚。
⑤ 检查电缆是否有损。
⑥ 检查屏蔽层与接地之间连接。

(2) 检查变桨控制柜/轮毂之间缓冲器　检查是否有磨损情况，检查缓冲器是否磨损严重，如果磨损严重更换新的缓冲器。

(3) 变桨测试
① 利用手动操作箱启动变桨，检查变桨的配合位置。
② 测试工作位置开关，利用手动操作箱将一个叶片从工作位置转开。

(4) 变桨控制柜螺栓紧固　检查变桨控制支架连接螺栓和所有附件连接螺栓是否紧固，检查变桨控制柜内接线端子是否紧固。

(5) 检查备用电池
① 用电池驱动变桨机构：如果一个电池出现问题，整个电池组都得更换。
② 用比例装置检测电池：用电池驱动比例装置，如果一个变桨驱动的速度异常，即使比例装置未运行，仍需测量电池的电压。

(6) 检查限位开关
① 开关灵敏度检查。
② 手动刹车测试。
③ 安全链启动紧急刹车测试。

(7) 检查轮毂转速传感器
① 检查轮毂转速传感器固定是否牢固：如果松动，立即紧固。
② 检查导线是否磨损：如果轻微磨损，找出磨损原因，在导线磨损处用绝缘胶带或用绝缘热塑管处理；如果磨损严重，找出磨损原因并立即更换导线。
③ 检查轮毂转速传感器与轮毂间隙：如果不在标准间隙内应立即调整。

7. 变流器检查与维护

变流器一般在出厂时，厂家对每一个参数都有一个默认值。用户能通过面板操作方式正常运行，但面板操作并不能满足大多数系统的要求，所以，用户在正确使用变流器之前，还要多对变流器的参数进行重新设置，以满足本风场系统要求。如果参数设置不正确，会导致变流器不能正常工作。

① 变流器在参数中设定发电机的功率、电流、电压、转速、工作频率，这些参数可以从发电机铭牌中直接得到。

② 设定变流器的启动方式。一般变流器在出厂时设定从面板启动，用户可以根据实际情况用面板、外部端子、通信方式等几种。

③ 给定信号的选择。一般变流器的频率给定可以有多种方式：面板给定、外部给定、外部电压或电流给定、通信方式给定，也可以是这几种方式的一种或几种方式之和。正确设置以上参数之后，变流器基本上能正常工作，若要获得更好的控制效果，则只能根据实际情况修改相关参数。

参数设置类故障的处理：一旦发生了参数设置类故障，变流器就不能正常运行，一般可根据说明书进行修改参数。如果以上修改不成功，最好能够把所有参数恢复为出厂值，然后按照用户使用手册上规定的步骤重新设置。

(1) 变流器过电压故障　变流器的过电压集中表现在直流母线的支流电压上。正常情况下，变流器直流电为三相全波整流后的平均值。若以 380V 电压计算，则平均直流电压 $U_d=$

1.35$U_{线}$=513V。在过电压发生时,直流母线的储能电容将被充电,当电压上升至760V左右时,变流器过电压保护动作。因此,就变流器来说,都有一个正常的工作电压范围,当电压超过这个范围时很可能损坏变流器,常见的过电压有以下两类。

① 输入交流电源过电压:这种情况是指输入电压超过正常范围,一般发生在节假日负载较轻,电压升高或线路出现故障而降低,此时最好断开电源,检查、处理。

② 发电类过电压:这种情况出现的概率较高,主要是发电机的实际转速比同步转速还高,变流器可以引起这一故障。

(2) 变流器过电流故障　此类故障可能是由于变流器的负载发生突变、负荷分配不均、输出短路等原因引起的。这时一般可通过减少负荷的突变、进行负荷分配设计、对线路进行检查来避免。如果断开负载变流器还是过电流故障,说明变流器逆变电路已损坏,需要更换变流器。

(3) 变流器过载故障　包括变流器过载和发电机过载,可能是电网电压太低、负载过重等原因引起的。一般应检查电网电压、负载等。如果所选的变流器不能拖动该负载,应重新调定设置值或更换大的变流器。

(4) 变流器其他故障

① 变流器欠电压:说明变流器电源输入部分有问题,须检查后才可以运行。

② 变流器温度过高:如果发电机有温度检测装置,检查发电机的散热情况;变流器温度过高,应检查变流器的通风情况或水冷却系统是否存在问题。

复习思考题

1. 风力发电机组实现自动运行的基本要求是什么?
2. 风力发电机组安全保护系统设计原则有哪些?
3. 风力发电机组的控制目标有哪些?
4. 风力发电机组的控制系统包括哪些子系统?各实现哪些功能?
5. 恒速恒频风力发电机组控制系统的基本组成和控制原理是什么?
6. 控制与安全系统运行检查的主要项目有哪些?
7. 风力发电机组并网后需要注意哪些问题?
8. 异步发电机并网的条件是什么?软并网控制过程及要求是什么?
9. 风力发电机组对并网控制有哪些要求?使用变频器并网控制的特点是什么?
10. 双馈型机组并网运行的特点是什么?
11. 简述大、小型发电机自动切换的控制方法。
12. 电控系统由哪些子系统组成?
13. 风力发电机组接地保护的方式有哪些?接地保护有哪些要求?
14. 风力发电机组应该有哪些雷击安全保护的措施?
15. 风力发电机组电控系统需要哪些安全保护措施?
16. 风力发电机组监控系统需要检测的主要参数和主要状态有哪些?用到哪些传感器?
17. 中央监控系统应具备哪些功能?
18. 风力发电机组远程监控系统由哪几部分组成?各有什么功能?
19. 风力发电机组安全链的结构及功能是什么?
20. 简述风力发电机组紧急停机安全链保护的作用。

21. 独立运行的风力发电系统为什么需要逆变装置？
22. 风力发电机组电气控制系统调试的主要内容有哪些？
23. 机舱调试前应做好哪些准备工作？
24. 简述机舱调试主要内容及调试步骤。
25. 简述机组现场离网调试主要内容和操作要求。
26. 简述风电机组并网调试主要内容和工作要求。
27. 简述中央监控系统调试主要内容和工作要求。
28. 控制系统电路电气元件的检查有什么要求？
29. 控制线路检查有哪些要求？需要检查哪些项目？
30. 熔断器的检查与维修有什么要求？
31. 继电器和接触器的检查与维修有哪些项目？
32. 继电器和接触器的定期外观检查、触头系统检查、铁芯检查各有什么要求？
33. 如何进行配电柜的检修？
34. 简述变流器常见故障及处理方法。

学习情境四
课件

学习情境四
【随堂测验】

学习情境五

风力发电机组支撑系统的检查与维护

【学习情境描述】

支撑系统是风力发电机组的重要系统之一，它能够保证风力发电机组最大限度地吸收风能，并将其安全可靠地转换成电能。

【学习目标】

1. 了解支撑系统的基本结构及各组成部分的作用。
2. 掌握支撑系统技术要求及维护方法。

【本情境重点】

风力发电机组支撑系统的组成及作用。

【本情境难点】

风力发电机组支撑系统维护方法。

任务一　风力发电机组支撑系统的认知

一、任务引领

风力发电机组的支撑系统包括机舱壳体、塔架和基础等。机舱与底盘位于风力发电机组最上方，用于支撑和保护齿轮箱、传动轴、发电机和控制柜等主要设备。塔架与基础相连接，承受风力发电系统运行引起的各种载荷，同时传递这些载荷到基础，使整个风力发电机组能稳定可靠地运行。

【学习目标】

1. 了解机舱壳体的基本组成及作用。

2. 了解塔架的类型、结构及特点。
3. 了解基础的技术要求及分类方法。

【思考题】

1. 机舱由哪几部分组成？机舱里都安装有哪些设备？这些设备是如何布置的？
2. 对机舱底盘有哪些技术要求？
3. 对机舱罩和导流罩有哪些技术要求？
4. 塔架的类型有哪几种？其内部结构各具有什么特点？
5. 识别轮毂高度与风轮直径关系分布图。
6. 了解塔架的固有频率、塔架振动振幅的大小与激振频率和塔架的固有频率的关系。
7. 风力发电机组的基础有几种形式？与塔架如何正确接地？

二、相关知识学习

（一）机舱壳体

为保护齿轮箱、传动系统、发电机和各种柜体等主要设备免受风沙、雨雪、冰雹及烟雾的直接侵害，通过机舱壳体把这些设备密封起来。

机舱壳体由机舱底盘、机舱罩和导流罩组成，位于风力发电机组最上方。机舱的顶端还安装有风向标和风速仪。

1. 机舱底盘

风力发电机的底盘也称为机架。布置有风轮、轴承座、齿轮箱、发电机、偏航驱动等部件，起着定位和承载的作用（图5-1），同时承担着与塔架连接的重要任务，机舱底盘上机组载荷都通过机舱底盘传递给塔架。

机舱底盘分为前后两部分。前机舱底盘多用铸件（图5-2），后机舱底盘多用焊接件。

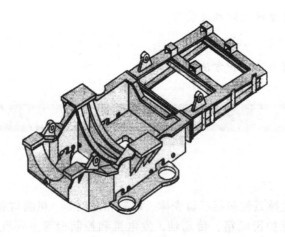

图5-1 机舱底盘

2. 机舱罩

机舱罩（图5-3）可分为下舱罩和上舱罩两部分。机舱罩一般由厚度为8～10mm的玻

学习情境五 风力发电机组支撑系统的检查与维护

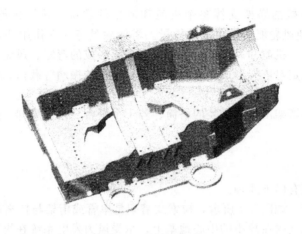

图 5-2 前机舱底盘

前机舱底盘

璃钢制造，上、下舱罩可通过向机舱内部凸起带数十个螺钉孔的凸缘，用不锈钢螺栓连接成整体。上、下舱罩均带有中空式加强筋，加强筋之间距离约为 1m。网格式的加强筋分布在上、下舱罩的里面。

图 5-3 机舱罩

由于偏航回转支撑轴承内圈与机舱底盘的凸缘用一组螺钉固定连接在一起，而偏航回转支撑轴承带外齿的外圈与塔筒顶部的凸缘用一组螺栓紧固连接在一起，为防止雨水，下舱罩底部设有一个大圆孔，此圆孔应将上述带外齿的回转支撑轴承外圈包含在机舱内部，此圆孔与塔筒外壁的间隙约为 40～50mm。

下舱罩底部还设有两个可遮盖的通风孔以及吊车起吊重物用的孔（吊车的起重链条通过此孔）。舱罩后部设有百叶窗式的通风孔。

3. 导流罩

风力发电机组的导流罩（图 1-2）安装在风轮轮毂的外面，与风轮一起旋转。导流罩的外形为符合空气动力学特性的流线型，起着减小机舱迎风阻力的作用，同时还可以美化风力发电机的外观，上面有安装叶片的圆孔，孔上装有叶片孔防尘圈。因为导流罩外形为圆滑的流线型，使用金属制造比较困难，一般都使用玻璃钢制作。

(二) 塔架

水平轴风力发电机的塔架支撑整个机舱和风轮的重量,并使机舱和风轮保持在离地65m或80m高度,使风轮能捕获更多的能量。塔架除具有支撑作用外,还需要抵御风的推力对塔架形成的弯矩、机舱和风轮的偏心重量对塔架形成的弯矩、风轮转动时对塔架形成的反转力矩、阵风不稳定对塔架形成的弯矩、风力发电机的振动等载荷,使整个风力发电机组能稳定可靠地运行。

风力发电机组的塔架由几段拼装的塔筒、若干个平台、内部爬梯、外部扶梯、电缆固定支架等部分组成。

1. 塔架的类型

塔架的结构形式有以下几种。

(1) 拉索式塔架 如图5-4所示,拉索式塔架是单管或桁架与拉索的组合,采用钢制单管或角铁焊接的桁架支撑在较小的中心地基上,承受风力发电系统在塔顶以上各部件的气体及质量载荷,同时通过数根钢索固定在离散的地基上。拉索层次一般选用1~2层,每层选用3~4根拉索固定。塔架拉索所用材料应是采用防腐防锈处理的钢丝绳,其性能指标、规格应符合有关国家标准或行业标准规定。这种组合塔的设计简单,制造费用较低,适用于中、小型风力发电机组。

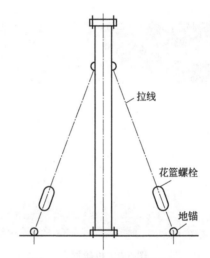

图5-4 拉索式塔架结构示意图

(2) 桁架式塔架 采用钢管或角铁焊接成截锥形桁塔支撑在地基上,桁架的横截面一般为正方形,用四条腿与地基连接。桁架塔架由于自身有很多孔洞,风载荷对它的影响较小;材料消耗少且自重较轻,装配前热镀锌防腐处理相对容易,制造简单,成本低,运输方便,并可以沿着桁塔立柱的脚手架爬升至机舱。桁架塔架装配后防腐难度大,承载能力、可靠性都不如圆筒形结构,机舱与地面设施的连接电缆等暴露在外面,外观形象较差。而且通向塔顶的上下梯子不好安排,上下时安全性差。图5-5所示为桁架式塔架。

(3) 锥筒式塔架 锥筒式塔架可以分为三类。

① 钢制塔架 采用强度和塑性较好的多段钢板进行滚压,对接焊成截锥式筒体,两端与法兰盘焊接而构成截锥塔筒。采用截锥塔筒可以直接将机舱底盘固定在塔顶处,塔梯、安全设施及电缆等不规则部件或系统布局都包容在筒体内部,并可以利用截锥塔筒的底部空间

设置各种必需的控制及监测设备,因此采用锥筒塔的风力发电机组的外观布局很美观。对比桁架式塔架结构,虽然截锥塔筒的迎风阻力较大,但目前大型风力发电机组仍然广泛采用这种塔架。

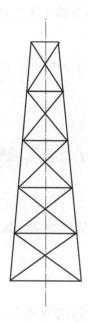

图 5-5　桁架式塔架结构示意图

图 5-6　钢混组合塔架

② 钢混组合塔架　这种锥筒塔架是分段采用钢制与钢筋混凝土制造的两种塔筒组合,其主要构造特点:锥筒塔架分为上、下两段,其上段为钢制塔架,下段则为钢筋混凝土塔架。图 5-6 所示为钢混组合塔架,钢制塔架在距地面一定高度(20m 左右)处与钢筋混凝土塔筒顶部相连。接界面约在支撑平台表面以下 5m 处。

钢筋混凝土结构塔架的最大优点是刚度大,自振频率低,很容易制作出需要的各种形状。但混凝土的砂、石、水泥使用量巨大,运输费用太高,因而限制了它的应用。近年来随着风力发电机组容量的不断增大,塔架的体积也相对增大,使得塔架运输出现困难,又有以钢筋混凝土塔架取代钢结构塔架的趋势。

③ 钢筒夹混塔架　这种锥筒塔架采用双层同心的钢筒,在钢筒间填充混凝土制造而成,钢筒横截面组合如图 5-7 所示。

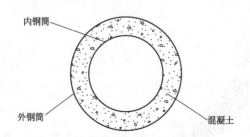

图 5-7　钢筒夹混塔架横截面示意图

2. 塔架结构

塔架由塔筒、塔门、塔梯、电缆梯与电缆卷筒支架、平台、外梯、照明设备、安全与消防设备等组成。

（1）塔筒 塔筒［图 5-8(a)］是塔架的主体承力构件。为了吊装及运输的方便，一般将塔筒分成若干段，并在塔筒底部内、外侧设法兰盘，或单独在外侧设法兰盘，采用螺栓与塔基相连，其余连接段的法兰盘为内翻形式，均采用螺栓进行连接［图 5-8(b)］。根据结构强度的要求，各段塔筒可以用不同厚度的钢板。

(a) 内部结构

(b) 外部结构

图 5-8 塔筒

塔筒

由于风速的剪切效应影响，大气风速随地面高度的增高而增大，因此普遍希望增高机组的塔筒高度，可是增加塔筒高度将使其制造费用相应增加，随之也带来技术及吊装的难度，需要进行技术和经济的综合性考虑，可以参考式(5-1)初选塔筒的最低高度：

$$H_{tg}=R+H_{zg}+A_z \tag{5-1}$$

式中　H_{tg}——塔架最低高度，m；

　　　R——风轮半径，m；

　　　H_{zg}——接近机组的障碍物高度，m；

　　　A_z——风轮叶尖的最低点与障碍物顶部的距离（一般取 $A_z=1.5\sim2.0$m），m。

图 5-9 给出了由统计方法得出的塔筒高度与风轮直径的关系。图中表明，风轮直径减小，塔架的相对高度增加。小风机受到环境的影响较大，塔架相对高一些，可使它在风速较稳定的高度上运行。25m 直径以上的风轮，其轮毂中心高与风轮直径的比基

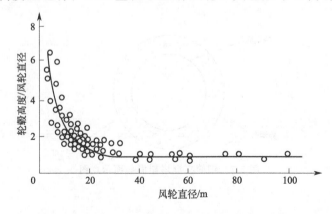

图 5-9 塔筒高度与风轮直径的关系

本为 1∶1。

（2）平台　塔架中设置若干平台（图5-10），为了安装相邻段塔筒、放置部分设备和便于维修内部设施。塔筒连接处平台距离法兰接触面1.1m左右，以方便螺栓安装。另外还有一个基础平台，位置与塔门位置相关。平台是由若干个花纹钢板组成的圆板，圆板上有相应的电缆桥与塔梯通道，每个平台一般有不少于3个的吊板通过螺栓与塔壁对应固定座相连接，平台下面还设有支撑钢梁。

图5-10　平台

图5-11　机舱拉入塔架的电缆

平台

（3）电缆及其固定　电缆由机舱通过塔架到达相应的平台或拉出塔架以外。从机舱拉入塔架的电缆如图5-11所示，进入塔架后经过电缆卷筒与支架。电缆卷筒与支架位于塔架顶部，保证电缆有一定长度的自由旋转，同时承载相应部分的电缆重量。电缆通过支架随机舱旋转，达到解缆设定值后自动消除旋转。安装维护时应检查电缆与支架的间隙，不应出现电缆擦伤。经过电缆卷筒与支架后，电缆由电缆梯固定并拉下。

（三）基础

塔架的基础实际上就是整个风力发电机组的基础，主要承载部件。风力发电机组基础的主体埋在地面以下，由钢筋和混凝土组成，其中嵌入了基础段。基础段露出混凝土上表面约600mm，焊有法兰，用于与下段塔筒进行连接。

1. 风力发电机组的基础

锥筒型塔架采用的基础结构有厚板块、多桩和单桩形式。

（1）厚板块基础　厚板块基础用在距地表不远处就有硬性土质的情况下，可以抵制倾覆力矩和机组重力偏心。计算板块基础承重力的方法是：假设承载面积上负载一致，基础承受的倾覆力矩应该小于$WB/6$，其中，W为重力负载，B为厚板块基础宽度。这个条件可用来粗略估计需要的基础尺寸。

几种不同的厚板块基础的结构形状如图5-12所示。图（a）基础板块厚度一致，上表面与地面相平，当岩石床接近地表的情况下选择这种基础，主要的配筋分布在上表层和下表层，抵制基础弯曲，并且板块足够厚，不用使用抗剪钢筋。图（b）基础板块基础上面设置一个基座，这种情况用在岩石床在地表下的深度比板块厚度大，需要增加一个基座来抵制弯曲力矩和剪切负载，施加在基础上的重力增加，整个板块尺寸可以减小一些。图（c）基础板块类似于图（b），不同的是塔架基底直接嵌入基础，块状基础表面成一定斜率变化，缺点是塔架基底接近基础表面处需要打孔，允许基础表面配筋通过，抵制剪切负载的配筋也必须经过塔架底部法兰，这种结构节省材料，但不利于安装。图（d）基础在岩石床打锚，这种情况也适用岩石床在地表下的深度比较大的情况，相比于图（b），可以节省材料，免去上面的配重，承载力也很高，但岩石床打锚时需要专用机械，所以也较少使用。

理想的基础形状应该是圆形，但为了配筋方便，常见的形状为方形。

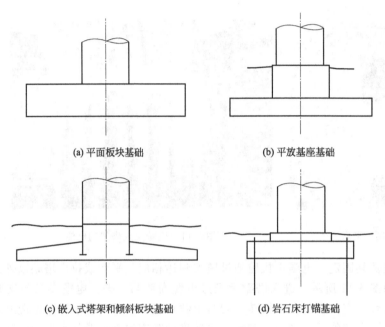

图 5-12　厚板块基础示意图

（2）多桩基础　在土质比较疏松的地层情况，常选择多桩基础，如图 5-13(a) 所示。基础采用一个桩帽安置在 8 个圆柱形桩基上，桩基圆形排列，在桩的垂直、侧向方向都要抵制倾覆力矩，侧向力主要作用在桩帽上，所以桩和桩帽都要配钢筋。桩孔采用螺旋钻扎，钢筋骨架定位后，原位置浇铸。

（3）混凝土单桩基础　混凝土单桩基础采用一个大直径混凝土圆柱体，如图 5-13(b) 所示。这种桩孔利于水下打桩，可以开挖出很深的桩孔。这种结构虽然简单，但耗材大，采用中空圆柱体可以节省耗材，如图 5-13(c) 所示。

2. 基础与塔架的接地

基础与塔架接地是整个风力发电机组接地保护的基础。良好的接地将确保风力发电机组和人员免受雷击、漏电的伤害，确保机组控制系统可靠地运行。

① 塔筒与地基接地装置，接地体应水平敷设。塔内和地基的角钢基础及支架要用截面规格为 25mm×4mm 的扁钢相连作接地干线，塔筒作一组，地基作一组，两者焊接相连形成接地网。

② 接地网形式以闭合型为好。当接地电阻不满足要求时，引入外部接地体。

③ 接地体的外缘应闭合，外缘各角要做成圆弧形，其半径不宜小于均压带间距的一半，埋设深度应不小于 0.6m，并敷设水平均压带。

④ 整个接地网的接地电阻应小于 4Ω。

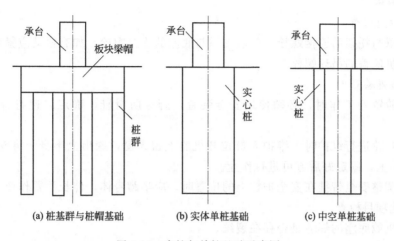

图 5-13 多桩与单桩基础示意图

任务二　风力发电机组支撑系统的检查与维护

一、任务引领

大型风力发电机组之所以能巍然屹立，离不开机组的支撑系统。风力发电机组常年运行在野外，处于比较恶劣的环境，支撑系统的日常巡视检查与维护非常重要。

【学习目标】
1. 掌握支撑系统的检查维护项目、技术要求及操作方法。
2. 掌握塔基水平度测试方法。

【思考题】
1. 支撑系统由哪几部分组成？各有什么作用？
2. 对支撑系统有哪些技术要求？
3. 支撑系统日常巡视项目及检测方法有哪些？
4. 支撑系统维护内容及处理方法有哪些？

二、相关知识学习

（一）机舱罩与机舱底板的检查

1. 注意事项

① 当维护人员进入机舱后，要及时关上人孔盖板。

② 检查安全钢丝绳和安全锁扣是否存在损伤或磨损。即使发现安全设施上存在非常轻微的问题，也要毫不迟疑地更换一套新的。

③ 工作时穿好安全服。如果靠近提升孔，要系上安全带，挂好安全扣，固定在栏杆或其他可靠的地方。

④ 工具要放在不易滑落的地方，维护工作完毕后，要及时清理工具。

2. 检查项目

(1) 机舱内检查

① 机舱罩与托架的连接螺栓、前后支撑与底座的连接螺栓，如有松动应紧固。

② 紧固机舱盖的吊环螺栓。

(2) 机舱外检查

① 在机舱罩外工作时，必须使用安全装置，脚穿防滑鞋，确定风速符合安全作业的要求。

② 在对叶轮进行维护时，维护人员拉开机舱上盖天窗，探出上半身，将安全绳固定在轮毂安全护栏上，固定好后方可进行作业。

③ 需要调整安全带挂在安全护栏上的位置时，应半蹲身体，伸长手臂作业。

(3) 其他项目检查

① 检查机舱底座的焊缝是否存在裂纹。

② 检查防腐油漆是否脱落。

③ 检查机舱罩是否出现裂纹。

(二) 塔架和基础的检查与维护

① 检查塔架和基础是否有裂纹、损伤、防腐破损。如有裂纹、损伤等破损情况，应停机并通知生产企业进行维护。

注意：应100%检查以下焊缝外观质量：

a. 塔架法兰上的所有焊缝；

b. 底法兰的内外焊缝。

检查时应保证：

a. 需要检查的焊缝表面应保持清洁；

b. 具有合适的光照条件；

c. 因焊缝只是外观检查，因此焊缝全长都要进行检查。

② 检查塔架和基础连接处有无防腐破损，有无进水。

③ 检查入口、百叶窗、门、门框和密封圈是否遭到损坏，检测锁的性能（开、闭锁）。

④ 检查基础内支架的紧固，有无电缆烧焦，基础内有无进水、昆虫并清洁。

⑤ 检查塔架内梯子、平台是否损坏，防腐是否破损并清洁。

⑥ 检查灯及各连接处的接头。

⑦ 塔架法兰连接检查。应按从下至上的顺序检查各段塔筒连接法兰的螺栓。先检查基础与下段塔筒的连接螺栓，最后检查上部塔筒与机舱的连接螺栓。

螺栓应是从下向上穿入法兰孔，螺母在上方。紧固时，用扳手把稳螺栓，用液压力矩扳手以规定的力矩把紧螺母。

在维护过程中，通常按一定的比例抽检螺栓，具体比例见螺栓紧固力矩表。紧固力矩值时，先做好标记。转角超过20°时，紧固所有螺栓，转角超过50°时，必须更换螺栓和螺母。更换螺栓时应涂 MoS_2。

a. 紧固塔架底法兰与基础环法兰的连接螺栓。

b. 紧固塔架各段法兰之间的连接螺栓。

c. 紧固偏航轴承与塔架法兰的连接螺栓。

⑧ 塔架平台

a. 下平台
- 检查平台的螺栓是否松动，平台是否有损坏，并清洁平台。
- 检查爬塔设备、安全绳、防坠落装置、灭火器、警告标志。
- 测试攀登用具的功能和安全绳的张紧度，确认安全锁扣是否完好。

b. 塔架平台和底座内平台
- 检查平台的螺栓是否松动，平台是否有损坏，并清洁平台。
- 检查电缆夹板处的电缆老化、松动情况，检查机舱接地连接是否完好，检查扭缆开关。

⑨ 爬梯

a. 检查梯子是否损坏，漆面是否脱落，并清洁梯子。
b. 检查梯子的焊缝是否有裂缝，检查安全绳和安全锁扣是否符合要求。
c. 检查并紧固梯子连接螺栓。
d. 检测防坠制动器的功能，在爬升不超过 2m 的高度通过坠落来进行测试。

⑩ 塔架灯和插座

a. 检查塔架灯支架螺栓是否松动，是否有损坏，并做清洁。
b. 检查所有平台的照明灯和插座的功能。
c. 检查灯线外观是否有破损。

⑪ 塔架筒体

a. 检查塔架筒体表面是否有裂纹、变形，检查防腐和焊缝并做清洁。
b. 检查电缆固定是否有松动，是否有损坏，并做清洁。
c. 测量电缆的绝缘性能和电阻。
d. 扭缆不能超过 3 圈。如果发生扭缆开关动作，则需要解缆后检查扭缆设定。

⑫ 其他项目检查

a. 检查塔壁上油漆的防腐情况。如果出现腐蚀的迹象，应与生产企业联系。
b. 检查塔架门的密封情况和门锁装置。

（三）连接件的维护

支撑体系中有大量的连接件，例如塔架内外连接螺栓、平台吊板螺栓、塔梯连接螺栓、电缆梯连接螺栓、钢梁连接件等。要定期检查螺栓连接情况，检查是否有损坏、松动和锈蚀。发现松动的应及时用力矩扳手拧紧，拧紧力矩应达到规定值；发现损伤和锈蚀严重的，要立即更换。更换时螺纹和螺母的支撑面应涂二硫化钼。多个连接件需要更换时，应逐一进行。

（四）结构件的维护

定期对结构件外观进行检查，查看部件表面是否存在涂漆层脱落、锈蚀、外伤和变形问题。

对局部涂漆层脱落、锈蚀，应及时处理。处理时应首先进行清理打磨，出现金属光面后进行两次补底漆（用环氧富锌底漆）和两次涂面漆处理。

对焊道处的外观进行重点检查与处理。例如塔筒焊道、安装支座焊道、平台吊板焊道、塔梯焊道、电缆梯焊道和型钢吊板焊道等。

对各类电缆线路进行检查，不应有破损现象，尤其注意对偏航扭缆处电缆进行重点检查。

（五）塔基水平度测试

应定期（每月）和随机（大风、暴雨后）对塔基水平度进行检测。

检测方法　在下塔筒外法兰盘上选取 4 个检测点（图 5-14 所示的 A、B、C、D），进行纵向与横向水平检测。对比相关数据，不应有突变和趋势性变化现象。检测点应有标志，检测面应进行保护。检测结果应进行记录，记录表包括检测日期、检测人员、各检测点的横向和纵向水平度等。

（六）塔筒标识的维护

塔筒内外标识应清晰，并按规定进行管理，塔筒内不得放置无关物品。定期对塔筒内外标识进行维护，确保标识清晰。

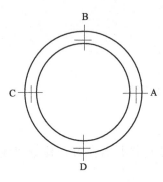

图 5-14　塔基检测点

复习思考题

1. 机舱有哪些功能？
2. 机舱的设计有哪些要求？
3. 机舱的结构形式有哪些？各有什么特点？
4. 底盘有哪些功能？
5. 底盘有哪些设计要求？
6. 底板按材料和加工方法分为几种？各有什么特点？
7. 底板按传动方式分为几种？各有什么特点？
8. 底板按水平有无夹角分为几种？各有什么特点？
9. 塔架的功能有哪些？
10. 塔架的设计条件有哪些？
11. 塔架的分类方法有几种？
12. 塔架按刚度分为几种？各有什么特点？
13. 塔架按结构形式分为几种？各有什么特点？
14. 如何测试塔基水平度？
15. 试述塔架和基础检查与维护项目及技术要求。
16. 试述机舱罩与机场底板的维护项目及技术要求。

学习情境五
课件

学习情境五
【随堂测验】

学习情境六

风力发电机组维护与检修

【学习情境描述】

  风力发电机组是集电气、机械、空气动力学等学科于一体的综合产品,各部分紧密联系,息息相关。风力发电机维护得好坏直接影响到发电量的多少和经济效益的高低。风力发电机本身性能的好坏,也要通过维护检修来保持。维护工作及时有效可以发现故障隐患,减少故障的发生,提高风力发电机效率。

【学习目标】

  1. 了解风力发电机组定期巡检内容与故障处理方法。
  2. 了解风力发电机组年度例行维护内容。
  3. 了解风力发电机组故障(包括硬件和软件故障)产生的原因。
  4. 掌握大型风力发电机组常见故障的处理方法。

【本情境重点】

  1. 风力发电机组定期巡检内容。
  2. 风力发电机组常见故障及处理措施。

【本情境难点】

  风力发电机组常见故障分析与处理。

任务一 风力发电机组定期巡检和故障处理

一、任务描述

  风电场的维护主要是指风力发电机组的维护和场区内输变电设施的维护。风力发电机组的维护主要包括机组常规巡检和故障处理、年度例行维护及非常规维护。

【学习目标】

1. 列出定期巡检的工作内容。
2. 对巡检过程中出现的故障进行分析、检查和处理。
3. 清楚操作规程安全注意事项。

【思考题】

1. 机组定期巡检的主要内容及所依据的技术标准有哪些?
2. 年度例行维护的主要内容及所依据的技术标准有哪些?
3. 机组维护检修安全注意事项有哪些?

二、相关知识学习

(一) 机组常规巡检

为保证风力发电机组的可靠运行,提高设备可利用率,在日常的运行维护工作中要建立日常登机巡检制度。维护人员应当根据机组运行维护手册的有关要求,并结合机组运行的实际状况,有针对性地列出巡检标准工作内容并形成表格,工作内容叙述应当简单明了,目的明确,便于指导维护人员的现场工作。通过巡检工作,力争及时发现故障隐患,防患于未然,有效地提高设备运行的可靠性。有条件时应当考虑借助专业故障检测设备,加强对机组运行状态的监测和分析,进一步提高设备管理水平。

(1) 定期巡检主要内容

① 检查风力发电机组在运行过程中有无异常响声,叶片运行状态、偏航系统动作是否正常,电缆有无缠绕情况。

② 检查风力发电机组各部分是否渗油。

(2) 定期检查维护主要内容

① 检查风力发电机组液压系统和齿轮箱以及其他润滑系统有无泄漏,油面、油温是否正常,油面低于规定时要及时加油。

② 对设备螺栓应定期检查、紧固。

③ 对液压系统、齿轮箱、润滑系统应定期取油样进行化验分析,对轴承润滑点定时注油。

④ 对爬梯、安全绳、照明设备等安全措施应定期检查。

⑤ 控制箱、柜应保持清洁,定期进行清扫。

⑥ 对计算机系统和通信设备应定期进行检查和维护。

(二) 风力发电机组的日常故障检查处理

当发出标志机组有异常情况的报警信号时,运行人员要根据报警信号所提供的故障信息及故障发生时计算机记录的相关运行状态参数,分析查找故障的原因,并且根据当时的气象条件,采取正确的方法及时进行处理,并在"风电场运行日志"上认真做好故障处理记录。

① 当发生下列故障时,风力发电机组应立即停机并及时处理:

a. 叶片处于不正常位置或位置与正常运行状态不符;

b. 风力发电机组主要保护装置不动或失灵;

c. 风力发电机组因雷击损坏;

d. 风力发电机组发生叶片断裂等严重机械故障。
　② 风力发电机组因运行异常需要立即停机操作的顺序如下：
　　a. 利用主控室计算机遥控停机；
　　b. 遥控停机无效时，就地按正常停机按钮停机；
　　c. 当正常停机无效时，使用紧急停机按钮停机；
　　d. 上述操作仍无效时，拉开风力发电机组主开关或连接此台机组的线路断路器，之后疏散现场人员，做好必要的安全措施，避免事故范围扩大。
　③ 机组异常报警后，运行人员应及时到现场进行处理。
　　a. 当液压系统油位及齿轮箱油位偏低时，应检查液压系统及齿轮箱有无泄漏现象发生。若有，则根据实际情况采取适当防止泄漏措施，并补加油液，恢复到正常油位。在必要时应检查油位传感器的工作是否正常。
　　b. 当风力发电机组液压控制系统压力异常而自动停机时，运行人员应检查液压泵工作是否正常。如油压异常，应检查液压泵电动机、液压管路、液压缸及有关阀体和压力开关，必要时应进一步检查液压泵本体工作是否正常，待故障排除后再恢复机组运行。
　　c. 当风速仪、风向标发生故障，即风力发电机组显示的输出功率与对应风速有偏差时，应检查风速仪、风向标转动是否灵活。如无异常现象，则进一步检查传感器及信号检测回路有无故障，如有故障予以排除。
　　d. 当风力发电机组在运行中发现有异常声响时，应查明声响部位。若为传动系统故障，应检查相关部位的温度及振动情况，分析具体原因，找出故障隐患，并做出相应处理。
　　e. 当风力发电机组在运行中发生设备和部件超过设定温度而自动停机时，即风力发电机组在运行中发电机温度、晶闸管温度、控制箱温度、齿轮箱温度、机械卡钳式制动器刹车片温度等超过规定值而造成了自动保护停机，此时运行人员应结合风力发电机组当时的工况，通过检查冷却系统、刹车片间隙、润滑油脂质量、相关信号检测回路等，查明温度上升的原因。待故障排除后，才能启动风力发电机组。
　　f. 当风力发电机组因偏航系统故障而造成自动停机时，运行人员应首先检查偏航系统电气回路、偏航电动机、偏航减速器以及偏航计数器和扭缆传感器的工作是否正常。必要时应检查偏航减速器润滑油油色及油位是否正常，借以判断减速器内部有无损坏。对于偏航齿圈传动的机型，还应考虑检查传动齿轮的啮合间隙及齿面的润滑状况。此外，因扭缆传感器故障致使风力发电机组不能自动解缆的也应予以检查处理。待所有故障排除后，再恢复启动风力发电机组。
　　g. 当风力发电机组转速超过限定值或振动超过允许振幅而自动停机时，即风力发电机组运行中，由于叶尖制动系统或变桨系统失灵、瞬时强阵风以及电网频率波动造成风力发电机组超速；由于传动系统故障、叶片状态异常等导致的机械不平衡；恶劣电气故障导致的风力发电机组振动超过极限值。以上情况的发生均会使风力发电机组故障停机。此时，运行人员应检查超速、振动的原因，经检查处理并确认无误后，才允许重新启动风力发电机组。
　　h. 当风力发电机组桨距调节机构发生故障时，对于不同的桨距调节形式，应根据故障信息检查确定故障原因。需要进入轮毂时，应可靠锁定叶轮。在更换或调整桨距调节机构后，应检查机构动作是否正确可靠，必要时应按照维护手册要求进行机构连接尺寸的测量和功能测试。经检查确认无误后，才允许重新启动风力发电机组。

i. 当风力发电机组安全链回路动作而自动停机时，运行人员应借助就地监控机提供的故障信息及有关信号指示灯的状态，查找导致安全链回路动作的故障环节，经检查处理并确认无误后，才允许重新启动风力发电机组。

j. 当风力发电机组运行中发生主空气开关动作时，运行人员应当目测检查主回路元器件外观及电缆接头处有无异常。在拉开箱变侧开关后，应当测量发电机、主回路绝缘以及晶闸管是否正常。若无异常可重新试送电，借助就地监控机提供的有关故障信息，进一步检查主空气开关动作的原因。若有必要，应考虑检查就地监控机跳闸信号回路及空气开关自动跳闸机构是否正常，经检查处理并确认无误后，才允许重新启动风力发电机组。

k. 当风力发电机组运行中发生与电网有关的故障时，运行人员应当检查场区输变电设施是否正常。若无异常，风力发电机组在检测电网电压及频率正常后，可自动恢复运行。对于故障机组，必要时可在断开风力发电机组主空气开关后，检查有关电量检测组件及回路是否正常，熔断器及过电压保护装置是否正常。若有必要，应考虑进一步检查电容补偿装置和主接触器工作状态是否正常，经检查处理并确认无误后，才允许重新启动机组。

l. 由气象原因导致的机组过负荷或发电机、齿轮箱过热停机，叶片振动，过风速保护停机或低温保护停机等故障，如果风力发电机组自启动次数过于频繁，值班长可根据现场实际情况，决定风力发电机组是否继续投入运行。

m. 若风力发电机组运行中发生系统断电或线路开关跳闸，即当电网发生系统故障造成断电或线路故障导致线路开关跳闸时，运行人员应检查线路断电或跳闸原因（若逢夜间，应首先恢复主控室用电），待系统恢复正常，则重新启动机组并通过计算机并网。

（三）风力发电机组的年度例行维护

风电场的年度例行维护是风力发电机组安全可靠运行的主要保证。风电场应坚持"预防为主，计划检修"的原则，根据机组制造商提供的年度例行维护内容并结合设备运行的实际情况，制定出切实可行的年度维护计划。同时，应当严格按照维护计划工作，不得擅自更改维护周期和内容，切实做到"应修必修，修必修好"，使设备处于正常的运行状态。

运行人员应当认真学习掌握各种型号机组的构造、性能及主要零部件的工作原理，并一定程度上了解设备的主要总装工艺和关键工序的质量标准。

1. 年度例行维护的主要内容和要求

（1）电气部分

① 传感器功能测试与检测回路的检查。

② 电缆接线端子的检查与紧固。

③ 主回路绝缘测试。

④ 电缆外观与发电机引出线接线柱检查。

⑤ 主要电气组件外观检查（如空气断路器、接触器、继电器、熔断器、补偿电容器、过电压保护装置、避雷装置、晶闸管组件、控制变压器等）。

⑥ 模块式插件检查与紧固。

⑦ 显示器及控制按键开关功能检查。

⑧ 电气传动桨距调节系统的回路检查（驱动电动机、储能电容、变流装置、集电环等

部件的检查、测试和定期更换)。
⑨ 控制柜柜体密封情况检查。
⑩ 机组加热装置工作情况检查。
⑪ 机组防雷系统检查。
⑫ 接地装置检查。
(2) 机械部分
① 螺栓连接力矩检查。
② 各润滑点润滑状况检查及油脂加注。
③ 润滑系统和液压系统油位及压力检查。
④ 滤清器污染程度检查,必要时更换处理。
⑤ 传动系统主要部件运行状况检查。
⑥ 叶片表面及叶尖扰流器工作位置检查。
⑦ 桨距调节系统的功能测试及检查调整。
⑧ 偏航齿圈啮合情况检查及齿面润滑。
⑨ 液压系统工作情况检查测试。
⑩ 钳盘式制动器刹车片间隙检查调整。
⑪ 缓冲橡胶组件的老化程度检查。
⑫ 联轴器同轴度检查。
⑬ 润滑管路、液压管路、冷却循环管路的检查固定及渗漏情况检查。
⑭ 塔架焊缝、法兰间隙检查及附属设施功能检查。
⑮ 风力发电机组防腐情况检查。

2. 年度例行维护周期

正常情况下,除非设备制造商有特殊要求,风力发电机组的年度例行维护周期是固定的。

新投运机组:500h(1个月试运行期后)例行维护。已投运机组:2500h(半年)例行维护。

部分机型在运行满3年或5年时,在5000h例行维护的基础上增加了部分检查项目,实际工作中应根据机组运行状况参照执行。

表6-1~表6-3所示是某风场750kW风力发电机组运行维护清单,仅供参考。

表6-1 首次启动1~3月运行维护清单

项 目	内 容	标 准	记 录
塔架各端面之间连接螺栓	检查全部	M36(55), $T=2800$N·m	
塔架/基础连接螺栓	检查全部	M36(55), $T=2800$N·m	
叶片/轮毂连接螺栓	检查全部	M30(46), $T=1340$N·m	
主轴承/底座	检查全部	M36(55), $T=2320$N·m	
齿轮箱弹性支撑座/底座	检查全部	M30(46), $T=1340$N·m	
齿轮箱弹性支撑座/弹性支撑	检查全部	M36(55), $T=2320$N·m	
齿轮油	检查油位		
齿轮油过滤器	检查	无堵塞报警信号	
闸盘连接螺栓	检查	M20(30), $T=390$N·m	
高速刹车闸垫	检查、调整闸间隙	调整闸间隙0.7~1mm	

续表

项 目	内 容	标 准	记 录
刹车盘/联轴器	检查全部	M16(24), $T=200$N·m	
主轴锁紧盘	检查全部	M24(36), $T=820$N·m	
发电机连接螺栓	检查全部	M20(30), $T=275$N·m	
发电机弹性支撑/底座	检查全部	M16(24), $T=200$N·m	
发电机轴承润滑	检查油脂	每侧加注70g	
发电机/联轴器法兰	检查全部	M20(30), $T=550$N·m	
偏航轴承连接螺栓	检查全部	M20(30), $T=390$N·m	
偏航减速器/底座连接螺栓	检查全部	M16(24), $T=210$N·m	
偏航齿轮油	检查油位	以油尺为依据	
偏航轴承润滑	检查油脂	有旧油脂打出即可	
偏航齿系统润滑	检查喷剂	0.3mm均匀涂层	
偏航刹车连接螺栓	检查全部	M24(36), $T=785$N·m	
偏航刹车闸垫	检查偏航余压	≤20~40bar	
偏航功率	逻辑功能	对风,解缆准确	
液压油	检查油位	以油窗、油位传感器为依据	
液压管路	检查泄漏	无泄漏	
液压油过滤器	检查	无堵塞报警信号	
振动传感器功能	检查	功能正常	
扭缆传感器功能	检查	功能正常	
风速仪	检查	功能正常	
风向标	检查	功能正常	
顶部控制盒	检查	无松动螺钉,功能正常	
主控制柜	检查	无松动螺钉,功能正常	
叶片、叶轮	检查	目测无损伤	
托架/机舱	检查	M12(18), $T=70$N·m	
托架/弹性支撑	检查	M16(24), $T=135$N·m	
前、后支撑/底座	检查	M16(24), $T=200$N·m	
塔架焊缝	检查	目测无损伤	
防腐保护	检查	目测无损伤	
塔架安全设施	检查	警示牌、安全绳、照明完好	
轮毂/主轴连接螺栓	检查全部	M36(55), $T=2320$N·m	
风力机清洗	检查	机舱内擦拭干净,无油污;塔架内外、叶轮清洁,无油污	

表6-2 运行6个月后维护清单

项 目	内 容	标 准	记 录
发电机轴承润滑	检查油脂	每侧加注70g	
偏航齿轮油	检查油位	以油尺为依据	
偏航刹车闸垫	检查偏航余压	≤20~40bar	
偏航功率	逻辑功能	对风,解缆准确	
液压油	检查油位		
风速仪	检查	功能正常	
风向标	检查	功能正常	
顶舱控制柜	检查	无松动螺钉,功能正常	
主控制柜	检查	无松动螺钉,功能正常	
叶片、叶轮	检查	目测无损伤	
塔架安全设施	检查	警示牌、安全绳、照明完好	

表 6-3　运行 1 年后维护清单

项　　目	内　　容	标　　准	记　　录
塔架各端面之间连接螺栓	均布抽检 8 个,如有 1 个螺栓的力矩达不到要求,则检查所有螺栓力矩	M36(55),$T=2800\text{N}\cdot\text{m}$	
塔架/基础连接螺栓	均布抽检 16 个(内外各 8 个),如有 1 个螺栓的力矩达不到要求,则检查所有螺栓力矩	M36(55),$T=2800\text{N}\cdot\text{m}$	
叶片/轮毂连接螺栓	均布抽检 8 个,如有 1 个螺栓的力矩达不到要求,则检查所有螺栓力矩	M30(46),$T=1340\text{N}\cdot\text{m}$	
主轴承/底座	检查全部	M36(55),$T=2320\text{N}\cdot\text{m}$	
齿轮箱弹性支撑座/底座	检查全部	M30(46),$T=1340\text{N}\cdot\text{m}$	
齿轮箱弹性支撑座/弹性支撑	检查全部	M36(55),$T=2320\text{N}\cdot\text{m}$	
齿轮油	检查油位,按 20% 抽检进行油品化验		
齿轮油过滤器	检查	无堵塞报警信号	
轴套/刹车盘连接螺栓	检查全部	M20(30),$T=390\text{N}\cdot\text{m}$	
高速刹车闸垫	检查、调整闸间隙	调整闸间隙 0.7~1mm	
轴套/联轴器	检查全部	M16(24),$T=200\text{N}\cdot\text{m}$	
主轴锁紧盘	检查全部	M24(36),$T=820\text{N}\cdot\text{m}$	
发电机/弹性支撑连接螺栓	检查全部	M20(30),$T=275\text{N}\cdot\text{m}$	
发电机弹性支撑/底座	检查全部	M16(24),$T=200\text{N}\cdot\text{m}$	
发电机轴承润滑	检查油脂	每侧加注 70g	
发电机/联轴器法兰	检查全部	M20(30),$T=550\text{N}\cdot\text{m}$	
偏航轴承/塔架连接螺栓	均布抽检 8 个,如有 1 个螺栓的力矩达不到要求,则检查所有螺栓力矩	M20(30),$T=390\text{N}\cdot\text{m}$	
偏航减速器/底座连接螺栓	均布抽检 8 个,如有 1 个螺栓的力矩达不到要求,则检查所有螺栓力矩	M16(24),$T=210\text{N}\cdot\text{m}$	
偏航齿轮油	检查油位	以油尺为依据	
偏航轴承润滑	检查油脂	有旧油脂打出即可	
偏航齿系统润滑	检查喷剂	0.3mm 均匀涂层	
偏航刹车连接螺栓	检查全部	M24(36),$T=785\text{N}\cdot\text{m}$	
偏航刹车闸垫	检查偏航余压	≤20~40bar	
偏航功率	逻辑功能	对风,解缆准确	
液压油	检查油位	以油窗、油位传感器为依据	
液压管路	检查泄漏	无泄漏	
液压油过滤器	检查	无堵塞报警信号	
振动传感器功能	检查	功能正常	
扭缆传感器功能	检查	功能正常	
轮毂/主轴连接螺栓	均布抽检 8 个,如有 1 个螺栓的力矩达不到要求,则检查所有螺栓力矩	M36(55),$T=2320\text{N}\cdot\text{m}$	
风向标	检查	功能正常	
风速仪	检查	功能正常	
顶部控制盒	检查全部	无松动螺钉,功能正常	
主控制柜	检查全部	无松动螺钉,功能正常	

续表

项 目	内 容	标 准	记 录
叶片、叶轮	检查	目测无损伤	
托架/机舱	检查全部	M12(18),$T=70\text{N}\cdot\text{m}$	
叶片	①检查正常运行时在正常转速和压力下叶尖是否完全关闭。旋转液压缸上安装螺钉,紧固导线 ②液压系统应检查可见的密封垫、泄放阀及在液压压力下连接处是否有泄漏 ③所有转动部件应自由转动		
托架/弹性支撑	检查全部	M16(24),$T=135\text{N}\cdot\text{m}$	
前、后支撑/底座	检查全部	M16(24),$T=200\text{N}\cdot\text{m}$	
塔架焊缝	检查	目测无损伤	
防腐保护	检查	目测无损伤	
塔架安全设施	检查	警示牌、安全绳、照明完好	
风力机清洗	检查	机舱内擦拭干净,无油污;塔架内外、叶轮清洁,无油污	

(四) 风电机组维护检修工作安全注意事项

现场对风电机组进行维护检修,严格遵守《风力发电场安全操作规程》,做好安全保护措施,千万不能麻痹大意。

① 维护风力发电机组时应打开塔架及机舱内的照明灯具,保证工作现场有足够的照明亮度。

② 在登塔工作前必须手动停机,并把维护开关置于维护状态,将远程控制屏蔽。

③ 在登塔工作时,要戴安全帽、系安全带,并把防坠落安全锁扣安装在钢丝绳上,同时要穿结实防滑的胶底鞋。

④ 把维修用的工具、润滑油等放进工具包里,确保工具包无破损。在攀登时把工具包挂在安全带上或者背在身上,切记避免在攀登时掉下任何物品。

⑤ 在攀登塔架时不要过急,应平稳攀登。若中途体力不支,可在中间平台休息后继续攀登。遇有身体不适、情绪异常者不得登塔作业。

⑥ 在通过每一层平台后,应将层平台盖板盖上,尽量减少工具跌落伤人的可能性。

⑦ 在风力发电机组机舱内工作时,风速低于12m/s时可以开启机舱盖,但在离开风力发电机组前要将机舱盖合上,并可靠锁定。在风速超过18m/s时禁止登塔工作。

⑧ 在机舱内工作时禁止吸烟,在工作结束之后要认真清理工作现场,不允许遗留弃物。

⑨ 若在机舱外高空工作须系好安全带。安全带要与刚性物体连接,不允许将安全带系在电缆等物体上,且要两人以上配合工作。

⑩ 需断开主开关在机舱工作时,必须在主开关把手上悬挂警告牌。在检查机组主回路时,应保证与电源有明显断开点。

⑪ 机舱内的工作需要与地面相互配合时,应通过对讲机保证可靠的相互联系。

⑫ 若机舱内某些工作确需短时开机时,工作人员应远离转动部位并放好工具包,同时应保证急停按钮在维护人员的控制范围内。

⑬ 检查维护液压系统时,应按规定使用护目镜和防护手套。检查液压回路前必须开启

卸压手阀，保证回路内已无压力。

⑭ 在使用提升机时，应保证起吊物品的重量在提升机的额定起吊重量以内，吊运物品应绑扎牢靠，风速较高时应使用导向绳牵引。

⑮ 在手动偏航时，工作人员要与偏航电动机、偏航齿圈保持一定的距离，使用的工具、工作人员身体均要远离旋转和移动的部件。

⑯ 在风力发电机组风轮上工作时须将风轮锁定。

⑰ 在风力发电机组启动前，应确保机组已处于正常状态，工作人员已全部离开机舱回到地面。

⑱ 若风力发电机组发生失火事故时，必须按下紧急停机键，并切断主空气开关及变压器刀闸，进行力所能及的灭火工作，防止火势蔓延，同时拨打火警电话。当机组发生危及人员和设备安全的故障时，值班人员应立即拉开该机组线路侧的断路器，并组织工作人员撤离险区。

⑲ 若风力发电机组发生飞车事故，工作人员须立刻离开风力发电机组，通过远控可将风力发电机组侧风 90°。在风力发电机组的叶尖扰流器或叶片顺桨的作用下，使风力发电机组风轮转速保持在安全转速范围内。

⑳ 如果发现风力发电机组风轮结冰，要使风力发电机组立刻停机，待冰融化后再开机，同时不要过于靠近风力发电机组。

㉑ 在雷雨天气时不要停留在风力发电机组内或靠近风力发电机组。雷击过后至少 1h 才可以接近风力发电机组。在空气潮湿时，风力发电机组叶片有时因受潮而发出杂音，这时不要接近风力发电机组，以防止感应电。

（五）维护检修条件准备

为做好维护检修与故障处理工作，风力发电场应准备好以下工具、仪表、材料和技术资料。

① 维修专用工具及通用工具：烙铁、扳手、螺钉旋具、剥线钳、纸、笔等。
② 仪表类：万用表、可调电源、液体密度计、温度计、蓄电池等。
③ 维修必备的零部件、材料：熔断器、导线、棉丝、润滑油、液压油、刹车片等。
④ 安全用品：安全帽、安全带、绝缘鞋、绝缘手套、护目镜、急救成套用品等。
⑤ 风力发电机组完整的技术资料：产品说明书、安装和使用维护手册。

任务二　风力发电机组的故障分析及处理

一、任务引领

风力发电机组的故障表现形式，由于其构成的复杂性而千变万化。但总起来讲，一类故障是暂时的，而另一类则属于永久性故障。例如，由于某种干扰使控制系统的程序"走飞"，脱离了用户程序。这类故障必然使系统无法完成用户所要求的功能，但系统复位之后，整个应用系统仍然能正确地运行用户程序。还有，某硬件连线、插头等接触不良，有时接触，有时不接触；某硬件电路性能变坏，接近失效而时好时坏。它们对系统的影响表现出来也是系统工作时好时坏，出现暂时性的故障。另外一些情况就是硬件的永久性损坏或软件错误，它们造成系统的永久故障。不管是暂时故障还是永久故障,作为维护者来说,在进行系统设计时,就必须考虑完全排除它们,达到机组可利用率要求。

【学习目标】

1. 针对出现的故障现象能正确分析故障发生的地点和产生的原因。
2. 制定解决故障的具体方案。
3. 按《风电场检修操作规程》排除故障。
4. 清楚安全注意事项。

【思考题】

1. 大型风力大电机组常见故障有哪些?并分析产生故障的原因。
2. 针对各种故障如何正确分析和处理?

二、相关知识学习

(一) 风力发电机组故障分析

1. 故障来源

(1) 内部因素　产生故障的原因来自构成风力发电机组控制系统本身,是由构成系统的硬件或软件所产生的故障。例如,硬件连线开路、短路;接插件接触不良;焊接工艺不好;所用元器件失效;元器件经长期使用后性能变坏;软件上的种种错误以及系统内部各部分之间的相互影响等。

(2) 环境因素　风力发电机所处的恶劣环境会对其控制系统施加更大的应力,使系统故障显著增加。当环境温度很高或过低时,控制系统都容易发生故障。环境因素除环境温度外,还有湿度、冲击、振动、压力、粉尘、盐雾,以及电网电压的波动与干扰、周围环境的电磁干扰等。所有这些外部环境的影响在进行维护时都要认真加以考虑,力求克服它们所造成的不利影响。

(3) 人为因素　风力发电机组控制系统是由人来设计而后供人来使用的,因此,由于人为因素而使系统产生故障是客观存在的。例如,在进行电路设计、结构设计、工艺设计以至于热设计、防止电磁干扰设计中,若设计人员考虑不周或疏忽大意,必然会给后来研制的系统带来后患。在进行软件设计时,若设计人员忽视了某些条件,在调试时又没有检查出来,则在系统运行中一旦进入这部分软件,必然会产生错误。同样,风力发电机组控制系统的操作人员在使用过程中也有可能按错按钮、输入错误的参数、下达错误的命令等,最终结果也是使系统出现错误。

以上这些是风力发电机组控制系统故障的原因,可直接使系统发生故障。

2. 故障被接受的方式

如果外部条件良好,一些外部原因引起的故障状态可能自动复位。一般故障可以通过远程控制复位。如果操作者发现该故障可接受并允许启动风力发电机组,可以复位故障。有些故障是致命的,不允许自动复位或远程控制复位,必须有工作人员到机组工作现场检查,这些故障必须在风力发电机组内的控制面板上得到复位。故障状态被自动复位后 10min 将自动重新启动。但一天发生次数应有限定,并记录显示在控制面板上。

(二) 风力发电机组常出现的硬件故障

1. 电气元件故障

电气故障主要是指电气装置、电气线路和连接、电气和电子元器件、电路板、接插件所产生的故障。这是下面要仔细讨论的问题,也是风力发电机组控制系统中最常发生的故障。

① 输入信号线路脱落或腐蚀。
② 控制线路、端子板、母线接触不良。
③ 执行输出电动机过载或烧毁。
④ 保护线路熔丝烧毁或断路器过电流保护。
⑤ 热继电器安装不牢,接触不可靠,动触点机构卡住或触头烧毁。
⑥ 中间继电器安装不牢,接触不可靠,动触点机构卡住或触头烧毁。
⑦ 控制接触器安装不牢,接触不可靠,动触点机构卡住或触头烧毁。
⑧ 配电箱过热或配电板损坏。
⑨ 控制器输入/输出模板功能失效、强电烧毁或意外损坏。

2. 机械故障

机械故障主要发生在风力发电机组控制系统的电气外设中。

① 安全链开关弹簧复位失效。
② 偏航减速机齿轮卡死。
③ 液压伺服机构电磁阀芯卡涩,电磁阀线圈烧毁。
④ 风速仪、风向仪转动轴承损坏。
⑤ 转速传感器支架脱落。
⑥ 液压泵堵塞或损坏。

3. 传感器故障

传感器故障主要是指风力发电机组控制系统的信号传感器所产生的故障。

① 温度传感器引线振断,热电阻损坏。
② 磁电式转速电气信号传输失灵。
③ 电压变换器和电流变换器对地短路或损坏。
④ 速度继电器和振动继电器动作信号调整不准或给激励信号不动作。
⑤ 开关状态信号传输线断或接触不良造成传感器不能工作。

4. 人为故障

人为故障是由于人为地不按系统所要求的环境条件和操作规程而造成的故障。例如,将电源加错,将设备放在恶劣环境下工作,在加电的情况下插拔元器件或电路板等。

(三) 软件故障及环境因素故障

1. 软件故障的特点

软件由若干指令或语句构成,大型软件的结构十分复杂。软件故障在许多方面不同于硬件故障,有它自己的特点。对硬件来说,元器件越多,故障率也越高。可以认为它们呈线性关系。而软件故障与软件的长度基本上是指数关系。因此,随着软件(指令或语句)长度的增加,其故障(或称错误)会明显地增加。软件故障与时间无关,软件不因时间的加长而增加错误,原有错误也不会随时间的推移而自行消失。软件错误一经维护改正,将永不复现。这不同于硬件,当芯片损坏后换上新芯片时还有失效的可能。但是随着软件的使用,隐藏在软件中的错误将被逐个发现、逐个改正,使其故障率逐渐降低。在这个意义上讲,软件故障与使用时间是有关系的。软件故障完全来自设计,与复制生产、使用操作无关。当然,复制生产的操作要正确,使用介质要良好。单就软件故障本身来说,取决于设计人员的认真设计、查错及调试。可以认为,软件是不存在耗损的,也与外部环境无关。这是指软件本身而没有考虑存储软件的硬件。

2. 软件错误的来源

① 软件错误是由设计者的错误、疏忽及考虑不够周全等设计上的原因造成的。

② 软件错误也可能是由于存储软件的硬件损坏造成的。例如,CPU 中的寄存器出问题,CPU 在高速处理中偶然出现数据错误或数据丢失等。

③ 维护人员修改风力发电机组控制参数造成的故障,自然环境条件及电网变化造成的故障等。

(四)风力发电机组常见故障及处理方法

1. 维护开关动

(1)故障原因 顶舱维护开关处于维护位置。

(2)故障处理 该维护开关复位。

2. 扭缆

(1)故障原因 单方向偏航过多而导致扭缆开关动作。

(2)故障处理

① 检查偏航计数器未动作的原因。

② 手动偏航至正常位置,开机。

3. 发电机过速

故 障 原 因	故 障 处 理
风机过速	待机至风速在风机安全运行范围内
转速传感器故障	检查转速传感器线路及触点,维修或更换

4. 振动开关动

故 障 原 因	故 障 处 理
因风速过高或传动系统故障导致风机整体摆动幅度过大,振动开关动作	待机至风速在风机安全运行范围内,检查传动系统状态是否正常
在风机上的工作人员误碰振动开关	检查传感器重锤位置是否正常

5. 紧急停机

(1)故障原因

① 因工作需要,人为按下紧急停机键(机舱顶部、主控柜等)。

② 安全链动作。

(2) 故障处理

工作完毕后,复位,开机;检查安全链各环节是否正常。

6. 机舱停机

(1) 故障原因

正常停机键被按下。

(2) 故障处理

复位,开机。

7. 按键停机

(1) 故障原因

就地监控机停机键被按下。

(2) 故障处理

复位,开机。

8. 中控停机

(1) 故障原因

中央监控机发停机命令。

(2) 故障处理

复位,开机。

9. 风速超限

故 障 原 因	故 障 处 理
风速超警戒风速线 25m/s	待机至风速在风机安全运行范围内
风速仪故障	若相邻风机风速正常,应检查、维修或更换风速仪

步骤:在接线盒内检查风速仪接线端子是否有正常的电压信号输出;在主控柜内检查风速仪接线端子是否有正常的电压信号输出。

10. 风速过低警告

故 障 原 因	故 障 处 理
风速过低,停机后无法自动启动	待机至风机启动风速
风速仪故障	若相邻风机风速正常,应检查、维修或更换风速仪

步骤:检查风速仪轴承是否损坏;在接线盒内检查风速仪接线端子是否有正常的电压信号输出;在主控柜内检查风速仪接线端子是否有正常的电压信号输出。

11. 左偏开关动

(1) 故障原因 风机左偏航。

(2) 故障处理 待解缆结束后风机自动复位、开机。

12. 右偏开关动

(1) 故障原因 风机右偏航。

(2) 故障处理 待解缆结束后风机自动复位、开机。

13. 小风自动解缆

（1）故障原因　停机后，左偏与右偏时间相差大。

（2）故障处理　待解缆结束后风机自动复位、开机。

14. 偏航时间长

（1）故障原因　风向标故障。

（2）故障处理　检查、维修或更换风向标。

步骤：检查风向标轴承是否损坏；检查风向标基点是否对准；在接线盒内检查风向标接线端子是否有电压信号输出；在主控柜内检查风向标接线端子是否有电压信号输出。

15. 偏航开关同时动

（1）故障原因　左、右偏航指示开关同时动作，偏航计数器故障。

（2）故障处理　检查偏航计数器上四个触点是否损坏。如无损坏，检查从偏航计数器至计算机柜线路是否正常。

16. 偏航过载

故障原因	故障处理
偏航余压过高，偏航闸抱死	检查液压站的整定值是否过高,电磁阀是否损坏,若损坏修理或更换
偏航减速器故障	检查偏航减速器是否损坏,若损坏修理或更换
偏航电动机绝缘损坏	检查偏航电动机绝缘,若损坏修理或更换

17. 中控偏航、按键偏航、顶舱偏航

（1）故障原因　中央监控发出偏航命令，就地监控发出偏航命令，机舱内偏航按键发出偏航命令。

（2）故障处理　偏航结束后风机自动复位、开机。

18. 液压泵过载

故障原因	故障处理
泵故障	听泵是否有异常声音,查看液压油的颜色；拆下泵,查看泵内部是否损坏、堵塞
电动机故障	听电动机是否有异常声音,查看电动机绝缘；拆下电动机,转动电动机输出轴,看是否转动困难；拆开电动机查看内部是否损坏

19. 液压油位低

故障原因	故障处理
液压油位低	查看液压管路是否有泄漏,若有,处理泄漏并加油
液位传感器故障	检查液位传感器至计算机柜的线路是否有故障,检查液位传感器浮子移动是否灵活

20. 叶尖压力低

故障原因	故障处理
储压罐故障	频繁报叶轮过速、叶尖压力低,则有可能储压罐故障。拆下储压罐,在液压校验台上检查储压罐是否有蓄能能力,如无,更换储压罐
叶尖液压管路泄漏	检查叶尖液压管路的各压接头,如有泄漏,处理或更换

续表

故障原因	故障处理
防爆膜冲破	查看防爆膜处的旁通管路是否有油迹,如有,更换防爆膜
压力开关故障	查看叶尖油路压力是否低于压力开关整定值,若是,则重新调整此整定值;查看压力开关是否损坏,若损坏则更换

21. 系统压力低

故障原因	故障处理
压力开关有故障	检查压力开关及其线路是否有故障,若有,维修或更换
液压系统有泄漏	检查系统和管路有无泄漏,如有,处理
防爆膜冲破	查看防爆膜处的旁通管路是否有油迹,如有,更换防爆膜

22. 刹车未释放

故障原因	故障处理
电磁换向阀未执行动作	检查电磁换向阀,查看其是否未得电或其他故障,若有故障,维修或更换
圆盘刹车片磨损传感器故障	检查刹车磨损传感器电路及触点是否有故障,若有故障,维修或更换

23. 刹车故障1(圆盘刹车不能制动)

故障原因	故障处理
电磁换向阀故障	检查电磁换向阀线路及触点,修理或更换
刹车片摩擦层破损或刹车盘表面被污染	检查刹车片,清理刹车盘表面油污

24. 刹车故障2(风机停机期间叶轮转速增大)

故障原因	故障处理
转速传感器故障	检查转速传感器线路及触点,若有故障,修理或更换
电磁换向阀故障	检查电磁换向阀线路及触点,若有故障,修理或更换
刹车片摩擦层破损或刹车盘表面被污染	检查刹车片,清理刹车盘表面油污

25. 刹车片磨损

故障原因	故障处理
刹车片磨损	调整或更换刹车片
刹车磨损传感器故障	检查刹车磨损传感器电路及触点是否有故障,若有故障,维修或更换

26. 齿轮油泵过载

故障原因	故障处理
齿轮油泵故障	听油泵声音有无异常,看齿轮油颜色有无异常,拆开泵查看内部有无损坏
齿轮油泵电动机故障	听电动机声音有无异常,查看电动机线路及绝缘
油泵与电动机间联轴器故障	查看联轴器是否损坏,检查电动机与泵的同轴度,看联轴器是否太紧或卡死
油温偏低齿轮油太黏,泵吸油不畅	待机至正常油温后检查处理

27. 齿轮油压低

故障原因	故障处理
齿轮油泵故障	检查测试油泵功能
压力开关故障	对比压力表值,检查压力开关及其线路是否有故障,若有故障,维修或更换

28. 齿轮油位低

故障原因	故障处理
齿轮油位过低,传感器动作	如果齿轮箱润滑油的温度高于 35℃,表示需要加注润滑油或传感器故障,需加油则补足齿轮油。如是传感器故障,处理方法为:检查浮子;检查线路;维修或更换
油温偏低,齿轮油太黏	如果齿轮箱润滑油的温度低于 35℃,则有可能是油太黏导致传感器误动,待油温正常后自动恢复正常
油位传感器故障	维修或更换

29. 齿轮油温高

故障原因	故障处理
齿轮箱过载或故障,导致温度升高	通风散热,停机冷却至正常温度。若温升过快,应考虑检查齿轮箱工作是否正常
冷却介质温度过高(运行环境温度超过 40℃)	通风散热,停机冷却至正常温度
温度传感器故障	检查温度传感器及线路有无故障,维修或更换

30. 大发电机温度高

故障原因	故障处理
发电机过载	
冷却介质温度过高(运行环境温度超过 40℃)	通风散热、停机冷却至正常温度
线圈匝间短路等都可能导致发电机过热	检查绕组三相电阻是否平衡
温度传感器故障	检查温度传感器及线路有无故障,若有,维修或更换

31. 前轴承温度高

故障原因	故障处理
润滑脂牌号不对或轴承损坏。润滑脂过多或过少,润滑脂内混有杂物	检查润滑脂牌号是否与维护手册规定的相符,检查润滑脂量是否合适,检查润滑脂质量
转轴弯曲,轴向力过大	检查转轴是否弯曲,检查联轴器是否产生轴向力
轴电流通过轴承油膜、轴承损伤等都会造成发电机轴承过热	条件允许的情况下测试轴电压大小,分析轴承运转声音,检查轴承,根据检查结果制定相应解决方案
温度传感器故障	检查温度传感器及线路有无故障,若有,维修或更换

32. 控制盘温度高

故障原因	故障处理
主回路接触点接触不良	检查主回路各接点是否松动或氧化,检查力矩或用细砂纸打磨
晶闸管频繁投切或过载	打开塔架门和主柜门,通风散热
冷却风扇损坏	测试冷却风扇工作是否正常,若不正常,维修或更换

33. 环境温度低

故障原因	故障处理
环境温度低于限定值	待机至正常温度
环境温度传感器故障	检查环境温度传感器及线路有无故障,若有,维修或更换

34. 齿轮油温低

故 障 原 因	故 障 处 理
环境温度低且齿轮箱加热装置不工作	检查齿轮箱加热器及其线路,若不正常,修理或更换,检查计算机是否发出指令(程序问题)
环境温度过低且齿轮箱加热装置功率不足	待机至正常温度
温度传感器故障	检查温度传感器及线路有无故障,若有,维修或更换

35. 发电机反馈未收到

故 障 原 因	故 障 处 理
信号继电器故障	检查继电器功能,若不正常,维修或更换
接触器辅助触点未动作	检查接触器辅助触点及线路
线路松动或断路	检查整个反馈线路是否松动或断开

36. 叶轮过速

(1) 故障原因

① 当电网频率上升时,电动机同步转速上升,要维持电动机出力基本不变,只有在原有转速的基础上进一步上升,可能超出 1575r/min。这种情况通过转速检测和电网频率监测可以迅速做出反应。

② 由于压力开关整定值过低,叶轮正常运转时过速开关误动,系统报叶轮过速。

③ 由于叶尖储压罐损坏,不能吸收由于系统补压、叶尖扰动及液压油遇热膨胀造成的压力波动。如果波动值超过整定值,过速开关动作,系统将报叶轮过速。

④ 由于突然来强阵风,电网不足以将电动机转速拖住,导致叶轮叶轮转速增高,出现过速。

(2) 故障处理　先要判断出现过速是真过速还是假过速,查看运行记录,检查过速是否是频繁动作,并检查对应风速记录。如果不是频繁出现,对应的有大风记录,可判断是真过速,恢复系统工作,继续观察是否会再次出现。如果过速频繁出现,并且对应的风速没有大风记录,可以判断为假过速。

判断为假过速,先要检查压力整定值是否正确。如果检查整定值偏低,调整后,系统恢复运行,观察是否还有过速现象出现,如果没有,假过速排除。如果仍有过速现象,需要检查储压罐是否损坏。

37. 电机过速

故 障 原 因	故 障 处 理
电机转速传感器故障	检查电机转速传感器固定是否可靠,工作是否正常
电网波动或强阵风扰动	电网正常后复位开机

38. 风速仪故障

故 障 原 因	故 障 处 理
风速仪风杯轴承损坏,导致测量值偏低	更换风杯轴承或风速仪
风速仪内检测线路故障	检查风速仪检测回路,维修或更换

39. 软启动保护

故 障 原 因	故 障 处 理
晶闸管损坏	检查晶闸管是否正常
晶闸管过电流	检查主回路绝缘

40. 24V 失电

故 障 原 因	故 障 处 理
24V DC 回路内有短路点	检查短路原因,进行故障排除,此外检查 24V AC 回路及变压器是否正常
24V DC 回路内有断开点	分段检查 24V DC 回路内的可能断开点,如电源板 F4 的保险管、各相关端子连接点
安全继电器动作	检查安全继电器动作原因,排除有关故障

41. 功率过高 1

故 障 原 因	故 障 处 理
强阵风干扰	待机至限定风速后风机自启动
电网频波动	电网频率稳定后复位开机

42. 功率过高 2

故 障 原 因	故 障 处 理
空气密度偏高,使风机出力增加	待机至限定风速
叶片安装角偏正	根据风机功率曲线及观测数据,制定安装角调整方案

43. 振动保护

故 障 原 因	故 障 处 理
叶片振动幅值超过限定值	待机至启动风速,并在巡视时检查 TAC84 振动极限记录值
TAC84 故障或插件松动	登机检查 TAC84 工作是否正常,固定是否可靠,若不正常,维修或更换

44. 电网掉电、缺相、相电压过多或过低

故 障 原 因	故 障 处 理
电网故障	若全场风机均报该故障,应检查系统进线电压是否正常
场区输变电线路故障	若一组风机报该故障,应巡视相关输变电线路是否正常
风机电压检测回路故障	若单台风机报该故障,应检查风机电压检测回路是否正常

45. 电网频率过高、过低

故 障 原 因	故 障 处 理
电网故障	若全场风机均报该故障,应检查系统进线频率是否正常
风机频率检测回路故障	若单台风机报该故障,应检查风机频率检测回路是否正常

46. 变流器过流

故障原因	故障处理
负载的突然增加	检查负载
主电路中有短路	检查电缆
参数设置与负载相符	检查设置的参数

47. 直流母线电压

故障原因	故障处理
直流母线功率输入侧电压峰值有较高毛刺	检查设置的参数是否与负载相符合
负载暂态特性	测量直流母线电压,将测量值与变流器控制器检测值对比,如果两个值不相符合,检查变流器的电压测量器件

48. 变流器控制器检测到发电机三相电流的和不为零

（1）故障原因　电缆或者发电机绝缘有损坏。

（2）故障处理

① 检查发电机电缆。

② 检查发电机。

③ 测量每相电流。如果每相电流相等,检查电流测量器件。

49. 变流器温度低

（1）故障原因　散热器温度低于-10℃。

（2）故障处理　检测散热器周围的温度,如果该器件温度与周围温度不符,且温度低于-10℃,检查测温回路。

50. 微处理器看门狗故障

故障原因	故障处理
软件故障	检查子码
控制板失灵	故障复位并重启

51. IGBT 温度故障（硬件）

（1）故障原因　IGBT 变流桥过热保护单元检测到瞬间大幅值过载电流。

（2）故障处理

① 测量每相的输出电流,并与监测器中的数值进行比较。

② 检查负载。

52. 模拟量输入故障（信号范围应该在 4~20mA）

（1）故障原因

① 模拟输入电流值小于 4mA。

② 控制电缆损坏或脱落。

③ 信号源故障。

④ 选择卡故障。

(2) 故障处理

① 检查电流环线路。

② 测量 I/O 端子的输入值。

53. 现场总线故障

(1) 故障原因　现场总线控制器与现场总线板卡之间数据连接损坏。

(2) 故障处理　检查安装和通信参数。

54. 系统总线故障

故障原因	故障处理
系统总线网络损坏	检查连接和线缆
参数失效	检查系统总线参数

55. 电机侧断路器故障

(1) 故障原因　断路器关断命令与实际状态冲突。

(2) 故障处理

① 检查断路器状态。

② 检查断路器连接。

56. 主断路器断开

(1) 故障原因　主断路器已断开。

(2) 故障处理

① 检查断路器连接。

② 检查断路器设置。

57. 电机侧断路器跳闸

(1) 故障原因　发电机侧断路器已断开。

(2) 故障处理

① 检查断路器连接。

② 检查断路器设置。

58. 电机侧断路器直流跳闸

(1) 故障原因　直流电压超出关断电压。

(2) 故障处理

① 检查供电电压。

② 检查关断电压。

59. 变桨角度有差异

(1) 故障原因　变桨电动机上的旋转编码器与叶片角度计数器得到的叶片角度相差太大。

(2) 故障处理

① 先复位，排除故障的偶然因素。

② 如果反复报这个故障，进轮毂检查 A、B 编码器。检查的步骤是先看编码器接线与

插头,若插头松动,拧紧后可以手动变桨观察编码器数值的变化是否一致,若数值不变或无规律变化,检查线是否有断线的情况。

60. 叶片没有到达限位开关动作设定值

(1) 故障原因　叶片设定在 91°触发限位开关,若触发时角度与 91°有一定偏差,会报此故障。

(2) 故障处理

① 检查叶片实际位置。

② 将限位开关位置重新调整至刚好能触发时,在中控器上将角度清回 91°。

61. 某个桨叶 91°或 95°触发

故 障 原 因	故 障 处 理
误触发	复位
有异物卡住主限位开关,造成限位开关提前触发	去除异物
91°限位开关接线或者本身损坏失效,导致 95°限位开关触发	检查接线,若限位开关损坏,进行更换

62. 变桨控制通信故障

故 障 原 因	故 障 处 理
轮毂控制器与主控器之间的通信中断	用万用表测量中控器进线端电压为 230V 左右,出线端电压为 24V 左右,说明中控器无故障
在轮毂中控柜中控器无故障的前提下,主要故障范围是信号线,从机舱柜到滑环,由滑环进入轮毂这一回路出现干扰、断线、航空插头损坏、滑环接触不良、通信模块损坏等	继续检查滑环,齿轮箱漏油严重时造成滑环内进油,油附着在滑环与插针之间,形成油膜,起绝缘作用,导致变桨通信信号时断时续。冬季油变黏,变桨通信故障更为常见
	将轮毂端接线脱开与滑环端进线进行校线,校线的目的是检查线路有无接错、短接、破皮、接地等现象。滑环座要随主轴一起旋转,里面的线容易与滑环座摩擦,导致破皮接地,也能引起变桨故障

63. 变桨错误

故 障 原 因	故 障 处 理
变桨控制器内部发出的故障	中控器故障检查
变桨控制器 OK 信号中断	检查信号输出的线路是否有虚接、断线等
	滑环检查

64. 变桨失效

(1) 故障原因　当风轮转动时,机舱柜控制器要根据转速调整变桨位置,使风轮按定值转动。若此传输错误或延迟 300ms 内不能给变桨控制器传达动作指令,则为了避免超速,会报错停机。

(2) 故障处理　机舱柜控制器的信号无法传给变桨控制器主要是由信号故障引起。影响这个信号的主要是信号线和滑环,检查信号端子有无电压,有电压则控制器将变桨信号发出,继续检查机舱柜到滑环部分;若无故障,继续检查滑环,再检查滑环到轮毂,分段检查逐步排查故障。

复习思考题

1. 控制系统硬件故障有哪些？
2. 控制系统电气元件故障、机械故障及传感器故障各自产生的原因是什么？
3. 风力发电机组的日常故障有哪些？如何检查处理？
4. 风力发电机组的年度例行维护包括哪些内容？
5. 风电机组维护工作安全注意事项包括哪些内容？

学习情境六
课件

学习情境六
【随堂测验】

附录

附录一　现场安全规程

一、基本原则

安全是一切工作的根本。因此，负责风电场运行维护的管理人员有责任和义务教育指导，并督促所有工作人员和能够接触到风机的其他人员执行风机的安全工作要求。

二、注意事项

1. 以下情况应停止维护工作

① 在风速$\geqslant$12m/s时，不得在叶轮上工作。
② 在风速$\geqslant$18m/s时，不得在机舱内工作。
③ 雷雨天气，不得在机舱内工作。

2. 以下情况进行维护工作时应注意

① 在风机上工作时，应确保此期间无人在塔架周围滞留。
② 工作区内不允许无关人员停留。
③ 在吊车工作期间，任何人不得站在吊臂下。
④ 平台窗口在通过后应当立即关闭。
⑤ 使用提升机吊运物品时，不得站在吊运物品的正下方。
⑥ 一般情况下，一项工作应由两个或两个以上人员来共同完成。相互之间应能随时保持联系，超出视线或听觉范围，应使用对讲机或移动电话等通信设备来保持联系。
⑦ 只有在特殊情况下，工作人员可以进行单独工作。但必须保证工作人员与基地人员

始终能依靠对讲机或移动电话等通信设备保持联系。任何饮用含酒精饮料的人员严禁进入风机进行维护工作。

3. 与电气系统有关的操作维护工作时的注意事项

（1）为了保证人员和设备的安全，未经允许或授权禁止对电气设施进行任何操作。

（2）工作过程中应注意用电安全，防止触电。在进行与电控系统相关的工作之前，断开主空开以切断电源，并在门把手上挂警告牌，见附图1。

附图1 警告牌

（3）不允许带电作业。如果某项工作必须带电作业，只能使用特殊设计的并经批准可使用的工具工作，并将裸露的导线做绝缘处理。

（4）带电作业时工作人员必须使用绝缘手套、橡胶垫和绝缘鞋等安全防护措施。

（5）现场需保证有两个以上的工作人员。

（6）对超过1000V的高压设备进行操作，必须按照工作票制度进行。

（7）对低于1000V的低压设备进行操作时，应将控制设备的开关或保险断开，并由专人负责看管。如果需要带电测试，应确保设备绝缘和工作人员的安全防护。

（8）当设备上电时，一定要确保所有人员已经处于安全位置，所有测试用的短接线已经被拆除，所有被拆开的线路已经完全恢复并可靠连接，确认所有被更换的元器件的接线是正确可靠的，方可给设备和闸供电。

（9）为水冷系统加注水冷液或排出水冷液时，工作人员必须戴橡胶手套和护目镜，防止冷却液入口，而且要防止冷却液喷溅到电气设备上及电气回路上。

4. 爬升塔架时的注意事项

（1）打开塔架及机舱内的照明灯。

（2）在攀爬之前，必须仔细检查梯架、安全带和安全绳，如果发现任何损坏，应在修复之后方可攀爬。

（3）在攀爬过程中，随身携带的小工具或小零件应放在袋中或工具包中，固定可靠，防止意外坠落。不方便随身携带的重物应使用机舱内的提升机输送。两人或多人向上攀爬时，携带工具者最后攀爬；向下攀爬时，携带工具者最先爬下，以保证安全。

（4）进行停机操作后，应将控制柜正面的"维护"开关扳到"visit或repair"状态，断开遥控操作功能。当离开风机时，记住将"维护"开关扳到"正常"状态。

5. 机舱内的安全注意事项

（1）进行与油品接触的维护工作时须戴橡胶防护手套和护目镜，因为油品具有刺激性，对人的身体有害。

（2）提升机的最大提升重量不得大于350kg，严禁超重或载人。在风速较大的情况下提升重物时，风机要偏航侧风90°后，方可用提升机提升重物。

（3）夜间或能见度不良的情况下提升重物时，机舱中的人员应实时地与地面人员保持联系，以防发生意外事故。

（4）在机舱内停机或开机时会引起振动，所以在停机、开机前须使机舱内及塔架内的每一个工作人员知道,以免其他意外发生。

(5) 当手动偏航时,应与偏航电动机、偏航大小齿轮保持一定的安全距离,工具、衣服、手套等物品要远离旋转和移动的部件。

(6) 需要在机舱罩外面工作时,必须将安全带可靠地挂在护栏上。由机舱爬出时一定要穿戴安全带(最好是全身带)。安全带要与减震器(安全绳、延长绳)可靠连接,确认绳索可靠地挂在安全护栏上后方可从机舱爬出。

三、风机的安全装置及使用方法

1. 安全帽、安全带

安全帽、安全带使用方法见附图2。
(1) 安全帽的大小要合适,注意系带要扣在下巴上而不是脖子上。
(2) 根据自己的体型调整安全带的松紧,系好所有的带扣。

2. 安全扣

安全扣见附图3。安全扣是一种防跌落装置。按箭头朝上的方向将其固定在安全钢丝绳上,另一端挂在安全带上。

附图2　安全帽、安全带使用方法

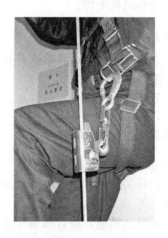

附图3　安全扣

3. 紧急停机按钮

出现紧急情况,应立即按动紧急停机按钮,风机将在最短的时间内停止转动。
(1) 机舱内的紧急停机按钮:位于顶舱控制柜面板左侧。
(2) 塔架内的紧急停机按钮:位于主控柜面板上。

4. 叶轮锁定

当在叶轮中作业或维护时,必须使用叶轮锁定装置。可调节锁定螺母使锁定装置的孔与主轴法兰孔对应,旋入锁定销,使风机处于锁定状态。

四、焊接和使用割炬时的注意事项

(1) 在现场需要进行焊接、切割等容易引起火灾的作业,应提前通知有关人员,做好与其他工作的协调工作。

(2) 进行电焊或使用割炬时，必须配备灭火器。

(3) 进行这些工作之前，把所有的集油盘倒干净，确保周围没有放置易燃材料（如纸、抹布、汽油瓶、棉制废品等）。

(4) 如果需要，用防护板将电缆保护起来，以防火花损伤电缆。

(5) 清除作业范围内一切易燃易爆物品，或将易燃易爆物品防护隔离。

(6) 确保灭火器有效，并放置在随手可及之处。

五、意外事故的处理程序

1. 风机失火

(1) 立即紧急停机。

(2) 切断风机的电源。

(3) 进行力所能及的灭火工作，同时拨打火警电话。

2. 叶轮飞车

(1) 远离风机。

(2) 通过中央监控，手动将风机偏离主风向90°。

(3) 切断风机电源。

3. 叶片结冰

(1) 如果叶轮结冰，风机应停止运行。叶轮在停止位置应保持一个叶片垂直朝下。

(2) 不要过于靠近风机。

(3) 等结冰完全融化后再开机。

六、工作完成后注意事项

(1) 清理检查工具。

(2) 各开关复原。检查解开的端子线是否上紧，短接线是否撤除，是否恢复了风机的正常工作状态等。

(3) 风机启动前，应告知每个在现场的工作人员，正常运行后离开现场。

(4) 记录维护工作的内容。

附录二 兆瓦级风力发电机组维护清单

1. 总体检查维护项目

(1) 检查防坠落装置。

(2) 检查防腐和渗漏。

(3) 检查破损情况。

(4) 检查运行噪声。

(5) 检查灭火器。

(6) 检查警告标志。

2. 塔架检查维护项目

(1) 检查塔架外观——防腐。

(2) 检查焊缝——裂纹。
(3) 紧固梯子、平台门连接螺栓。
(4) 检查法兰螺栓力矩。

3. 叶轮的叶片检查维护项目

(1) 检查叶片外观——裂纹、变形、破损和清洁。
(2) 检查防雷系统。
(3) 检查螺栓力矩,叶片的变桨轴承 1640N·m。
(4) 检查叶尖雷电接收器。
(5) 检查挡雨环是否松动。

4. 叶轮的轮毂检查维护项目

(1) 检查轮毂防腐层,补刷破损的部分。
(2) 检查轮毂外观——裂纹、破损。
(3) 检查螺栓力矩,轮毂的动轴力矩为 2800N·m。
(4) 检查螺栓力矩,轮毂的变桨轴承力矩为 1640N·m。

5. 叶轮的变桨轴承检查维护项目

(1) 润滑变桨轴承滚道。
(2) 检查变桨轴承防腐层,补刷破损的部分。
(3) 检查变桨轴承密封。
(4) 变桨轴承油脂采样。
(5) 润滑变桨轴承。
(6) 排出旧油脂,加注新油脂。

6. 叶轮的变桨减速器检查维护项目

(1) 检查变桨减速器——泄漏和油位。
(2) 运行变桨驱动,检查有无异常噪声。
(3) 检查螺栓力矩,变桨驱动与变桨驱动支架 73N·m。

7. 叶轮的变桨驱动支架检查维护项目

(1) 外观检查,腐蚀以及漆面和焊缝的完好度。
(2) 紧固螺栓,轮毂与变桨驱动支架 353N·m。

8. 叶轮的张紧轮检查维护项目

(1) 检查破损、裂缝、腐蚀和密封。
(2) 检查张紧轮与同步带轮的平行度,检查同步带与张紧轮的垂直度。
(3) 润滑。

9. 叶轮的同步带检查维护

(1) 检查是否有损坏和裂缝,检查同步带齿,检查张紧程度,清洁。
(2) 使用扭矩仪检查同步带的载荷。
(3) 紧固螺栓,同步带压紧板力矩为 120N·m。

10. 发电机的定转子检查维护项目

(1) 检查外观、运行噪声。

(2) 发电机转子的外观检查，检查焊缝和漆面。

(3) 紧固螺栓，转子轴与发电机转子力矩为 950N·m。

(4) 紧固发电机锁定手轮连接螺栓，是否伸缩自由。

11. 发电机的定转轴检查维护项目

(1) 检查防腐、裂缝、漆面和受损程度。

(2) 紧固螺栓，定子轴与发电机定子力矩为 950N·m。

(3) 紧固螺栓，定轴与底座力矩为 2800N·m。

12. 发电机的主轴承（塔架侧）检查维护项目

(1) 检查密封圈的密封，擦去多余油脂。

(2) 润滑，油脂量 400g，每个油嘴均匀地加注油脂，加注时打开放油口。

13. 发电机的副轴承检查维护项目

(1) 检查密封圈边缘的密封和清洁状况，擦去多余的油脂。

(2) 油脂量 400g，通过油嘴均匀地加注油脂。

(3) 紧固螺栓（轴承盖外圈）力矩为 264N·m。

(4) 紧固螺栓（轴承盖内圈）力矩为 264N·m。

(5) 滑环支架及滑环螺栓紧固。

14. 偏航系统检查与维护

(1) 检查偏航小齿轮有无磨损与裂纹。

(2) 检查偏航减速器有无泄漏和油位。

(3) 检查偏航齿轮间隙。

(4) 检查偏航轴承外齿轮的磨损与裂纹。

(5) 润滑偏航齿轮。

(6) 润滑偏航轴承滚道。

(7) 检查液压接头是否紧固和有无渗漏。

(8) 检查偏航刹车闸块，间隙大于或等于 2mm 时更换。

(9) 清洁偏航刹车盘。

(10) 检查螺栓力矩，偏航减速器的底座力矩为 195N·m。

(11) 检查螺栓力矩，偏航轴承的底座力矩为 1640N·m。

(12) 检查螺栓力矩，塔架顶部的偏航轴承力矩为 1640N·m。

(13) 检查螺栓力矩，偏航刹车的底座力矩为 955N·m。

15. 液压系统检查维护项目

(1) 检查油位。

(2) 检查过滤器。

(3) 检查接头有无泄漏。

(4) 检查油管有无泄漏和表面裂纹、脆化。

(5) 检查偏航刹车压力，运行时应为 20～30bar，刹车时应为 140～160bar。

(6) 更换液压油。

(7) 检查发电机刹车闸块，间隙大于或等于 2mm 时更换。

(8) 检查手阀能否正常动作。

16. 底座的机舱检查维护项目

(1) 检查机舱罩外观——裂纹、损伤、漏雨。

(2) 检查底座防腐层，补刷破损的部分。

(3) 检查螺栓力矩，底座与底座骨架力矩为 455N·m。

(4) 检查提升机及机舱柜支架是否有松动。

17. 电控系统检查维护项目

(1) 紧固所有电控柜固定和连接螺栓。

(2) 紧固接线端子（主电缆力矩为 60N·m）。

(3) 检查电缆有无裂纹与破损。

(4) 检查塔架照明系统是否正常。

(5) 清洁电控柜通风滤网。

(6) 检查散热风扇是否固定好，旋转是否正常。

(7) 检查散热风道连接密封是否完好。

(8) 检查电抗器绝缘层表面是否完好，表面是否有异物。

(9) 检查所有控制回路的保险是否完好。

(10) 检查水冷系统管路连接是否有泄漏。

(11) 检查扭缆开关是否正常。

(12) 检查振动开关是否有松动，摆动是否正常。

(13) 检查风速仪、风向标固定是否有松动。

(14) 检查叶轮锁定接近开关是否正常。

(15) 检查发电机出线力矩校验，检查绝缘是否完好。

(16) 检查偏航加脂电动机能否正常工作。

(17) 检查提升机是否正常工作。

(18) 检查机舱照明。

(19) 检查叶轮转速接近开关是否完好。

(20) 检查限位开关、0°接近开关是否正常。

(21) 检查变桨柜接线是否有松动。

(22) 检查变桨柜风扇及散热器工作是否正常。

附录三　维护工具一览表

序　号	名　　称	规　格　型　号
1	活动扳手	最大开口 35mm
2	双开口扳手	13 件套（6mm×7mm～30mm×32mm）
3	公制组套工具	58 件套 12.5mm

续表

序 号	名 称	规格型号
4	双开口扳手	41～46mm
5	双开口扳手	50～55mm
6	双开口扳手	60～65mm
7	公制球形内六角扳手	9件套(1.5～10mm)
8	公制球形内六角扳手	12mm,14mm,17mm
9	液压扭力扳手	HYTORC3mxta
10	扭力扳手	340N·m(12.5)
11	扭力扳手	500N·m(19)
12	套筒头(20)	30mm
13	套筒头(25)	41mm
14	套筒头(25)	46mm(薄壁加长)
15	套筒头(25)	55mm
16	套筒头(25)	65mm
17	一字形螺钉旋具	125mm×3mm
18	一字形螺钉旋具	125mm×6mm
19	十字形螺钉旋具	125mm×3mm
20	十字形螺钉旋具	125mm×6mm
21	钢卷尺	5m
22	数显游标卡尺	150mm
23	塞尺	200(14片)
24	数字万用表	电压量程750V以上
25	数字钳形表	电压量程750V以上
26	相序表	XZ-1
27	张紧力测量仪	WF-MT2
28	小木槌	
29	工具包	
30	对讲机	
31	望远镜	
32	多用插线板	
33	红外测温枪	AZ8859
34	兆欧表	ZC25-4,1000V
35	测压表及接头	0～200bar

续表

序号	名　称	规格型号
36	排气管、带接头	3m
37	手摇油泵	刮板式
38	软管漏斗	中
39	油脂加注枪	

附录四　调试工具一览表

序　号	工具名称	型　号	数　量
1	数字万用表	F15B	1套
2	钳形电流表		1套
3	十字螺钉旋具	6mm×250mm	1把
4	十字螺钉旋具	4mm×200mm	1把
5	一字螺钉旋具	6mm×250mm	1把
6	一字螺钉旋具	4mm×200mm	1把
7	一字螺钉旋具	3mm×220mm	2把
8	斜口钳	160mm	1把
9	尖嘴钳	160mm	1把
10	老虎钳	160mm	1把
11	内六方扳手	1.5～10mm	1套
12	开口扳手	8～22mm	1套
13	套筒	10～22mm	1套
14	棘轮		1把
15	压线钳	0.25～6mm	1把
16	剥线钳	0.25～0.75mm	1把
17	剥线钳	φ185mm	1把
18	断线钳		1把
19	活动扳手	22mm×160mm	1把
20	活动扳手	32mm×500mm	1把
21	端子起		1把
22	相序表		1套
23	兆欧表		1套
24	美工刀		1把

续表

序 号	工具名称	型 号	数 量
25	纸胶带		1卷
26	中性笔		1支
27	透明胶带		1卷
28	柜体钥匙		3把
29	系统运行软件		1套
30	笔记本电脑		1台
31	数码相机		1个
32	电气接线图		1套
33	对讲机	带充电器	1对

附录五　常用液压传动图形符号

一、基本符号、管路及连接

名　称	符　号	名　称	符　号
工作管路	——————	柔性管路	⌒
控制管路泄漏管路	- - - - - - -	组合元件框线	
连接管路	┤· ┼·	单通路旋转接头	⊖
交叉管路	┼	三通路旋转接头	⊜

二、动力源及执行机构

名　称	符　号	名　称	符　号
单向定量液压泵		双向定量液压马达	
双向定量液压泵		单向变量液压马达	
单向变量液压泵		双向变量液压马达	
双向变量液压泵		摆动液压马达	
液压源		单作用单活塞杆缸	
单向定量液压马达		单作用弹簧复位式单活塞杆缸	

续表

名　称	符　号	名　称	符　号
单作用伸缩缸		双作用可调单向缓冲缸	
双作用单活塞杆缸		双作用伸缩缸	
双作用双活塞杆缸		单作用增压器	

三、控制方式

名　称	符　号	名　称	符　号
人力控制一般符号		差动控制	
手柄式人力控制		内部压力控制	
按钮式人力控制		外部压力控制	
弹簧式机械控制		单作用电磁控制	
顶杆式机械控制		单作用可调电磁控制	
滚轮式机械控制		双作用电磁控制	
加压或卸压控制		双作用可调电磁控制	
液压先导控制(加压控制)		电液先导控制	
液压先导控制(卸压控制)		定位装置	

四、控制阀

名 称	符 号	名 称	符 号
溢流阀—般符号或直动型溢流阀		顺序阀—般符号或直动型顺序阀	
先导型溢流阀		先导型顺序阀	
先导型比例电磁溢流阀		平衡阀（单项顺序阀）	
减压阀—般符号或直动型减压阀		卸荷阀—般符号或直动型卸荷阀	
先导型减压阀		压力继电器	
不可调节流阀		或门型梭阀	
可调节流阀		二位二通换向阀（常闭）	
可调单向节流阀		二位二通换向阀（常开）	
调速阀—般符号		二位三通换向阀	
单向调速阀		二位四通换向阀	
温度补偿型调速阀		二位五通换向阀	
旁通型调速阀		三位三通换向阀	
分流阀		三位四通换向阀	
集流阀		三位四通手动换向阀	
分流集流阀		二位二通手动换向阀	
截止阀		三位四通液动换向阀	
单向阀		三位四通电磁换向阀	
液控单向阀		三位四通电液换向阀	
液压锁		四通伺服阀	

五、辅件和其他装置

名　称	符　号	名　称	符　号
油箱		弹簧式蓄能器	
密闭式油箱(三条油路)		重锤式蓄能器	
蓄能器一般符号		带污染指示器过滤器	
气体隔离式储能器		压力计	
温度调节器		压差计	
加热器		流量计	
冷却器		温度计	
过滤器一般符号		电动机	
带磁性滤芯过滤器		行程开关	

附录六　风电专业术语

一、风机机与风力发电机组

1. 风力机　wind turbine
2. 风力发电机组　wind turbine generator system（WTGS）
3. 风电场　wind power station；wind farm
4. 水平轴风力机　horizontal axis wind turbine
5. 垂直轴风力机　vertical axis wind turbine
6. 轮毂　hub
7. 机舱　nacelle
8. 支撑结构　support structure
9. 紧急关机　emergency shutdown
10. 空转　idling
11. 停机　parking
12. 制动器　brake
13. 停机制动　parking brake

14. 风轮转速　rotor speed
15. 控制系统　control system
16. 保护系统（风力发电系统）　protection system (for WTGS)

二、设计和安全参数

1. 设计工况　design situation
2. 载荷情况　load case
3. 极限状态　limit state
4. 安全寿命　safe life

三、风特性

1. 风速　wind speed
2. 额定风速　rated wind speed
3. 切入风速　cut-in wind speed
4. 切出风速　cut-out wind speed
5. 年平均风速　annual average wind speed
6. 下风向　down wind
7. 上风向　up wind
8. 阵风　gust
9. 湍流强度　turbulence intensity
10. 最大风速　maximum wind speed
11. 月平均温度　mean monthly temperature
12. 空气湿度　air humidity
13. 相对湿度　relative humidity
14. 盐雾　salt fog
15. 标准大气压　standard air pressure

四、与电网连接

1. 输出功率（风力发电机组）　output power
2. 额定功率（风力发电机组）　rated power

五、功率特性测试

1. 功率特性　power performance
2. 功率系数　power coefficient
3. 扫掠面积　swept area
4. 可利用率（风力发电机组）　availability (for WTGS)
5. 精度（风力发电机组）　accuracy (for WTGS)
6. 测量误差　uncertainty in measurement
7. 风能利用系数　rotor power coefficient
8. 机组效率　efficiency of WTGS

9. 机组寿命　service life

六、风轮

1. 风轮　wind rotor
2. 风轮直径　rotor diameter
3. 风轮扫掠面积　rotor swept area
4. 风轮仰角　tilt angle of rotor shaft
5. 风轮偏航角　yawing angle of rotor shaft
6. 风轮额定转速　rated turning speed of rotor
7. 风轮最高转速　maximum turning speed of rotor
8. 叶片　blade
9. 叶片投影面积　projected area of blade
10. 叶片长度　length of blade
11. 叶根　root of blade
12. 叶尖　tip of blade
13. 叶尖速度　tip speed
14. 桨距角　pitch angle
15. 翼型　airfoil
16. 前缘　leading edge
17. 后缘　tailing edge
18. 几何弦长　geometric chord of airfoil
19. 叶片安装角　setting angle of blade
20. 叶片扭角　twist of blade
21. 叶片几何攻角　angle of attack of blade
22. 变桨距调节机构　regulating mechanism by adjusting the pitch of blade
23. 导流罩　nose
24. 顺桨　feathering
25. 阻尼板　spoiling flap
26. 叶尖速比　tip-speed ratio
27. 额定叶尖速比　rated tip-speed ratio
28. 升力系数　lift coefficient
29. 阻力系数　drag coefficient

七、传动系统

1. 传动比　transmission ratio
2. 齿轮　gear
3. 齿轮副　gear pair
4. 平行轴齿轮副　gear pair with parallel axes
5. 齿轮系　train of gears
6. 行星齿轮系　planetary gear train
7. 小齿轮　pinion

8. 大齿轮 wheel gear
9. 主动齿轮 driving gear
10. 从动齿轮 driven gear
11. 行星齿轮 planet gear
12. 行星架 planet carrier
13. 太阳轮 sun gear
14. 内齿圈 ring gear
15. 外齿轮 external gear
16. 内齿轮 internal gear
17. 增速比 speed increasing ratio
18. 齿数 number of teeth
19. 啮合 engagement；mesh
20. 联轴器 coupling
21. 刚性联轴器 rigid coupling
22. 万向联轴器 universal coupling
23. 安全联轴器 security coupling
24. 斜齿轮 helical gear
25. 人字齿轮 double-helical gear
26. 启动力矩 starting torque
27. 弹性连接 elastic coupling
28. 刚性连接 rigid coupling

八、发电机

1. 同步发电机 synchronous generator
2. 异步发电机 asynchronous generator
3. 转差率 slip
4. 瞬态电流 transient current
5. 换向器 commutator
6. 集电环 collector ring
7. 换向片 commutator segment

九、制动系统

1. 制动系统 braking system
2. 制动机构 brake mechanism
3. 正常制动系 normal braking system
4. 紧急制动系 emergency braking system
5. 空气制动系 air braking system
6. 液压制动系 hydraulic braking system
7. 电磁制动系 electromagnetic braking system
8. 机械制动系 mechanical braking system
9. 制动器释放 braking releasing

10. 制动器闭合　brake setting
11. 液压缸　hydraulic cylinder
12. 溢流阀　relief valve
13. 齿轮泵　gear pump
14. 电磁阀　solenoid valve
15. 液压过滤器　hydraulic filter
16. 液压泵　hydraulic pump
17. 液压系统　hydraulic system
18. 油冷却器　oil cooler
19. 压力控制阀　pressure control valve
20. 安全阀　safety valve
21. 设定压力　setting pressure
22. 压力表　pressure gauge
23. 液压油　hydraulic fluid
24. 液压马达　hydraulic motor
25. 油封　oil seal
26. 刹车盘　brake disc
27. 闸垫　brake pad
28. 刹车油　brake fluid
29. 闸衬片　brake lining

十、偏航系统

1. 偏航　yawing
2. 主动偏航　active yawing
3. 被动偏航　passive yawing
4. 偏航驱动　yawing driven
5. 解缆　untwist

十一、塔架

1. 塔架　tower
2. 独立式塔架　free stand tower
3. 拉索式塔架　guyed tower
4. 塔影效应　influence by the tower shadow

十二、控制与监测系统

1. 远程监视　telemonitoring
2. 协议　protocol
3. 实时　real time
4. 单向传输　simplex transmission
5. 半双工传输　half-duplex transmission
6. 双工传输　duplex transmission

7. 调制解调器　modern

8. 状态信息　state information

9. 设定值　set point valve

10. 可编程序控制　programmable control

11. 紧急停车按钮　emergency stop push-button

12. 限位开关　limit switch

13. 闪变　flicker

14. 冗余技术　redundance

15. 防雷系统　lighting protection system（LPS）

16. 接闪器　air-termination system

17. 等电位连接　equipotential bonding

18. 引下线　down-conductor

19. 接地装置　earth-termination system

20. 接地线　earth conductor

21. 接地体　earth electrode

22. 环行接地体　ring earth electrode

23. 基础接地体　foundation earth electrode

24. 等电位连接带　bonding bar

25. 等电位连接导体　bonding conductor

26. 雷电流　lightning current

27. 电涌保护区　surge suppressor

28. 共用接地系统　common earthing system

29. 瞬时功率　instantaneous power

30. 有功功率　active power

31. 无功功率　reactive power

32. 功率因数　power factor

33. 中性点　neutral point

34. 电能转换器　electric energy transducer

35. 发电机　generator

36. 电动机　motor

37. 变压器　transformer

38. 变流器　converter

39. 变频器　frequency converter

40. 整流器　rectifier

41. 逆变器　inverter

42. 过电压保护　over voltage protection

43. 过电流保护　over current protection

44. 断相保护　open-phase protection

45. 绝缘电阻　insulation resistance

46. 泄漏电流　leakage current

47. 短路　short circuit

48. 修复时间　repair time

49. 击穿　breakdown
50. 熔断器　fuse
51. 断路器　circuit breaker
52. 接触器　contactor
53. 工作接地　working earthing
54. 保护接地　protective earthing

参 考 文 献

[1] 电力行业职业技能鉴定指导中心. 风力发电运行检修员. 北京：中国电力出版社，2006.

[2] 霍志红，等. 风力发电机组控制技术. 北京：中国水利水电出版社，2010.

[3] 叶杭冶. 风力发电机组的控制技术. 2版. 北京：科学出版社，2007.

[4] 叶杭冶，等. 风力发电系统的设计、运行与维护. 北京：电子工业出版社，2010.

[5] 姚兴佳，宋俊. 风力发电机组原理与应用. 北京：机械工业出版社，2009.

[6] 刘万琨，等. 风能与风力发电技术. 北京：化学工业出版社，2007.

[7] 苏绍禹. 风力发电设计与运行维护. 北京：中国电力出版社，2003.

[8] 任清晨. 风力发电机组工作原理和技术基础. 北京：机械工业出版社，2010.

[9] 宫靖远. 风电场工程技术手册. 北京：机械工业出版社，2004.

[10] 任清晨. 风力发电机组安装、运行与维护. 北京：机械工业出版社，2010.

[11] 吴佳梁，等. 风力机可靠性工程. 北京：化学工业出版社，2010.

[12] 何显富，等. 风力机设计、制造与运行. 北京：化学工业出版社，2009.

[13] 王承煦，张源. 风力发电. 北京：中国电力出版社，2003.

[14] 宋海辉. 风力发电技术及工程. 北京：中国水利水电出版社，2009.